MATLAB 在传热学例题中的应用

楚化强　马维刚　李朝祥　编著

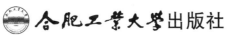

合肥工业大学出版社

图书在版编目(CIP)数据

MATLAB 在传热学例题中的应用/楚化强,马维刚,李朝祥编著.—合肥:合肥工业大学出版社,2022.12

ISBN 978-7-5650-4330-7

Ⅰ.①M… Ⅱ.①楚… ②马… ③李… Ⅲ.①Matlab 软件—应用—传热学 Ⅳ.①TK124-39

中国版本图书馆 CIP 数据核字(2018)第 294889 号

MATLAB 在传热学例题中的应用
MATLAB ZAI CHUANREXUE LITI ZHONG DE YINGYONG

楚化强　马维刚　李朝祥　编著　　　　　责任编辑　张择瑞　汪　钵

出　版	合肥工业大学出版社	版　次	2022 年 12 月第 1 版
地　址	合肥市屯溪路 193 号	印　次	2022 年 12 月第 1 次印刷
邮　编	230009	开　本	787 毫米×1092 毫米　1/16
电　话	理工图书出版中心:0551-62903204	印　张	18.75
	营销与储运管理中心:0551-62903198	字　数	445 千字
网　址	www.hfutpress.com.cn	印　刷	安徽联众印刷有限公司
E-mail	hfutpress@163.com	发　行	全国新华书店

ISBN 978-7-5650-4330-7　　　　　　　　　　　　定价:68.00 元

如果有影响阅读的印装质量问题,请与出版社营销与储运管理中心联系调换。

序　言

自人类学会篝火烤食果腹、皮毛覆体御寒起，传热就与人类文明传承息息相关。一箪食一瓢饮，一茅屋一被衾，我们的衣食住行处处存在传热，传热与生活不可割离。18 世纪的瓦特或许并不曾想过，眼前水汽聚拢舒展之间携带的那点热，除了能推动活塞运转，竟还能推动几个世纪的能源革命。工业、基建、航天，汽车呼啸，铁路蜿蜒，大桥架南北，天堑变通途，数字时代光影斑驳，归根结底，都离不开热量的转化与传递。但岁月更迭，工业革命后化石燃料的大量燃烧所产生的热，带来的除了生活温暖，还有全球变暖。实现温室气体的排放量与输入量相当，即"碳中和"，是人类命运共同体的共同愿景。而控制碳排放，在于如何利用"热"；进行碳捕集，在于如何回收"热"。

基于在传热领域广泛而深入的研究，杨世铭、陶文铨两位先生编著的《传热学》以层次清晰、结构严谨而被奉为经典，目前最新版本为陶文铨先生编著的《传热学（第五版）》（2019 年版），该教材已被诸多高校选为教科书。然而，各大高校多偏重于传热理论教学，实践与理论结合尚有欠缺。安徽工业大学楚化强等深耕《传热学》教学多年，具有丰富的教学经验，他们将教学积累与MATLAB 软件相结合，配合"卓越计划"的实施、新工科与虚拟仿真实验的建设，共同编著了《MATLAB 在传热学例题中的应用》辅助教材，这对学生创新能力的提高和工程意识的培养具有重要作用。该书注重实践应用和立德树人，为读者提供了每章例题的求解思路、求解过程、程序代码、简洁的二维码以及形象的图形演示，同时在附录中还配备了传热学彩图、课程思政素材及思考题，以扩大读者视野。

工科类高校具有实践应用方面得天独厚的优势，编者在课程教学过程中注重价值塑造、能力培养和知识传授三位一体教育理念，将课程思政和实践应用有机融入课程教学，本书的出版是能动专业人才培养创新方面的一次探索。

　　本书体系清晰，讲解透彻，可帮助读者全面深入地掌握传热学理论和仿真实践应用，适合能源、化学、材料等学科的本科生和研究生选用，也可用于工程热物理相关方向，并可供仿真领域的科研人员和工程技术人员作为参考材料使用，具有重要的科学意义和实用价值。

清华大学教授
中国工程热物理学会副理事长
中国工程热物理学会传热传质分会主任

前　言

为深入落实全国教育大会和《加快推进教育现代化实施方案（2018—2022年）》精神，贯彻落实新时代全国高校本科教育工作会议和《教育部关于加快建设高水平本科教育　全面提高人才培养能力的意见》、"六卓越一拔尖"计划2.0系列文件要求，推动新工科、新医科、新农科、新文科建设，做强一流本科、建设一流专业、培养一流人才，全面振兴本科教育，提高高校人才培养能力，实现高等教育内涵式发展，教育部决定全面实施"六卓越一拔尖"计划2.0，启动一流本科专业建设"双万计划"。

在此背景下，高校有意提高学生的工程意识、实践动手能力和创新能力，为社会输送有专业知识、实践能力、创新能力的卓越应用型人才。但是目前各大高校仍偏重于理论教学，理论课的比重远远高于实践课，忽略学生的实践能力。为此，加大"传热学"课程教学改革，改进教学内容和方法，着力培养学生的工程实践能力和创新能力，努力尝试新的教学模式，是编著者当初的出发点。为配合"卓越计划"的实施和虚拟仿真实验建设，编著者在"传热学"教学过程，注重进行课程建设和改革来更好地提高学生的创新能力、工程意识、工程素质和工程实践能力，引入新的教学方法，充分发挥我校工科的优势，构建能动专业人才培养体系，培养"卓越"的能源与动力工程专业人才，成功地实践高素质创新人才培养之路。同时，编著者注重在授课过程中穿插思政教育。

在编写过程中，本书以章节例题为出发点，注重提供每章例题的求解思路、理论过程、程序代码、简洁的二维码以及形象的图形演示，同时对各章节的基本概念与公式做了总结，意在让读者兼顾传热学专业知识与MATLAB的实践应用。重要的是，读者还可以在已有代码的基础上通过简单修改进行拓展。此外，本书在附录中配备了传热学彩图、课程思政素材以及思考题。一方面是为了让读者能更直观地感受本门课程在生活中的应用，增加课程兴趣;另一方面则是对高校思想政治教育融入课程教学和改革的初步探索,为构建专业学习与立德树人互促共进的课程思政体系贡献素材支撑。最初,本书针对《传热学(第四版)》(杨世铭、陶文铨编著,2006 年版)中例题编写,《传热学(第五版)》(陶文铨编著,2019 年版)出版后,本书又进行了升级。值得特别指出的是,《传热学(第五版)》中的作者也在每章中提供了若干道程序代码,可以说这与本书的初衷不谋而合,两者可谓相辅相成。

在本书编写过程中,安徽工业大学楚化强、清华大学马维刚、安徽工业大学李朝祥完成了整本书的指导和编写工作,安徽工业大学学生高辉辉、卫言、司婷、蒋瀚涛、周勇、董世林、许年参与了部分程序的编写和图像处理,张璐博士提供了部分彩图,高健、洪润参与了本书的校稿工作,在此表示感谢。最后特别感谢清华大学张兴教授,百忙之中为本书写序。

目前本书中涉及的程序代码有两点说明:公式基本按照《传热学(第五版)》教材中提供的计算过程;未得到最终的优化。这两点读者可进一步演算、拓展,真正意义上开展实践;此外,本书勘正了《传热学(第五版)》教材中例题的问题。

限于编者水平,本书难免会有疏漏之处,编著者诚恳欢迎读者批评指正。若有疑问,欢迎联系 Heattransfer_Chu@163.com。

编著者

二〇二二年十月

目 录

第一章 绪 论

一、基本知识

1. 传热学:指研究温差引起的热能传递规律以及控制和优化热能传递过程的方法。热能的传递有三种基本方式:热传导、热对流与热辐射。

2. 热传导:指物体各部分之间不发生相对位移时,依靠分子、原子及自由电子等微观粒子的热运动而产生的热能传递规律,简称导热。只要温度高于热力学温度 0 K 时,物体便有热运动的本领。导热是物质的固有本质。

3. 导热系数:表征材料导热性能优劣的参数,即一种热物性参数;记为 λ,单位为 $W/(m \cdot K)$。不同材料的导热系数值不同,即使是同一种材料,导热系数值还与温度等因素有关。一般而言,金属材料的导热系数最高,液体次之,气体最小。

4. 热对流:对流是由于流体的宏观运动而引起的流体各部分之间发生相对位移,冷、热流体相互掺混所导致的热量传递过程。热对流仅能发生在流体中,而且由于流体中的分子同时在进行着分子不规则的热运动,因而热对流必然伴随有热传导现象。

5. 对流传热:流体流过一个物体表面时流体与物体表面间的热量传递过程。

6. 表面传热系数:不仅取决于流体的物性(λ、η、ρ、c_p 等)以及换热面的形状、大小与布置,而且还与流速有密切的关系;记为 h,单位为 $W/(m^2 \cdot K)$。

7. 热辐射:物体会因各种原因发出辐射能,由于热的原因而发出辐射能的现象称为热辐射。只要温度高于热力学温度 0 K,物体便有发射辐射能的本领。

8. 辐射传热:物体间以辐射的方式传递热量的过程。当物体与周围环境处于热平衡时,辐射传热量等于零,但这是动态平衡,辐射与吸收过程仍在不停地进行。热辐射在真空中也可以传播。

9. 黑体:能吸收投入到其表面上的所有热辐射能量的物体,其是研究热辐射规律的理想模型,所谓黑体是指吸收比为 1 的物体。

10. 传热过程:将热量由壁面一侧流体通过壁面传到壁面另一侧流体的过程称为传热过程。传热过程中,上述三种热量传递方式往往同时存在。

11. 传热系数:数值上,它等于冷、热流体间温差 $\Delta t = 1 ℃$,传热面积 $A = 1 \, m^2$ 时的热流量的值,是表征传热过程强烈程度的标尺;记为 k,单位为 $W/(m^2 \cdot K)$。传热系数的大小不仅取决于参与传热过程的两种流体的种类,还与过程本身(如流速的大小、有无相变等)有关。

12. 热阻:其概念源自电学中的电阻。下图中示意出了平壁传热过程中的各部分热阻,其中 $1/Ah$ 常被称为对流换热热阻,$\delta/A\lambda$ 为导热热阻。

从图 1-1 中可以看出：该传热过程是一个串联的热量传递过程。在这一过程中，如果通过各个环节的热流量都相等，则整个串联环节的总热阻等于各个串联环节的热阻之和。

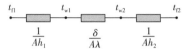

图 1-1　传热过程的热阻分析

二、基本公式

1. 导热的热量传递方程式由傅里叶定律来表示：

$$\Phi = -\lambda A \frac{\mathrm{d}t}{\mathrm{d}x}$$

式中，$\frac{\mathrm{d}t}{\mathrm{d}x}$——温度变化率；

A——垂直于热传导方向的横截面积，单位为 m^2；

λ——导热系数，其实是一个常物性参数，单位为 $W/(m \cdot K)$；

负号——导热方向与温度下降的方向相反；

Φ——热流量，单位为 W。

2. 对流换热的基本计算式是牛顿冷却公式：

$$\Phi = hA\Delta t = \begin{cases} hA(t_w - t_f)，物体被加热时 \\ hA(t_f - t_w)，物体被冷却时 \end{cases}$$

式中，h——表面传热系数，单位为 $W/(m^2 \cdot K)$；

Φ——热流量，单位为 W；

A——壁面面积，单位为 m^2；

Δt——冷、热物体的温差，单位为 K；

t_w——壁面温度，单位为 ℃；

t_f——流体温度，单位为 ℃。

3. 黑体在单位时间内发出的辐射能由下式计算：

$$\Phi = A\sigma T^4$$

式中，σ——斯忒藩玻耳兹曼常数，其值为 5.67×10^{-8} $W/(m^2 \cdot K^4)$；

A——辐射表面积，单位为 m^2；

T——黑体的热力学温度，单位为 K。

4. 实际物体的辐射热流量的计算式为

$$\Phi = \varepsilon A\sigma T^4$$

式中，ε——实际物体表面的发射率（习惯上又称黑度）。

5. 传热过程（图 1-2）中的传热方程式为

$$\Phi = Ak(t_{f1} - t_{f2}) = Ak\Delta t$$

式中，k——传热系数，单位为 $W/(m^2 \cdot K)$。

对平壁传热过程，k 的计算式如下：

$$k = \frac{1}{\frac{1}{h_1} + \frac{\delta}{\lambda} + \frac{1}{h_2}}$$

传热过程越强烈，传热系数越大，反之则越小。实际传热过程中，有时需要引入对数平均温差 Δt_m。

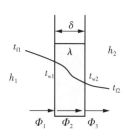

图 1-2 通过平壁的传热过程

三、MATLAB 在本章例题中的应用

例题 1-1 一块厚度 $\delta = 50$ mm 的平板，两侧表面分别维持在 $t_{w1} = 300$ ℃、$t_{w2} = 100$ ℃。试求下列条件下通过单位面积的导热量：(1) 材料为铜，$\lambda = 375$ W/(m·K)；(2) 材料为钢，$\lambda = 36.4$ W/(m·K)；(3) 材料为铬砖，$\lambda = 2.32$ W/(m·K)；(4) 材料为硅藻土砖，$\lambda = 0.242$ W/(m·K)。

题解

假设：(1) 一维导热稳态；(2) 稳态过程；(3) 导热系数为常数。

分析：参见图 1-3，据教材中式(1-2)有

$$q = -\lambda \frac{dt}{dx}$$

在稳态过程，垂直于 x 轴的任一截面上的导热量都是相等的。将上式对 x 作从 0 到 δ 的积分得

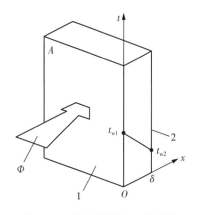

图 1-3 通过平板的一维导热

$$q \int_0^\delta dx = -\lambda \int_{t_{w1}}^{t_{w2}} \frac{dt}{dx} dx$$

$$qx \Big|_0^\delta = -\lambda\, t \Big|_{t_{w1}}^{t_{w2}}$$

所以

$$q = \frac{-\lambda(t_{w2} - t_{w1})}{\delta} = \frac{\lambda(t_{w1} - t_{w2})}{\delta} \tag{a}$$

式(a)是当导热系数为常数时一维稳态导热的热量计算式。

计算：将已知数值代入式(a)得：

铜：

$$q = \lambda \frac{t_{w1} - t_{w2}}{\delta} = 375 \text{ W/(m·K)} \times \frac{(300 - 100) \text{ K}}{0.05 \text{ m}} = 1.50 \times 10^6 \text{ W/m}^2$$

钢：

$$q = \lambda \frac{t_{w1} - t_{w2}}{\delta} = 36.4 \text{ W/(m·K)} \times \frac{(300 - 100) \text{ K}}{0.05 \text{ m}} = 1.46 \times 10^5 \text{ W/m}^2$$

铬砖：

$$q=\lambda\frac{t_{w1}-t_{w2}}{\delta}=2.32\ \text{W/(m · K)}\times\frac{(300-100)\ \text{K}}{0.05\ \text{m}}=9.28\times10^3\ \text{W/m}^2$$

硅藻土砖：

$$q=\lambda\frac{t_{w1}-t_{w2}}{\delta}=0.242\ \text{W/(m · K)}\times\frac{(300-100)\ \text{K}}{0.05\ \text{m}}=9.68\times10^2\ \text{W/m}^2$$

讨论： 由计算可见，由于铜与硅藻土砖导热系数的巨大差别，导致在相同的条件下通过铜板的导热量比通过硅藻土砖的导热量大 3 个数量级。因而，铜是热的良导体，而硅藻土砖则起到一定的隔热作用。

例题 1-1　[MATLAB 程序]

```
%%%%%%%%%%%%%%%%%%%%%%%%%%%%%%%%%%%%%%%%%%
%EXAMPLE 1-1
%%%%%%%%%%%%%%%%%%%%%%%%%%%%%%%%%%%%%%%%%%
%输入
clc,clear
format short e
lambda=[375,36.4,2.32,0.242];%各材料导热系数
t_w1=300;t_w2=100;delta=0.05;%两侧表面温度
%%%%%%%%%%%%%%%%%%%%%%%%%%%%%%%%%%%%%%%%%%
q=lambda*(t_w1-t_w2)/delta    %导热系数为常数时,一维稳态导热的热量计算式
```

程序输出结果：

q＝1.5000e＋06　　1.4560e＋05　　9.2800e＋03　　9.6800e＋02

如果改变厚度 $\Delta x=\Delta y$ 的大小，例题中其他条件不变，如图 1-4 所示。我们可以明显从图上得到导热量随厚度的变化情况，也验证了铜的导热量要远远大于其他三种材料。其次，我们也可以改变两侧表面温度，观察其导热量变化。

```
%%%%%%%%%%%%%%%%%%%%%%%%%%%%%%%%%%%%%%%%%%
%EXAMPLE 1-1 拓展
%%%%%%%%%%%%%%%%%%%%%%%%%%%%%%%%%%%%%%%%%%
%输入
clc,clear
formatshort e
lambda=[375,36.4,2.32,0.242];%各材料导热系数
t_w1=300;t_w2=100;%两侧表面温度
q=zeros(5,4);
```

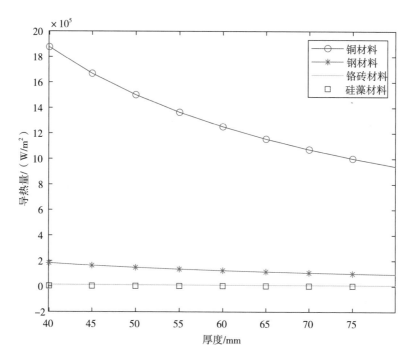

图 1-4 导热量随厚度的变化

```
for i=1:9
delta=0.035+0.005*i;
q(i,:)=lambda*(t_w1-t_w2)/delta    ;%导热系数为常数时,一维稳态导热的热量计
算式
end
%绘图
figure
delta=[0.04:0.005:0.08];
plot(delta*1000,q(:,1),'-o',delta*1000,q(:,2),'-*',delta*1000,q(:,3),'-',
delta*1000,q(:,4),'s');
axis([40, 80,-0.2e6,2e6]);
legend('铜材料','钢材料','铬砖材料','硅藻材料','location','NorthEast');
xlabel('\fontname{Times New Roman} 厚度/mm')
ylabel('\fontname{Times New Roman} 导热量/(W/m^2)')

%figure   %放大图
%delta=[0.04:0.005:0.08];
%plot(delta*1000,q(:,2),'-*',delta*1000,q(:,3),'-',delta*1000,q(:,4),'s');
%axis([40, 80,-5e4,2e5]);
%legend( '钢材料','铬砖材料','硅藻材料','location','NorthEast');
```

%xlabel('\fontname{Times New Roman} 厚度/mm')

%ylabel('\fontname{Times New Roman} 导热量/(W/m^2)')

例题 1-2 一根水平放置的蒸汽管道,其保温层外径 $d=583$ mm,外表面实测平均温度及空气温度分别为 $t_w=48$ ℃、$t_f=23$ ℃,此时空气与管道外表面间的自然对流换热的表面传热系数 $h=3.42$ W/(m²·K),保温层外表面的发射率 $\varepsilon=0.9$。试求:(1)此管道的散热必须考虑哪些热量传递方式;(2)计算每米长度管道的总散热量。

题解

假设:(1)沿管子长度方向各给定参数都保持不变;(2)稳态过程;(3)管道周围的其他固体表面温度等于空气温度。

分析:此管道的散热有辐射传热和自然对流传热两种方式。自然对流传热量可按教材中式(1-6)计算,管道外表面与室内物体及墙壁之间的辐射传热可以按教材中式(1-9)计算。

计算:把管道每米长度上的散热量记为 $q_w=0$。据教材中式(1-6),单位长度上的自然对流散热量为

$$q_{l,c}=\pi dh\Delta t=\pi dh(t_w-t_f)$$

$$=3.14\times0.583\text{ m}\times3.42\text{ W/(m}^2\cdot\text{K)}\times(48-23)\text{ K}$$

$$\approx156.5\text{ W/m}$$

每米长度管子上的辐射换热量为

$$q_{l,c}=\pi d\sigma\varepsilon(T_1^4-T_2^4)$$

$$=3.14\times0.583\text{ m}\times5.67\times10^{-8}\text{ W/(m}^2\cdot\text{K}^4)\times0.9\times\left[(48+273)^4\text{ K}^4-(23+273)^4\text{ K}^4\right]$$

$$\approx274.7\text{ W/m}$$

于是每米长管道的总散热量为

$$q_l=q_{l,c}+q_{l,r}=156.5\text{ W/m}+274.7\text{ W/m}=431.2\text{ W/m}$$

讨论:计算结果表明,对于表面温度为几十摄氏度的一类表面的散热问题,自然对流散热量与辐射具有相同的数量级,必须同时予以考虑。

例题 1-2 [MATLAB 程序]

```
%%%%%%%%%%%%%%%%%%%%%%%%%%%%%%%%%%%%%%%%%%%
%EXAMPLE 1-2
%%%%%%%%%%%%%%%%%%%%%%%%%%%%%%%%%%%%%%%%%%%
%输入
clc,clear
d=0.583;
```

t_w＝48；t_f＝23；

h＝3.42；sigma＝5.67 * 10^(−8)；epsilon＝0.9；

％％％％％％％％％％％％％％％％％％％％％％％％％％％％％％％％％％％％％％

T_1＝t_w＋273；T_2＝t_f＋273；

q_lc＝pi * d * h * (t_w−t_f)　　　％单位长度上的自然对流传热量

q_lr＝pi * d * sigma * epsilon * (T_1^4−T_2^4)　　　％每米长度管子上的辐射换热量

q_l＝q_lc＋q_lr　　　％每米长管道的总散热量

程序输出结果：

q_lc＝156.5974

q_lr＝274.8666

q_l＝431.4640

改变保温层外径大小，可得每米长度管道的散热量，不同表面传热系数时每米长度管道的散热量随保温层外径变化如图1-5所示。表面传热系数越大，散热量随保温层半径变化越快。

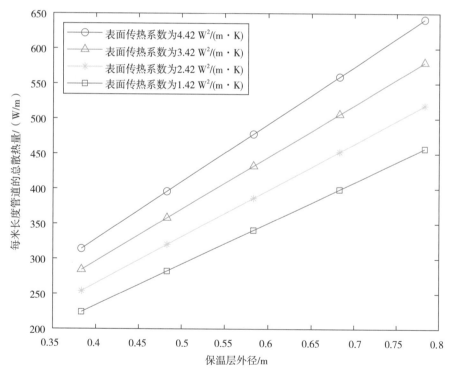

图1-5　不同发射率时散热量随直径变化分布

％％％％％％％％％％％％％％％％％％％％％％％％％％％％％％％％％％％％％％

％EXAMPLE 1-2 拓展

％％％％％％％％％％％％％％％％％％％％％％％％％％％％％％％％％％％％％％

```
%输入
clc,clear
t_w=48;t_f=23;
sigma=5.67*10^(-8);epsilon=0.9;
%%%%%%%%%%%%%%%%%%%%%%%%%%%%%%%%%%%%%%%%%
for i=1:5
d_1=0.283+0.1*i;
h_1=1.42;
T_1=t_w+273;T_2=t_f+273;
q_lc=pi*d_1*h_1*(t_w-t_f);%单位长度上的自然对流传
热量
q_lr=pi*d_1*sigma*epsilon*(T_1^4-T_2^4);%每米长度
管子上的辐射换热量
q_1=q_lc+q_lr;%每米长管道的总散热量
q_11(1,i)=q_1;
end
for i=1:5
d_2=0.283+0.1*i;
h_2=2.42;
T_1=t_w+273;T_2=t_f+273;
q_2c=pi*d_2*h_2*(t_w-t_f);%单位长度上的自然对流传热量
q_2r=pi*d_2*sigma*epsilon*(T_1^4-T_2^4);%每米长度管子上的辐射换热量
q_2=q_2c+q_2r;%每米长管道的总散热量
q_22(1,i)=q_2;
end

for i=1:5
d_2=0.283+0.1*i;
h_3=3.42;
T_1=t_w+273;T_2=t_f+273;
q_3c=pi*d_2*h_3*(t_w-t_f);%单位长度上的自然对流传热量
q_3r=pi*d_2*sigma*epsilon*(T_1^4-T_2^4);%每米长度管子上的辐射换热量
q_3=q_3c+q_3r;%每米长管道的总散热量
q_33(1,i)=q_3;
end

for i=1:5
d_2=0.283+0.1*i;
```

```
h_4＝4.42；
T_1＝t_w＋273；T_2＝t_f＋273；
q_4c＝pi＊d_2＊h_4＊(t_w－t_f)；％单位长度上的自然对流传热量
q_4r＝pi＊d_2＊sigma＊epsilon＊(T_1^4－T_2^4)；％每米长度管子上的辐射换热量
q_4＝q_4c＋q_4r ；％每米长管道的总散热量
q_44(1,i)＝q_4；
end


％绘图
figure
％表面传热系数＝1.42
d＝[0.383：0.1：0.783]；
z_1＝[0.383,q_11(1,1),0.483,q_11(1,2),0.583,q_11(1,3),0.683,q_11(1,4),
0.783,q_11(1,5)]；
x_1＝z_1(1：2：end－1)；
y_1＝z_1(2：2：end)；


％表面传热系数＝2.42
z_2＝[0.383,q_22(1,1),0.483,q_22(1,2),0.583,q_22(1,3),0.683,q_22(1,4),
0.783,q_22(1,5)]；
x_2＝z_2(1：2：end－1)；
y_2＝z_2(2：2：end)；


％表面传热系数＝3.42
z_3＝[0.383,q_33(1,1),0.483,q_33(1,2),0.583,q_33(1,3),0.683,q_33(1,4),
0.783,q_33(1,5)]；
x_3＝z_3(1：2：end－1)；
y_3＝z_3(2：2：end)；


％表面传热系数＝4.42
z_4＝[0.383,q_44(1,1),0.483,q_44(1,2),0.583,q_44(1,3),0.683,q_44(1,4),
0.783,q_44(1,5)]；
x_4＝z_4(1：2：end－1)；
y_4＝z_4(2：2：end)；


plot(x_4,y_4,'－o',x_3,y_3,'－~',x_2,y_2,'－＊',x_1,y_1,'－s')；
legend('\fontname{Times New Roman}表面传热系数＝4.42 W/(m^2．K)','\
fontname{Times New Roman}表面传热系数＝3.42 W/(m^2．K)','\fontname{Times
```

New Roman} 表面传热系数＝2.42 W/(m^2．K)','\fontname{Times New Roman} 表面传热系数＝1.42 W/(m^2．K)','location','NorthWest');

xlabel('\fontname{Times New Roman} 保温层外径/m')

ylabel('\fontname{Times New Roman} 每米长度管道的总散热量/(W/m)')

例题 1-3 一块发射率 ε＝0.8 的钢板,温度为 27 ℃,试计算单位时间内钢板单位面积上所发出的辐射能。

题解

假设:(1)钢板表面温度均匀;(2)表面发射率均匀。

计算:按教材中式(1-8),钢板单位面积上所发出的辐射能为

$$q = \varepsilon \sigma T^4 = 0.8 \times 5.67 \times 10^{-8} \text{ W}/(\text{m}^2 \cdot \text{K}^4) \times (27+273)^4 \text{ K}^4$$

$$\approx 367.4 \text{ W}/\text{m}^2$$

计算:注意,计算结果是钢板单位面积上辐射出去的能量,不是辐射传热量。如果室内环境温度也是 27 ℃,那么钢板的辐射传热量是多少呢?

例题 1-3 ［MATLAB 程序］

```
%%%%%%%%%%%%%%%%%%%%%%%%%%%%%%%%%%%%%%%%%
%EXAMPLE 1-3
%%%%%%%%%%%%%%%%%%%%%%%%%%%%%%%%%%%%%%%%%
%输入
clc,clear
epsilon=0.8;sigma=5.67 * 10^(-8);t=27;
%%%%%%%%%%%%%%%%%%%%%%%%%%%%%%%%%%%%%%%%%
T=t+273;
q=epsilon * sigma * (T^4)         %钢板单位面积所发出的辐
射能
```

程序输出结果:

q＝367.4160

发射率对辐射能影响较大,图 1-6 给出了不同发射率时辐射能随温度分布情况。由图可见,辐射能随温度升高而增强;发射率越大,发出的辐射能越强。

```
%%%%%%%%%%%%%%%%%%%%%%%%%%%%%%%%%%%%%%%%%
%EXAMPLE 1-3 拓展
%%%%%%%%%%%%%%%%%%%%%%%%%%%%%%%%%%%%%%%%%
```

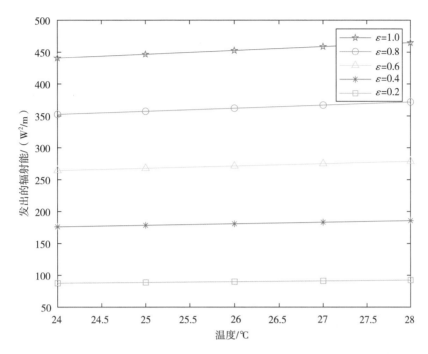

图 1 - 6 不同发射率时辐射能随温度分布情况

```
%输入
clc,clear
sigma=5.67 * 10^(-8);
%%%%%%%%%%%%%%%%%%%%%%%%%%%%%%%%%%%%%%%%
%发射率=1.0
for i=1:6
epsilon=1.0;
t=23+i*1;
T=t+273;
q_10=epsilon * sigma * (T^4);        %钢板单位面积所发出的辐射能
q10(1,i)=q_10;
end
%发射率=0.8
for i=1:6
epsilon=0.8;
t=23+i*1;
T=t+273;
q_1=epsilon * sigma * (T^4);%钢板单位面积所发出的辐射能
q1(1,i)=q_1;
end
```

```
%发射率=0.6
for i=1:6
epsilon=0.6;
t=23+i*1;
T=t+273;
q_2=epsilon*sigma*(T^4);%钢板单位面积所发出的辐射能
q2(1,i)=q_2;
end
%发射率=0.4
for i=1:6
epsilon=0.4;
t=23+i*1;
T=t+273;
q_3=epsilon*sigma*(T^4);%钢板单位面积所发出的辐射能
q3(1,i)=q_3;
end
%发射率=0.2
for i=1:6
epsilon=0.2;
t=23+i*1;
T=t+273;
q_4=epsilon*sigma*(T^4);%钢板单位面积所发出的辐射能
q4(1,i)=q_4;
end


%绘图
figure
%发射率=1.0
t=[24:1:29];
z_10=[24,q10(1,1),25,q10(1,2),26,q10(1,3),27,q10(1,4),28,q10(1,5)];
x_10=z_10(1:2:end-1);
y_10=z_10(2:2:end);

%发射率=0.8
t=[24:1:29];
z_1=[24,q1(1,1),25,q1(1,2),26,q1(1,3),27,q1(1,4),28,q1(1,5)];
x_1=z_1(1:2:end-1);
y_1=z_1(2:2:end);
```

```
%发射率=0.6
z_2=[24,q2(1,1),25,q2(1,2),26,q2(1,3),27,q2(1,4),28,q2(1,5)];
x_2=z_2(1:2:end-1);
y_2=z_2(2:2:end);

%发射率=0.4
z_3=[24,q3(1,1),25,q3(1,2),26,q3(1,3),27,q3(1,4),28,q3(1,5)];
x_3=z_3(1:2:end-1);
y_3=z_3(2:2:end);

%发射率=0.2
z_4=[24,q4(1,1),25,q4(1,2),26,q4(1,3),27,q4(1,4),28,q4(1,5)];
x_4=z_4(1:2:end-1);
y_4=z_4(2:2:end);


plot(x_10,y_10,'-p',x_1,y_1,'-o',x_2,y_2,'-~',x_3,y_3,'-*',x_4,y_4,'-s');
legend('\fontname{Times New Roman} \epsilon=1.0','\fontname{Times New Roman}
\epsilon=0.8','\fontname{Times New Roman} \epsilon=0.6','\fontname{Times New
Roman} \epsilon=0.4','\fontname{Times New Roman} \epsilon=0.2','location','
NorthEast');
xlabel('\fontname{Times New Roman} 温度/℃')
ylabel('\fontname{Times New Roman} 发出的辐射能/(W/m^2)')
```

例题 1-4 对一台氟利昂冷凝器的传热过程作初步测算得到以下数据:管内水的对流传热表面传热系数 $h_1 = 8700$ W/(m²·K),管外氟利昂蒸气凝结换热表面传热系数 $h_2 = 1800$ W/(m²·K),换热管子壁厚 $\delta = 1.5$ mm。管子材料是导热系数 $\lambda = 383$ W/(m·K)的铜。试计算三个环节的热阻及冷凝器的总传热系数。欲增强传热,应从哪个环节入手?

题解

假设:(1)稳态过程;(2)将圆管按厚度等于管子壁厚的平板处理。

计算:三个环节单位面积热阻的计算分别如下:

水侧换热面积热阻为

$$\frac{1}{h_1} = \frac{1}{8700 \text{ W/(m}^2 \cdot \text{K)}} \approx 1.15 \times 10^{-4} \text{ m}^2 \cdot \text{K/W}$$

管壁导热面积热阻为

$$\frac{\delta}{\lambda} = \frac{1.5 \times 10^{-3}\,\mathrm{m}}{383\,\mathrm{W/(m \cdot K)}} \approx 3.92 \times 10^{-6}\,\mathrm{m^2 \cdot K/W}$$

氟利昂蒸汽凝结面积热阻为

$$\frac{1}{h_2} = \frac{1}{1800\,\mathrm{W/(m^2 \cdot K)}} \approx 5.56 \times 10^{-4}\,\mathrm{m^2 \cdot K/W}$$

于是冷凝器的总传热系数为

$$k = \frac{1}{\dfrac{1}{h_1} + \dfrac{\delta}{\lambda} + \dfrac{1}{h_2}}$$

$$= \frac{1}{1.15 \times 10^{-4}\,\mathrm{m^2 \cdot K/W} + 3.92 \times 10^{-6}\,\mathrm{m^2 \cdot K/W} + 5.56 \times 10^{-4}\,\mathrm{m^2 \cdot K/W}}$$

$$\approx 1480\,\mathrm{W/(m^2 \cdot K)}$$

讨论：氟利昂蒸汽侧的热阻在总热阻中占主要地位,它具有改变总热阻的最大能力。因此,要增强冷凝器的传热,应先从冷凝器侧入手,并设法降低这一环节的热阻值。

例题 1-4 ［MATLAB 程序］

```
%%%%%%%%%%%%%%%%%%%%%%%%%%%%%%%%%%%%%%%%%%
%EXAMPLE 1-4
%%%%%%%%%%%%%%%%%%%%%%%%%%%%%%%%%%%%%%%%%%
%输入
clc,clear
format short e
h_1=8700;h_2=1800;sigma=1.5*10^-3;lambda=383;
%%%%%%%%%%%%%%%%%%%%%%%%%%%%%%%%%%%%%%%%%%
R1=1/h_1;       %水侧换热面积热阻
R2=sigma/lambda;        %管壁导热面积热阻
R3=1/h_2;       %氟利昂蒸汽凝结面积热阻
k=1/(R1+R2+R3)          %冷凝器的总传热系数
```

程序输出结果：
k=1.4828e+03

改变氟利昂蒸汽侧的热阻大小发现,表面传热系数越大,即热阻值越小,冷凝器传热越好,如图 1-7 所示。从图中还可以看出管子壁厚越厚,冷凝器传热越差。这与实际情况相符。

```
%%%%%%%%%%%%%%%%%%%%%%%%%%%%%%%%%%%%%%%%%%
%EXAMPLE 1-4 拓展
```

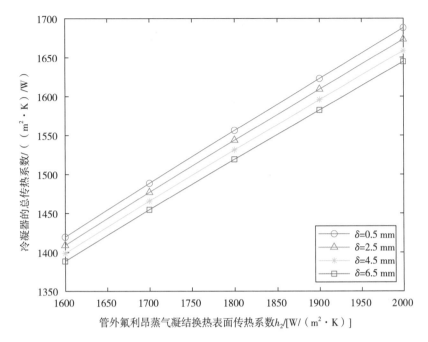

图 1-7 冷凝器的总传热系数随表面传热系数变化情况

```
%%%%%%%%%%%%%%%%%%%%%%%%%%%%%%%%%%%%%%%%%%
%输入
clc,clear
formatshort e
h_1=8700;lambda=383;
%%%%%%%%%%%%%%%%%%%%%%%%%%%%%%%%%%%%%%%%%%
for i=1:5
delta_1=0.5*10^-3;
h_2=1600+100*i;
R1=1/h_1;%水侧换热面积热阻
R2=delta_1/lambda;        %管壁导热面积热阻
R3=1/h_2;%氟利昂蒸汽凝结面积热阻
k_1=1/(R1+R2+R3);%冷凝器的总传热系数
k_11(1,i)=k_1;
end

for i=1:5
delta_2=2.5*10^-3;
h_2=1600+100*i;
R1=1/h_1;%水侧换热面积热阻
```

```
R2＝delta_2/lambda；        ％管壁导热面积热阻
R3＝1/h_2；％氟利昂蒸汽凝结面积热阻
k_2＝1/(R1＋R2＋R3) ；％冷凝器的总传热系数
k_22(1,i)＝k_2；
end


for i＝1:5
delta_3＝4.5 * 10^－3；
h_2＝1600＋100 * i；
R1＝1/h_1；％水侧换热面积热阻
R2＝delta_3/lambda；        ％管壁导热面积热阻
R3＝1/h_2；％氟利昂蒸汽凝结面积热阻
k_3＝1/(R1＋R2＋R3) ；％冷凝器的总传热系数
k_33(1,i)＝k_3；
end


for i＝1:5
delta_4＝6.5 * 10^－3；
h_2＝1600＋100 * i；
R1＝1/h_1；％水侧换热面积热阻
R2＝delta_4/lambda；        ％管壁导热面积热阻
R3＝1/h_2；％氟利昂蒸汽凝结面积热阻
k_4＝1/(R1＋R2＋R3) ；％冷凝器的总传热系数
k_44(1,i)＝k_4；
end


％绘图
figure
％delta＝0.5mm
t＝[1600:100:2100]；
z_1＝[1600,k_11(1,1),1700,k_11(1,2),1800,k_11(1,3),1900,k_11(1,4),2000,k_11
(1,5)]；
x_1＝z_1(1:2:end－1)；
y_1＝z_1(2:2:end)；


％delta＝2.5mm
z_2＝[1600,k_22(1,1),1700,k_22(1,2),1800,k_22(1,3),1900,k_22(1,4),2000,k_22
(1,5)]；
```

```
x_2=z_2(1:2:end-1);
y_2=z_2(2:2:end);

%delta=4.5mm
z_3=[1600,k_33(1,1),1700,k_33(1,2),1800,k_33(1,3),1900,k_33(1,4),2000,k_33
(1,5)];
x_3=z_3(1:2:end-1);
y_3=z_3(2:2:end);

%delta=6.5mm
z_4=[1600,k_44(1,1),1700,k_44(1,2),1800,k_44(1,3),1900,k_44(1,4),2000,k_44
(1,5)];
x_4=z_4(1:2:end-1);
y_4=z_4(2:2:end);

plot(x_1,y_1,'-o',x_2,y_2,'-~',x_3,y_3,'-*',x_4,y_4,'-s');

legend('\fontname{Times New Roman}\delta=0.5 mm','\fontname{Times New
Roman}\delta=2.5 mm','\fontname{Times New Roman}\delta=4.5 mm','\fontname
{Times New Roman}\delta=6.5 mm','location','SouthEast');
xlabel('\fontname{Times New Roman}管外氟利昂蒸气凝结换热表面传热系数 h_2/
(W/(m^2.K))')
ylabel('\fontname{Times New Roman}冷凝器的总传热系数/((m^2.K)/W)')
```

例题 1-5 计算夏天与冬天站立在室温同为 25 ℃ 的房间内的人体与环境间的换热量。站立的人体与空气间的自然对流换热表面传热系数取为 2.6 W/(m² · K),人体衣着与皮肤的表面温度取为 30 ℃,表面发射率为 0.95。夏天室内墙面温度取为 26 ℃,冬天取为 10 ℃。

题解

分析: 人体与环境间的热交换包括人体与空气间的对流,人体与四周冷物体(以墙面为代表)的辐射传热以及与地板间的导热。人体与四周冷墙面间的辐射传热满足使用教材中式(1-9)的条件。

假设: (1)将人体简化为直径等于 25 cm、高 1.75 m 的圆柱体;(2)过程是稳态的;(3)忽略人体与地板间的导热。

计算: 换热面积为

$$A=(3.14×0.25×1.75+3.14×0.25^2/4)\ m^2=1.42\ m^2$$

人体冬天的总换热量:

$$\Phi_{winter} = hA(t_{w1} - t_f) + \varepsilon A\sigma(T_{w1}^4 - T_{w2}^4)$$

$$= 2.6 \text{ W/(m}^2 \cdot \text{K)} \times 1.42 \text{ m}^2 \times (30-25) \text{ K} +$$

$$0.95 \times 1.42 \text{ m}^2 \times 5.67 \times 10^{-8} \text{ W/(m}^2 \cdot \text{K}^4) \times (303^4 - 283^4) \text{ K}^4$$

$$\approx 18.5 \text{ W} + 154 \text{ W} = 172.5 \text{ W}$$

人体夏天的总换热量：

$$\Phi_{summer} = hA(t_{w1} - t_f) + \varepsilon A\sigma(T_{w1}^4 - T_{w2}^4)$$

$$= 2.6 \text{ W/(m}^2 \cdot \text{K)} \times 1.42 \text{ m}^2 \times (30-25) \text{ K} +$$

$$0.95 \times 1.42 \text{ m}^2 \times 5.67 \times 10^{-8} \text{ W/(m}^2 \cdot \text{K}^4) \times (303^4 - 299^4) \text{ K}^4$$

$$\approx 18.5 \text{ W} + 33.4 \text{ W} = 51.9 \text{ W}$$

讨论：（1）同一室温下，冬天人体的散热是夏天的 3 倍多，怪不得冬天会觉得冷，而夏天则由于不能及时散热而感到"热"。（2）这里没有考虑导热。一般人体与地板间的导热量仅占总散热量的百分之几，略去不计是可以的。（3）夏天，如果人体还通过皮肤出汗散热，其数量是可观的。这里没有考虑这种散热方式。

例题 1-5 ［MATLAB 程序］

```
%%%%%%%%%%%%%%%%%%%%%%%%%%%%%%%%%%%%%%
%EXAMPLE 1-5
%%%%%%%%%%%%%%%%%%%%%%%%%%%%%%%%%%%%%%
%输入
clc,clear
d=0.25;H=1.75;
t_w1=30;t_f=25;t_w2s=26;t_w2w=10;
h=2.6;epsilon=0.95;delta=5.67*10^(-8);
T_w1=t_w1+273;T_w2s=t_w2s+273;T_w2w=t_w2w+273;
%%%%%%%%%%%%%%%%%%%%%%%%%%%%%%%%%%%%%%
A=pi*d*H+pi*(d.^2)/4;       %换热面积
phi_w=h*A*(t_w1-t_f)+epsilon*A*delta*((T_w1^4)-(T_w2w^4))    %人
体冬天的总换热量
phi_s=h*A*(t_w1-t_f)+epsilon*A*delta*((T_w1^4)-(T_w2s^4))    %人体
夏天的总换热量
```

　　程序输出结果：
　　phi_w=172.9862
　　phi_s=51.9650

如图 1-8 所示,改变人体直径,我们不仅仅可以看出,人体冬天的散热量要远远比夏天的散热量多,胖子冬天的散热量要比夏天的散热量要高,所以说"胖子既怕热又怕冷"有一定的依据。

Phi_w=1.6584e+02　1.7299e+02　1.8015e+02　1.8734e+02　1.9455e+02 2.0177e+02

Phi_s=4.9818e+01　5.1965e+01　5.4118e+01　5.6277e+01　5.8442e+01 6.0612e+01

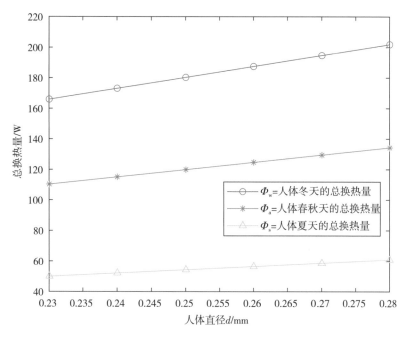

图 1-8　总热量随人体直径变化分布

```
%%%%%%%%%%%%%%%%%%%%%%%%%%%%%%%%%%%%%%%%%%
%EXAMPLE 1-5 拓展
%%%%%%%%%%%%%%%%%%%%%%%%%%%%%%%%%%%%%%%%%%
%输入
clc,clear
H=1.75;
t_w1=30;t_f=25;t_w2s=26;t_w2a=18;t_w2w=10;
h=2.6;epsilon=0.95;delta=5.67*10^(-8);
T_w1=t_w1+273;T_w2s=t_w2s+273;T_w2a=t_w2a+
273;T_w2w=t_w2w+273;
%%%%%%%%%%%%%%%%%%%%%%%%%%%%%%%%%%%%%%%%%%
for i=1:6
d=0.23+0.01*i;
```

```
A=pi*d*H+pi*(d.^2)/4；%换热面积
phi_w0=h*A*(t_w1-t_f)+epsilon*A*delta*((T_w1^4)-(T_w2w^4))；  %人
体冬天的总换热量
phi_a0=h*A*(t_w1-t_f)+epsilon*A*delta*((T_w1^4)-(T_w2a^4))；  %人体
春秋天的总换热量
phi_s0=h*A*(t_w1-t_f)+epsilon*A*delta*((T_w1^4)-(T_w2s^4))；  %人体
夏天的总换热量
phi_w(1,i)=phi_w0；
phi_a(1,i)=phi_a0；
phi_s(1,i)=phi_s0；
end
%绘图
figure
d=[0.23:0.01:0.28]；
plot(d,phi_w(1,:),'-o', d,phi_a(1,:),'-*',d,phi_s(1,:),'-~')；
axis([0.23,0.28, 40,220])；
legend('\fontname{Times New Roman} Φ_w=人体冬天的总换热量', '\fontname
{Times New Roman} Φ_a=人体春秋天的总换热量','\fontname{Times New Roman}Φ_
s=人体夏天的总换热量','location','East')；
xlabel('\fontname{Times New Roman} 人体直径 d/mm')
ylabel('\fontname{Times New Roman} 总换热量/W')
```

例题 1-6　一青年男子在冬天做身体耐寒的考验。在寒冷环境中，人体颤抖
(shivering)时会产生大量的新陈代谢热量，最多可达正常新陈代谢热量的几倍。假设
试验一开始该男子就发生颤抖，所产生的新陈代谢热量 $\Phi=400$ W，而人体向周围环境
的总散热量高达 $\Phi=800$ W，因此人体温度要逐渐下降。该男子的热容量为 5×10^5 J/K，
试估计经历 1 h 的耐寒考验后，该男子的平均体温下降多少。

计算过程略。

第二章 稳态热传导的规律及计算

一、基本知识

1. **热传导**：物体各部分之间不发生相对位移时，依靠分子、原子及自由电子等微观粒子的热运动而产生的热能传递。

2. **温度场**：各个时刻物体中各点温度所组成的集合，又称为温度分布。一般地说，物体的温度场是坐标与时间的函数，即

$$t = f(x, y, z, \tau)$$

3. **稳态温度场**：指在稳态工作条件下，物体各点的温度不随时间而变化。其表达式为

$$t = f(x, y, z)$$

4. **非稳态温度场**：指在工作条件变动时，物体各点的温度分布随时间变化。其表达式为

$$t = f(x, y, z, \tau)$$

5. **等温面**：指温度场中同一瞬间相同温度各点连成的面的集合。

6. **等温线**：等温面与任一平面的交线便是等温线，等温线不能相交。

等温线（面）有如下特点：① 不可能相交；② 对连续介质，等温线（面）只可能在物体边界中断或完全封闭；③ 沿等温线（面）无热量传递；④ 由等温线（面）的疏密可直观反映出不同区域温度梯度（或热流密度）的相对大小。

7. **热流量**：指单位时间内通过某一给定面积的热量，记为 Φ，单位为 W。

8. **热流密度**（面积热流量）：指单位时间内通过单位面积的热量，记为 q，单位为 W/m^2。

9. **一维稳态热传导**：当物体内的温度分布只依赖于一个空间坐标，而且温度分布不随时间而变化时，热量只沿温度降低的一个方向传递，这称为一维稳态热传导。

10. **傅里叶导热定律文字表达**：在导热过程中，单位时间内通过给定截面的导热量，正比于垂直该截面方向上的温度变化率和截面面积，而热量传递的方向则与温度升高的方向相反。

11. **温度梯度**：空间某点的温度梯度可如下表示：

$$\mathrm{grad}\, t = \lim_{\Delta n \to 0} \left(\frac{\Delta t}{\Delta n} \right) \boldsymbol{n} = \frac{\partial t}{\partial n} \boldsymbol{n}$$

n 是指通过该点等温线上的法向单位矢量,指向温度升高的方向,如图 2-1 所示。

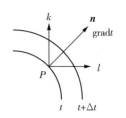

12. 导热系数:数值上等于在单位温度梯度作用下物体内热流密度矢量的模。它表征了物质导热本领的大小。导热系数是物性参数,它取决于物质的种类和热力状态(即温度、压力等)。

13. 定解条件:使微分方程获得适合某一特定问题的解的特定条件;一般来说,单值性条件有以下四项:

图 2-1 温度梯度示意图

(1)几何条件 —— 表征导热体的几何形状和尺度

(2)物理条件 —— 表征导热物理量的值,如材料的特性参数等

(3)时间条件 —— 表征在时间上导热过程进行的特点。稳态过程不需要时间条件,对于非稳态过程,则应给出导热体初始瞬间的温度分布

(4)边界条件 —— 表征导热体的边界上与导热现象有关的特点,也就是系统与外界相接触的边界情况

14. 导热微分的初始条件如下:

$$\tau = 0 \qquad t(x,y,z,0) = f(x,y,z)$$

15. 导热问题常见的三类边界条件如下:

$$\text{第一类:} \tau > 0 \quad t_{w} = f_{1}(\tau)$$

$$\text{第二类:} \tau > 0 \quad q_{w} = -\lambda \left(\frac{\partial t}{\partial n}\right)_{w} = f_{2}(\tau)$$

$$\text{第三类:} -\lambda \left(\frac{\partial t}{\partial n}\right)_{w} = h(t_{w} - t_{f})$$

其中 n 指向物体外法线方向。

16. 通过无限长圆筒壁的导热:一维、稳态、无内热源、常物性的圆筒壁导热问题,第一类边界条件。

其数学描述为

$$\begin{cases} \dfrac{\mathrm{d}}{\mathrm{d}r}\left(r\dfrac{\mathrm{d}t}{\mathrm{d}x}\right) = 0 \\ r = r_1, t = t_1 \\ r = r_2, t = t_2 \end{cases}$$

用分析求解导热微分方程的方法可得到热流密度和温度分布,如图 2-2 所示。

17. 通过肋片的导热

分析求解基于如下的简化假定:稳态;无内热源;导热系数 λ 为常数;表面传热系数 h 为常数;沿肋高方向肋片横截面积 A_c 不发生变化;即温度仅沿肋高方向发生变化;肋端绝热,$\dfrac{\mathrm{d}t}{\mathrm{d}x}\bigg|_{x=H} = 0$,肋根温度为 t_0。

对于肋片问题,我们认为 $t_{y+\delta}$ 与 t_y 相等,此时 $Bi \ll 1$,因此可以认为是一维问题。

18. 肋效率:肋片实际散热量与假设整个肋片表面温度恒等于肋根温度时的理想散热量的比值。

19. 接触热阻:在未接触的界面之间的间隙中常常充满了空气,热量将以导热的方式传过这种气隙层。这种情况与两固体表面真正接触相比,增加了附加的传递阻力,称为接触热阻。

20. 多维稳态导热

求解多维稳态导热问题的方法有:分析解法、数值解法和形状因子法。

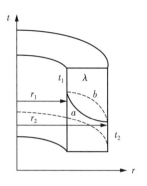

图 2 - 2 圆筒壁内温度分布

二、基本公式

1. 导热基本定律(傅里叶导热定律)的数学表达式:

$$\Phi = -\lambda A \frac{\partial t}{\partial x}$$

2. 傅里叶导热定律的热流密度表达式:

$$q = -\lambda \frac{\partial t}{\partial x}$$

式中:$\dfrac{\partial t}{\partial x}$ 是物体沿 x 方向的温度变化率;q 是沿 x 方向传递的热流密度(严格地说热流密度是矢量,所以 q 应是热流密度矢量在 x 方向的分量)。

3. 傅里叶定律矢量表达式如下:

$$\vec{q} = \frac{\Phi}{A} = -\lambda \operatorname{grad} t = -\lambda \frac{\partial t}{\partial n} \vec{n}$$

$$\Phi = \vec{q} A = -\lambda A \operatorname{grad} t = -\lambda A \frac{\partial t}{\partial n} \vec{n}$$

导热系数表达式:

$$\lambda = -\frac{\boldsymbol{q}}{\dfrac{\partial t}{\partial n} \boldsymbol{n}}$$

4. 导热微分方程式:

$$\rho c \frac{\partial t}{\partial \tau} = \frac{\partial}{\partial x}\left(\lambda \frac{\partial t}{\partial x}\right) + \frac{\partial}{\partial y}\left(\lambda \frac{\partial t}{\partial y}\right) + \frac{\partial}{\partial z}\left(\lambda \frac{\partial t}{\partial z}\right) + \dot{\Phi}$$

上式中,等号左边表示微元体热力学能的增量;等号右边前三项表示导入微元体的净热流量;等号右边最后一项表示微元体内热源的生成热。

（1）导热系数为常数

$$\frac{\partial t}{\partial \tau} = a\left(\frac{\partial^2 t}{\partial x^2} + \frac{\partial^2 t}{\partial y^2} + \frac{\partial^2 t}{\partial z^2}\right) + \frac{\Phi}{\rho c}$$

（2）导热系数 λ 为常数、无内热源

$$\frac{\partial t}{\partial \tau} = a\left(\frac{\partial^2 t}{\partial x^2} + \frac{\partial^2 t}{\partial y^2} + \frac{\partial^2 t}{\partial z^2}\right)$$

（3）常物性、稳态，简化为泊松方程：

$$\frac{\partial^2 t}{\partial x^2} + \frac{\partial^2 t}{\partial y^2} + \frac{\partial^2 t}{\partial z^2} + \frac{\dot{\Phi}}{\lambda} = 0$$

（4）常物性、无内热源、稳态，简化为拉普拉斯方程：

$$\frac{\partial^2 t}{\partial x^2} + \frac{\partial^2 t}{\partial y^2} + \frac{\partial^2 t}{\partial z^2} = 0$$

5. 圆柱坐标系下的导热微分方程：

$$\rho c \frac{\partial t}{\partial x} = \frac{1}{r}\frac{\partial}{\partial r}\left(\lambda r \frac{\partial t}{\partial r}\right) + \frac{1}{r^2}\frac{\partial}{\partial \varphi}\left(\lambda \frac{\partial t}{\partial \varphi}\right) + \frac{\partial}{\partial z}\left(\lambda \frac{\partial t}{\partial z}\right) + \dot{\Phi}$$

6. 球坐标系下的导热微分方程：

$$\rho c \frac{\partial t}{\partial \tau} = \frac{1}{r^2}\frac{\partial}{\partial r}\left(\lambda r^2 \frac{\partial t}{\partial r}\right) + \frac{1}{r^2 \sin^2\theta}\frac{\partial}{\partial \varphi}\left(\lambda \frac{\partial t}{\partial \varphi}\right) + \frac{1}{r^2 \sin^2\theta}\frac{\partial}{\partial \theta}\left(\lambda \sin\theta \frac{\partial t}{\partial \theta}\right) + \dot{\Phi}$$

7. 通过平壁的导热：

（1）对单层平壁：

对稳态、无内热源、常物性的一维平壁导热问题，对第一类边界条件，其数学描述与求解得到温度分布和热流密度分别为

$$\begin{cases}\dfrac{\mathrm{d}^2 t}{\mathrm{d}x^2} = 0 \\ x = 0 \ ; \ t = t_1 \\ x = \delta \ ; \ t = t_2\end{cases} \qquad \begin{cases}t = \dfrac{t_2 - t_1}{\delta}x + t_1 \\ q = -\lambda \dfrac{\mathrm{d}t}{\mathrm{d}x} = \lambda \dfrac{t_1 - t_2}{\delta} = \dfrac{\Delta t}{\delta / \lambda}\end{cases}$$

Δt 为平壁两个侧表面的温度之差。

（2）对多层平壁：

$$\begin{cases}\Phi = \dfrac{t_1 - t_{n+1}}{\sum_{i=1}^{n} \dfrac{\delta_i}{\lambda_i A}} \\[4mm] q = \dfrac{t_1 - t_{n+1}}{\sum_{i=1}^{n} \dfrac{\delta_i}{\lambda_i}}\end{cases}$$

8. 通过圆筒壁的传热

(1) 单层圆筒壁：

温度分布
$$t = t_1 + \frac{t_2 - t_1}{\ln(r_2/r_1)} \ln(r/r_1)$$

热流密度
$$q = -\lambda \frac{dt}{dr} = -\frac{\lambda}{r} \frac{t_2 - t_1}{\ln(r_2/r_1)}$$

热流量
$$\Phi = 2\pi r l q = \frac{2\pi l \lambda (t_1 - t_2)}{\ln(r_2/r_1)}$$

热阻
$$R = \frac{\ln(d_2/d_1)}{2\pi\lambda l}$$

(2) 多层圆筒壁：

$$\Phi = \frac{2\pi l(t_1 - t_4)}{\ln(d_2/d_1)/\lambda_1 + \ln(d_3/d_2)/\lambda_2 + \ln(d_4/d_3)/\lambda_3}$$

当 $d_2/d_1 < 2$ 时，其误差不超过 4% ；
当 $d_2/d_1 < 1.3$ 时，其误差不超过 0.5% 。

9. 通过球壳的导热：

温度分布
$$t = t_2 + (t_1 - t_2) \frac{1/r - 1/r_2}{1/r_1 - 1/r_2}$$

热流量
$$\Phi = \frac{4\pi\lambda(t_1 - t_2)}{1/r_1 - 1/r_2}$$

热阻
$$R = \frac{1}{4\pi\lambda}\left(\frac{1}{r_1} - \frac{1}{r_2}\right)$$

10. 变截面 r_2/r_1 或变导热数 r_2/r_1 的一维问题：

令 $\bar{\lambda} = \dfrac{\displaystyle\int_{t_1}^{t_2} \lambda(t)\,dt}{t_2 - t_1}$，则 $\Phi = \dfrac{\bar{\lambda}(t_1 - t_2)}{\displaystyle\int_{x_1}^{x_2} dx/A(x)}$。

对 $\lambda = \lambda_0(1 + bt)$ 的情形，有 $\bar{\lambda} = \lambda\left(\dfrac{t_1 + t_2}{2}\right) = \lambda_0\left(1 + b\dfrac{t_1 + t_2}{2}\right)$。

11. 通过肋片导热的数学描述：截面周长 $P = 2(l + \delta)$，得 $\dfrac{d^2 t}{dx^2} = \dfrac{hP(t - t_\infty)}{\lambda A_c}$，相应的两个边界条件为：$\begin{cases} x = 0 ; \ t = t_0 ; \\ x = H ; \ \dfrac{dt}{dx} = 0 \end{cases}$。

传热过程如图 2-3 所示。

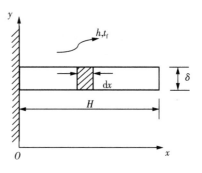

图 2-3　肋片传热分析示意图

（1）肋片中温度分布的表达式：

$$\theta = \theta_0 \frac{e^{mx} + e^{2mH} e^{-mx}}{1 + e^{2mH}} = \theta_0 \frac{ch[m(x-H)]}{ch(mH)}$$

式中：θ 为过余温度，其值为 $t - t_\infty$，

$m = \sqrt{hP/(\lambda A_c)}$，$P$ 为肋片沿肋高 x 方向横截面周长，A_c 为沿肋高方向的横截面积。

（2）肋片散入外界的全部热流量计算式：

$$\Phi = \frac{hP}{m} \theta_0 th(mH)$$

该式适用于其他等截面之类的情形。

12. 肋效率计算式：

$$\eta_f = \frac{th(mH)}{mH}$$

13. 肋面总效率计算式：

$$\eta_0 = \frac{A_r + \eta_f A_f}{A_r + A_f}$$

式中：A_r—— 两个肋片之间的根部表面积；

A_f—— 肋片的表面积。

三、MATLAB 在本章例题中的应用

例题 2-1 一锅炉炉墙采用密度为 300 kg/m³ 的水泥珍珠岩制作，壁厚 $\delta = 120$ mm，已知内壁温度 $t_1 = 500$ ℃，外壁温度 $t_2 = 50$ ℃，试求每平方米炉墙每小时的热损失。

题解

假设：（1）一维稳态；（2）稳态导热。

分析： 根据教材中附录 4，密度为 300 kg/m³ 的水泥珍珠岩制品的导热系数为

$$\{\bar{\lambda}\}_{W/(m\cdot K)} = 0.0651 + 0.000105 \{\bar{t}\}_℃$$

因此需按炉墙平均温度下的导热系数计算热流量。

计算： 为求平均导热系数 $\bar{\lambda}$，先算出材料的平均温度

$$\bar{t} = \frac{500\ ℃ + 50\ ℃}{2} = 275\ ℃$$

于是

$$\bar{\lambda} = (0.0651 + 0.000105 \times 275)\ W/(m \cdot K)$$

$$\approx (0.0651 + 0.0289)\ W/(m \cdot K)$$

$$= 0.0940 \text{ W/(m · K)}$$

代入教材中式(2-20)得每平方米炉墙的热损失为

$$q = \frac{\lambda}{\delta}(t_1 - t_2) = \frac{0.0940 \text{ W/(m · K)}}{0.120 \text{ m}} \times (500 - 50) \text{ K} \approx 353 \text{ W/m}^2$$

讨论: 对水泥珍珠岩这类在一定的温度范围内导热系数与温度呈线性关系的材料,工厂提供的导热系数计算式中 t 都是指计算范围内的平均值,使用时要注意其最高允许温度。

例题 2-1 ［MATLAB 程序］

```
%%%%%%%%%%%%%%%%%%%%%%%%%%%%%%%%%%%%%%
%EXAMPLE 2-1
%%%%%%%%%%%%%%%%%%%%%%%%%%%%%%%%%%%%%%
%输入
clc,clear
t_1=500;t_2=50;
delta=0.120;
%%%%%%%%%%%%%%%%%%%%%%%%%%%%%%%%%%%%%%
avet=(t_1+t_2)/2;       %材料的平均温度
lambda=0.0651+0.000105*avet;        %附录 4 查得水泥
珍珠岩的导热系数
q=lambda/delta*(t_1-t_2)        %每平方米炉墙的热损失
    程序输出结果:
    q=352.4063
```

改变壁厚 δ 的大小,可得到不同内壁温度下热量损失随壁厚变化分布,如图 2-4 所示。壁越厚,热损失越少;相同壁厚时,内壁温度越高,热损失越大。

```
%%%%%%%%%%%%%%%%%%%%%%%%%%%%%%%%%%%%%%
%EXAMPLE 2-1 拓展
%%%%%%%%%%%%%%%%%%%%%%%%%%%%%%%%%%%%%%
%输入
clc,clear
t_2=50;
%%%%%%%%%%%%%%%%%%%%%%%%%%%%%%%%%%%%%%
for i=1:6
t_10=600;
delta=0.02+i*0.1;
```

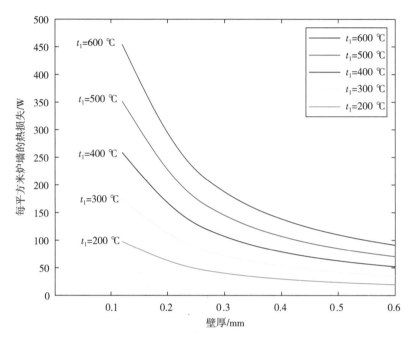

图 2-4　热量损失随壁厚变化分布

```
avet＝(t_10＋t_2)/2;      ％材料的平均温度
lambda＝0.0651＋0.000105＊avet;％附录 4 查得水泥珍珠岩的导热系数
q(10,i)＝lambda/delta＊(t_10－t_2);        ％每平方米炉墙的热损失
end


for i＝1:6
t_11＝500;
delta＝0.02＋i＊0.1;
avet＝(t_11＋t_2)/2;％材料的平均温度
lambda＝0.0651＋0.000105＊avet;％附录 4 查得水泥珍珠岩的导热系数
q(1,i)＝lambda/delta＊(t_11－t_2);％每平方米炉墙的热损失
end


for i＝1:6
t_12＝400;
delta＝0.02＋i＊0.1;
avet＝(t_12＋t_2)/2;％材料的平均温度
lambda＝0.0651＋0.000105＊avet;％附录 4 查得水泥珍珠岩的导热系数
q(2,i)＝lambda/delta＊(t_12－t_2);％每平方米炉墙的热损失
end
```

```
for i＝1:6
t_13＝300;
delta＝0.02＋i * 0.1;
avet＝(t_13＋t_2)/2;%材料的平均温度
lambda＝0.0651＋0.000105 * avet;%附录4查得水泥珍珠岩的导热系数
q(3,i)＝lambda/delta * (t_13－t_2);%每平方米炉墙的热损失
end

for i＝1:6
t_14＝200;
delta＝0.02＋i * 0.1;
avet＝(t_14＋t_2)/2;%材料的平均温度
lambda＝0.0651＋0.000105 * avet;%附录4查得水泥珍珠岩的导热系数
q(4,i)＝lambda/delta * (t_14－t_2);%每平方米炉墙的热损失
end

%绘图
figure
%t1＝600℃
delta＝[0.12:0.1:0.62];
z_0＝[0.12,q(10,1),0.22,q(10,2),0.32,q(10,3),0.42,q(10,4),0.52,q(10,5),
0.62,q(10,6)];
x_0＝z_0(1:2:end－1);
y_0＝z_0(2:2:end);
%t1＝500℃
delta＝[0.12:0.1:0.62];
z_1＝[0.12,q(1,1),0.22,q(1,2),0.32,q(1,3),0.42,q(1,4),0.52,q(1,5),0.62,q(1,
6)];
x_1＝z_1(1:2:end－1);
y_1＝z_1(2:2:end);
%t1＝400℃
z_2＝[0.12,q(2,1),0.22,q(2,2),0.32,q(2,3),0.42,q(2,4),0.52,q(2,5),0.62,q(2,
6)];
x_2＝z_2(1:2:end－1);
y_2＝z_2(2:2:end);
%t1＝300℃
z_3＝[0.12,q(3,1),0.22,q(3,2),0.32,q(3,3),0.42,q(3,4),0.52,q(3,5),0.62,q(3,
```

```
6)];
x_3=z_3(1:2:end-1);
y_3=z_3(2:2:end);
%t1=200℃
z_4=[0.12,q(4,1),0.22,q(4,2),0.32,q(4,3),0.42,q(4,4),0.52,q(4,5),0.62,q(4,6)];
x_4=z_4(1:2:end-1);
y_4=z_4(2:2:end);
values_0=spcrv([[x_0(1) x_0 x_0(end)];[y_0(1) y_0 y_0(end)]],3);
values_1=spcrv([[x_1(1) x_1 x_1(end)];[y_1(1) y_1 y_1(end)]],3);
values_2=spcrv([[x_2(1) x_2 x_2(end)];[y_2(1) y_2 y_2(end)]],3);
values_3=spcrv([[x_3(1) x_3 x_3(end)];[y_3(1) y_3 y_3(end)]],3);
values_4=spcrv([[x_4(1) x_4 x_4(end)];[y_4(1) y_4 y_4(end)]],3);
plot(values_0(1,:),values_0(2,:),'b-',values_1(1,:),values_1(2,:),'r-',values_2(1,:),values_2(2,:),'k-',values_3(1,:),values_3(2,:),'y-',values_4(1,:),values_4(2,:),'g-');
axis([0,0.6,0,500]);
xlabel('\fontname{Times New Roman} 壁厚/mm');
ylabel('\fontname{Times New Roman} 每平方米炉墙的热损失/W');
legend('\fontname{Times New Roman} t_1=600 ℃','\fontname{Times New Roman} t_1=500 ℃','\fontname{Times New Roman} t_1=400 ℃','\fontname{Times New Roman} t_1=300 ℃','\fontname{Times New Roman} t_1=200 ℃','location','Northeast')
text(0.02,450,'\fontname{Times New Roman} t_1=600 ℃');
text(0.02,350,'\fontname{Times New Roman} t_1=500 ℃');
text(0.02,270,'\fontname{Times New Roman} t_1=400 ℃');
text(0.02,180,'\fontname{Times New Roman} t_1=300 ℃');
text(0.02,110,'\fontname{Times New Roman} t_1=200 ℃');
```

例题 2-2 一台锅炉的炉墙由三层材料叠合组成。最里面是耐火黏土砖,厚 115 mm;中间是 B 级硅藻土砖,厚 125 mm;最外层为石棉板,厚 70 mm。已知炉墙内、外表面温度分别为 495 ℃和 60 ℃,试求每平方米炉墙每小时的热损失及耐火黏土砖与硅藻土砖分界面上的温度。

题解

假设:(1)一维问题;(2)稳态导热;(3)无接触热阻。

分析:根据教材中附录 4,耐火黏土砖以及 B 级硅藻土砖的导热系数都是温度的函数,按平均温度计算其导热系数时需要知道层间温度。而层间温度本身是待求解的,因此需要采用迭代法,即先估计各层的平均温度算出导热量。第一次估计的平均温度不一定正确,待算得分界面温度时,如假定值与计算值的差别超过允许数值,可重新假定每层的平均温度。经几次试算,逐步逼近,可得合理的数值。

计算:采用教材图 2-12 中的符号。$\delta_1 = 115\ mm$、$\delta_2 = 125\ mm$、$\delta_3 = 70\ mm$。经过几次迭代,得出三层材料的导热系数为

$$\lambda_1 = 1.12\ W/(m \cdot K),\lambda_2 = 0.116\ W/(m \cdot K),\lambda_3 = 0.116\ W/(m \cdot K)$$

代入教材中式(2-24)得每平方米炉墙每小时的热损失为

$$q = \frac{t_1 - t_4}{\dfrac{\delta_1}{\lambda_1} + \dfrac{\delta_2}{\lambda_2} + \dfrac{\delta_3}{\lambda_3}}$$

$$= \frac{(495 - 60)\ K}{\dfrac{0.115\ m}{1.12\ W/(m \cdot K)} + \dfrac{0.125\ m}{0.116\ W/(m \cdot K)} + \dfrac{0.07\ m}{0.116\ W/(m \cdot K)}}$$

$$\approx \frac{435}{1.78}\ W/m^2 \approx 244\ W/m^2$$

将此 q 值代入教材中式(2-26),求出耐火黏土砖与 B 级硅藻土砖分界面的温度为

$$t_2 = t_1 - q\frac{\delta_1}{\lambda_1} = 495\ ℃ - 244\ W/m^2 \times \frac{0.115\ m}{1.12\ W/(m \cdot K)} \approx 470\ ℃$$

讨论:本题是一个非线性问题,其特点是:要求解什么必须预先假设什么。工程计算中经常碰到这类问题。这时迭代法是一种行之有效的方法,即:先估计一个所求量的数值进行计算,再用计算结果修正预估值,逐次逼近,一直到预估值与计算结果一致(在一定的允许偏差范围内),称为计算达到收敛。

例题 2-2　[MATLAB 程序]

```
%%%%%%%%%%%%%%%%%%%%%%%%%%%%%%%%%%%%%%%%%%%%%%%%%
%EXAMPLE 2-2
%%%%%%%%%%%%%%%%%%%%%%%%%%%%%%%%%%%%%%%%%%%%%%%%%
%输入
clc,clear
t_1=495;t_4=60;
t_2=400;t_3=200;   %迭代初值
delta_1=0.115;delta_2=0.125;delta_3=0.07;
%%%%%%%%%%%%%%%%%%%%%%%%%%%%%%%%%%%%%%%%%%%%%%%%%
%迭代
for i=1:20     %迭代次数
t_12=(t_1+t_2)/2;t_23=(t_2+t_3)/2;
lambda_1=0.84+0.00058*t_12;lambda_2=0.0477+0.0002*t_23;lambda_3
=0.116;
```

```
q=(t_1-t_4)/((delta_1/lambda_1)+(delta_2/lambda_2)+(delta_3/lambda_3));
t_2A=t_1-q*(delta_1/lambda_1);t_3A=t_1-q*((delta_1/lambda_1)+(delta_2/
lambda_2));
if abs(t_2-t_2A)<0.1&&abs(t_3-t_3A)<0.1 %设定迭代精度
    fprintf('迭代次数为%d次,lambda_1=%6.4f,lambda_2
=%6.4f',i,lambda_1,lambda_2)
    break
else
    t_2=t_2A;t_3=t_3A;
end
end
%%%%%%%%%%%%%%%%%%%%%%%%%%%%%%%%%%%%%%%%%%%
q=(t_1-t_4)/((delta_1/lambda_1)+(delta_2/lambda_2)+(delta_3/lambda_3))
    %每平方米炉墙每小时的热损失
t2=t_1-q*(delta_1/lambda_1)        %耐火黏土砖与B级硅藻土砖分界面的温度
```

程序输出结果:

迭代次数为 4 次,lambda_1=1.1199,lambda_2=0.1154

q=243.07

t2=470.04

编程系统假设 t_2 温度更贴近实际温度,迭代次数减少,由于 t_3 温度取值不确定,所以还是需要迭代几次。

例题 2-3 已知钢板、水垢及灰垢的导热系数分别为 46.4 W/(m·K)、1.16 W/(m·K)及 0.116 W/(m·K),试比较厚 1 mm 钢板、水垢及灰垢的单位面积热阻。

题解

假设:(1)一维;(2)稳态问题。

计算:平板的单位面积导热热阻 $r=\delta/\lambda$,故有

钢板 $r=\dfrac{1\times10^{-3}\ \text{m}}{46.4\ \text{W/(m·K)}}\approx2.16\times10^{-5}\ \text{m}^2\cdot\text{K/W}$

水垢 $r=\dfrac{1\times10^{-3}\ \text{m}}{1.16\ \text{W/(m·K)}}\approx8.62\times10^{-4}\ \text{m}^2\cdot\text{K/W}$

灰垢 $r=\dfrac{1\times10^{-3}\ \text{m}}{0.116\ \text{W/(m·K)}}\approx8.62\times10^{-3}\ \text{m}^2\cdot\text{K/W}$

讨论:由此可见,1 mm 厚水垢的热阻相当于 40 mm 厚钢板的热阻,而 1 mm 厚灰垢的热阻相当于 400 mm 厚钢板的热阻。因此,在换热器的运行过程中尽量保持换热表面的干净是十分重要的。

例题 2-3 [MATLAB 程序]

```
%%%%%%%%%%%%%%%%%%%%%%%%%%%%%%%%%%%%%%
%EXAMPLE 2-3
%%%%%%%%%%%%%%%%%%%%%%%%%%%%%%%%%%%%%%
%输入
clc,clear
format short e
delta=ones(1,3)*(1*10^(-3));
lambda=[46.4,1.16,0.116];      %钢板、水垢及灰垢的导热
系数
%%%%%%%%%%%%%%%%%%%%%%%%%%%%%%%%%%%%%%
R_A=delta./lambda
```

程序输出结果：

R_A= 2.1552e-05 8.6207e-04 8.6207e-03

如图 2-5 所示，改变厚度大小，观察钢板、水垢、灰垢的热阻，发现灰垢的热阻增长幅度最快，应该尽量保持换热表面的干净。

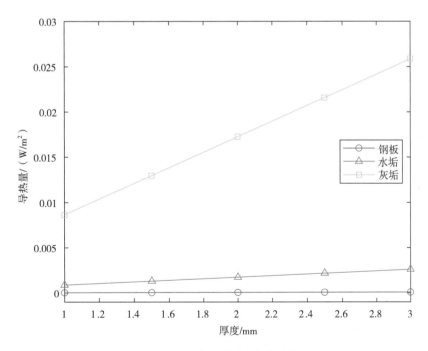

图 2-5 导热量随厚度变化分布

```
%%%%%%%%%%%%%%%%%%%%%%%%%%%%%%%%%%%%%%%%%
%EXAMPLE 2-3 拓展
%%%%%%%%%%%%%%%%%%%%%%%%%%%%%%%%%%%%%%%%%
%输入
clc,clear
formatshort e

lambda=[46.4,1.16,0.116];%钢板、水垢及灰垢的导热系数
%%%%%%%%%%%%%%%%%%%%%%%%%%%%%%%%%%%%%%%%
for i=1:5
delta=0.001+(i-1)*0.0005;
R_A0=delta./lambda;
R_A(i,:)=R_A0;
end
%绘图
figure
delta=[1:0.5:3];
plot(delta,R_A(:,1),'-o',delta,R_A(:,2),'-~',delta,R_A(:,3),'-S');
axis([1,3,-0.001,0.03]);
legend('钢板','水垢','灰垢','location','East');
xlabel('\fontname{Times New Roman} 厚度/mm')
ylabel('\fontname{Times New Roman} 导热量/(W/m^2)')
```

例题 2-4 在一个建筑物中,有如教材中图 2-13 的结构。钢柱直径 $d=50$ mm,长度 $l=300$ mm,材料导热系数 $\lambda=50$ W/(m·K),其两个端面分别维持在 60 ℃与 20 ℃,四周为建筑保温材料。计算通过钢柱的导热量。

题解

分析:钢柱四周相当于绝热,温度仅沿着轴线方向变化,因此可按一维导热处理。

假设:(1)一维;(2)稳态问题。

计算:

$$\Phi=\lambda A \frac{\Delta t}{\delta}=50 \text{ W/(m·K)} \times \frac{3.14 \times 0.05^2 \text{ m}^2}{4} \times \frac{(60-20) \text{ K}}{0.3 \text{ m}} \approx 13.08 \text{ W}$$

讨论:对通过一个等截面物体的导热,如果温度仅在厚度方向发生变化,就可以作为直角坐标中的一维导热问题,至于物体截面积则可大可小,截面也未必是方形的。以前文献中常有"通过无限大平板的导热"的提法,其实"无限大"只是为"一维"创造条件,并不十分确切。

例题 2 - 4 ［MATLAB 程序］

```
%%%%%%%%%%%%%%%%%%%%%%%%%%%%%%%%%%%%%%
%EXAMPLE 2 - 4
%%%%%%%%%%%%%%%%%%%%%%%%%%%%%%%%%%%%%%
%输入
clc,clear
d=0.05;lambda=50;t_1=60;t_2=20;delta=0.3;
%%%%%%%%%%%%%%%%%%%%%%%%%%%%%%%%%%%%%%
A=pi*(d.^2)/4;
phi=lambda*A*(t_1-t_2)/delta        %钢柱的导热量
```

  程序输出结果：
  phi=13.09

  钢柱导热量随温度变化分布如图 2 - 6 所示。改变 60 ℃ 的
端面温度可以看到，温度越高，导热量越大；热导率越大，导热量也越大。

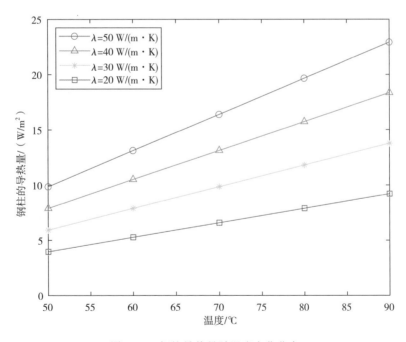

图 2 - 6 钢柱导热量随温度变化分布

```
%%%%%%%%%%%%%%%%%%%%%%%%%%%%%%%%%%%%%%
%EXAMPLE  2 - 4 拓展
%%%%%%%%%%%%%%%%%%%%%%%%%%%%%%%%%%%%%%
```

```
%输入
clc,clear
d=0.05;l=0.3;
t_2=20;delta=0.3;
%%%%%%%%%%%%%%%%%%%%%%%%%%%%%%%%%%%%%
%导热系数=50
for i=1:5
t_1=40+i*10;
lambda_1=50;
A=pi*(d.^2)/4;
phi1=lambda_1*A*(t_1-t_2)/delta;%钢柱的导热量
phi_1(1,i)=phi1;
end
%导热系数=40
for i=1:5
t_1=40+i*10;
lambda_2=40;
A=pi*(d.^2)/4;
phi2=lambda_2*A*(t_1-t_2)/delta;%钢柱的导热量
phi_2(1,i)=phi2;
end
%导热系数=30
for i=1:5
t_1=40+i*10;
lambda_3=30;
A=pi*(d.^2)/4;
phi3=lambda_3*A*(t_1-t_2)/delta;%钢柱的导热量
phi_3(1,i)=phi3;
end
%导热系数=20
for i=1:5
t_1=40+i*10;
lambda_4=20;
A=pi*(d.^2)/4;
phi4=lambda_4*A*(t_1-t_2)/delta;%钢柱的导热量
phi_4(1,i)=phi4;
end
%绘图
```

```
figure
%导热系数＝50
t_1＝[50:10:90];
z_1＝[50,phi_1(1,1),60,phi_1(1,2),70,phi_1(1,3),80,phi_1(1,4),90,phi_1(1,5)];
x_1＝z_1(1:2:end－1);
y_1＝z_1(2:2:end);
%导热系数＝40
z_2＝[50,phi_2(1,1),60,phi_2(1,2),70,phi_2(1,3),80,phi_2(1,4),90,phi_2(1,5)];
x_2＝z_2(1:2:end－1);
y_2＝z_2(2:2:end);
%导热系数＝30
z_3＝[50,phi_3(1,1),60,phi_3(1,2),70,phi_3(1,3),80,phi_3(1,4),90,phi_3(1,5)];
x_3＝z_3(1:2:end－1);
y_3＝z_3(2:2:end);
%导热系数＝20
z_4＝[50,phi_4(1,1),60,phi_4(1,2),70,phi_4(1,3),80,phi_4(1,4),90,phi_4(1,5)];
x_4＝z_4(1:2:end－1);
y_4＝z_4(2:2:end);

plot(x_1,y_1,'－o',x_2,y_2,'－~',x_3,y_3,'－*',x_4,y_4,'－s');
legend('\fontname{Times New Roman} \lambda＝50 W/(m^．K)','\fontname{Times
New Roman} \lambda＝40 W/(m^．K)','\fontname{Times New Roman} \lambda＝30
W/(m^．K)','\fontname{Times New Roman} \lambda＝20 W/(m^．K)', 'location','
NorthWest');
xlabel('\fontname{Times New Roman} 温度/℃')
ylabel('\fontname{Times New Roman} 钢柱的导热量/(W/m^2)')
```

例题 2－5　为了减少热损失和保证安全工作条件,在外径为 133 mm 的蒸汽管道外覆盖保温层。蒸汽管道外表面温度为 400 ℃。按电厂安全操作规定,保温材料外侧温度不得超过 50 ℃。如果采用水泥珍珠岩制品作保温材料,并把每米长管道热损失 Φ/l 控制在 465 W/m 之下,问:保温层厚度应为多少毫米?

题解

分析:要求解保温层的厚度就是要获得保温层圆筒壁的外径。根据教材中式 (2－30),在已知导热量与温差条件下可以得出内、外半径之比。根据教材中附录 4,在计算的温度范围内水泥珍珠岩的导热系数与温度呈线性变化关系。

假设:(1)圆柱坐标的一维问题;(2)稳态导热;(3)导热系数为温度的线性函数。

计算:为求平均导热系数 $\bar{\lambda}$,先算出材料的平均温度

$$\bar{\lambda} = \frac{400\ ℃ + 50\ ℃}{2} = 225\ ℃$$

从教材中附录 4 查得导热系数为

$$\{\bar{\lambda}\}_{W/(m \cdot K)} = 0.0651 + 0.000105\ \{\bar{t}\}_℃ = 0.065 + 0.000105 \times 225$$

$$\bar{\lambda} = 0.0887\ W/(m \cdot K)$$

因为 $d_1 = 133$ mm 是已知的,要约定保温层厚度 δ,须先求得 d_2。将教材中式 (2-31)改写成

$$\ln(d_2/d_1) = \frac{2\pi\lambda}{\dfrac{\Phi}{l}}(t_1 - t_2)$$

即

$$\ln\{d_2\}_m = \frac{2\pi\lambda}{\dfrac{\Phi}{l}}(t_1 - t_2) + \ln\{d_1\}_m$$

于是

$$\ln\{d_2\}_m = \frac{2\pi \times 0.0887\ W/(m \cdot K)}{465\ W/m} \times (400 - 50)\ K + \ln 0.133$$

$$\approx 0.419 - 2.02 = -1.601$$

$$d_2 \approx 0.202\ m$$

保温层厚度为

$$\delta = \frac{d_2 - d_1}{2} = \frac{0.202\ m - 0.133\ m}{2} = 34.5\ mm$$

讨论: 根据已知条件的不同,导热热流量计算式(2-21)、(2-30)及式(2-34)可分别用来计算热流量、导热层厚度及表面温度(或温差),本题是计算导热层厚度的例子。

例题 2-5 [MATLAB 程序]

```
%%%%%%%%%%%%%%%%%%%%%%%%%%%%%%%%%%%%%%%
%EXAMPLE 2-5
%%%%%%%%%%%%%%%%%%%%%%%%%%%%%%%%%%%%%%%
%输入
clc,clear
syms d_2
t_1=400;t_2=50;
d_1=0.133;phi_l=465;
%%%%%%%%%%%%%%%%%%%%%%%%%%%%%%%%%%%%%%%
```

```
avet＝(t_1＋t_2)/2;        ％材料的平均温度
lambda＝0.0651＋0.000105 * avet;        ％附录 4 查得水泥珍珠岩的导热系数
d_2＝solve(log(d_2/d_1)－2 * pi * lambda * (t_1－t_2)/phi_
1,d_2);
delta＝(d_2－d_1)/2;
delta＝vpa(delta,3) ％保温层厚度
delta＝ delta * 1000 ％保温层厚度 m——＞mm
```

程序输出结果：

delta＝34.5

例题 2-6 压气机设备的储气筒里的空气温度用一支插入装油的铁套管中的玻璃水银温度计来测量,如教材中图 2-19 所示。已知温度计的读数为 100 ℃,储气筒与温度计套管连接处的温度为 $t_0＝50$ ℃,套管高 $H＝140$ mm、壁厚 $\delta＝1$ mm、管材导热系数 $\lambda＝58.2$ W/(m·K),套管外表面的表面传热系数 $h＝29.1$ W/(m^2·K)。试分析:(1) 温度计的读数能否准确地代表被测地点处的空气温度? (2) 如果不能,分析其误差有多大?

题解

假设: 通过上述分析,可以将所研究的问题看成是一维稳态等截面直肋的导热稳态,采用肋片分析中的各项假定。

计算: 据教材中式(2-40)有

$$t_H－t_f＝\frac{t_0－t_f}{ch(mH)}$$

归并整理后得

$$t_f＝\frac{t_H ch(mH)－t_0}{ch(mH)－1}$$

本例中,换热周长 $P＝\pi d$,套管截面积 $A_c＝\pi d\delta$。于是,mH 的值可按定义求出,即

$$mH＝\sqrt{\frac{hP}{\lambda A_c}}H＝\sqrt{\frac{h}{\lambda\delta}}H＝\sqrt{\frac{29.1\ \text{W}/(m^2·K)}{58.2\ \text{W}/(m·K)×0.001\ m}}×0.14\ m≈3.13$$

由数学手册查出 ch3.13＝11.5。代入 t_f 计算式得

$$t_f＝\frac{100\ ℃×11.5－50\ ℃}{11.5－1}≈104.7\ ℃$$

讨论: 测量误差为 4.7 ℃。这样大的误差往往是不容许的。那么怎样才能减小测温误差呢? 这可从两个角度来分析。首先,从温度计套管的一维导热的物理过程来看,可以得出如教材中图 2-18 所示的热阻定性分析图。图中 t_∞ 为储气筒外的环境温度,R_3 代表储气筒外侧与环境间的换热热阻,R_1、R_2 分别代表套管顶端与环境间的换热热阻。显然,要减小测温误差,应使 t_H 尽量接近 t_f,即应尽量减小 R_1 而增大 R_2 及 R_3。另一方面,从教材中式(2-40)来看,要减少 θ_H,应增加 $ch(mH)$(即增加 mH),以及减小 θ_0 之值。

例题 2-6 [MATLAB 程序]

```
%%%%%%%%%%%%%%%%%%%%%%%%%%%%%%%%%%%%%%%%%
%EXAMPLE 2-6
%%%%%%%%%%%%%%%%%%%%%%%%%%%%%%%%%%%%%%%%%
%输入
clc,clear
h=29.1;delta=0.001;lambda=58.2;H=0.14;t_H=100;t_0=50;
%%%%%%%%%%%%%%%%%%%%%%%%%%%%%%%%%%%%%%%%%
mH=(sqrt(h/(lambda*delta)))*H;
t_f=(t_H*cosh(mH)-t_0)/(cosh(mH)-1)          %筒内
空气的温度
```

程序输出结果：
t_f=104.78

改变套管壁厚可改变温度计的误差，如图 2-7 所示，可以看出，套管壁厚越小，测量误差也就越小；套管高度越高，误差越大。

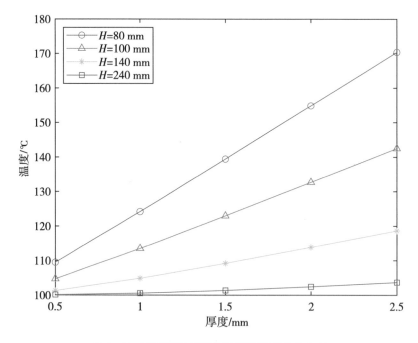

图 2-7 不同套管高度时温度随壁厚变化分布

```
%%%%%%%%%%%%%%%%%%%%%%%%%%%%%%%%%%%%%%%%%
%EXAMPLE 2-6 拓展
```

```
%%%%%%%%%%%%%%%%%%%%%%%%%%%%%%%%%%%%%
%输入
clc,clear
h=29.1;lambda=58.2;t_H=100;t_0=50;
%%%%%%%%%%%%%%%%%%%%%%%%%%%%%%%%%%%%%
%高度80mm
for i=1:5
delta=0.0005+(i-1)*0.0005;
H_1=0.08;
mH_1=(sqrt(h/(lambda*delta)))*H_1;
t_f1=(t_H*cosh(mH_1)-t_0)/(cosh(mH_1)-1);%筒内
空气的温度
t_f11(1,i)=t_f1;
end
%高度=100mm
for i=1:5
H_2=0.1;
delta=0.0005+(i-1)*0.0005;
mH_2=(sqrt(h/(lambda*delta)))*H_2;
t_f2=(t_H*cosh(mH_2)-t_0)/(cosh(mH_2)-1);%筒内空气的温度
t_f22(1,i)=t_f2;
end
%高度=140mm
for i=1:5
H_3=0.14;
delta=0.0005+(i-1)*0.0005;
mH_3=(sqrt(h/(lambda*delta)))*H_3;
t_f3=(t_H*cosh(mH_3)-t_0)/(cosh(mH_3)-1);%筒内空气的温度
t_f33(1,i)=t_f3;
end
%高度=240mm
for i=1:5
H_4=0.24;
delta=0.0005+(i-1)*0.0005;
mH_4=(sqrt(h/(lambda*delta)))*H_4;
t_f4=(t_H*cosh(mH_4)-t_0)/(cosh(mH_4)-1);%筒内空气的温度
t_f44(1,i)=t_f4;
end
```

```
%绘图
figure
%高度＝80mm
delta＝[0.0005:0.0005:0.0025];
z_1＝[0.0005,t_f11(1,1),0.0010,t_f11(1,2),0.0015,t_f11(1,3),0.0020,t_f11(1,4),
0.0025,t_f11(1,5)];
x_1＝z_1(1:2:end-1);
y_1＝z_1(2:2:end);
%高度＝100mm
z_2＝[0.0005,t_f22(1,1),0.0010,t_f22(1,2),0.0015,t_f22(1,3),0.0020,t_f22(1,4),
0.0025,t_f22(1,5)];
x_2＝z_2(1:2:end-1);
y_2＝z_2(2:2:end);
%高度＝140mm
z_3＝[0.0005,t_f33(1,1),0.0010,t_f33(1,2),0.0015,t_f33(1,3),0.0020,t_f33(1,4),
0.0025,t_f33(1,5)];
x_3＝z_3(1:2:end-1);
y_3＝z_3(2:2:end);
%高度＝240mm
z_4＝[0.0005,t_f44(1,1),0.0010,t_f44(1,2),0.0015,t_f44(1,3),0.0020,t_f44(1,4),
0.0025,t_f44(1,5)];
x_4＝z_4(1:2:end-1);
y_4＝z_4(2:2:end);
plot(x_1*1000,y_1,'—o',x_2*1000,y_2,'—~',x_3*1000,y_3,'—*',x_4*1000,y_4,'—s');
%axis([0.5e-3,2.5e-3,100,180]);
axis([0.5,2.5,100,180]);
legend('\fontname{Times New Roman}  H＝80 mm','\fontname{Times New Roman}
  H＝100 mm','\fontname{Times New Roman}  H＝140 mm','\fontname{Times New
Roman}  H＝240 mm','location','NorthWest');
xlabel('\fontname{Times New Roman} 厚度/mm')
ylabel('\fontname{Times New Roman} 温度/℃')
```

例题 2-7 为了强化换热,在外径为 25 mm 的管子上装有铝制矩形剖面的环肋,肋高 $H＝15$ mm,厚 $\delta＝1.0$ mm。肋基温度为 170 ℃,周围流体温度为 25 ℃。设铝的导热系数 $\lambda＝200$ W/(m·K),肋面的表面传热系数 $h＝130$ W/(m²·K),试计算每片肋的散热量。

题解

假设:(1)一维、稳态、常物性的导热;(2)肋片顶端的散热用增加半个肋片厚度的方法来考虑。

计算：采用教材中图 2 - 22 的效率曲线计算：

$$H' = H + \frac{\delta}{2} = 15 \text{ mm} + 0.5 \text{ mm} = 15.5 \text{ mm}$$

$$r_1 = \frac{25 \text{ mm}}{2} = 12.5 \text{ mm}$$

$$r_2' = r_1 + H = 12.5 \text{ mm} + 15.5 \text{ mm} = 28.0 \text{ mm}$$

$$\frac{r_2'}{r_1} = \frac{28.0 \text{ mm}}{12.5 \text{ mm}} = 2.24$$

$$A_L = \delta(r_2' - r_1) = 0.001 \text{ m} \times (0.028 \text{ m} - 0.0125 \text{ m}) = 1.55 \times 10^{-5} \text{ m}^2$$

$$H'^{3/2}\left(\frac{h}{\lambda A}\right)^{1/2} = (0.0155 \text{ m})^{3/2} \times \left(\frac{130 \text{ W}/(\text{m}^2 \cdot \text{K})}{200 \text{ W}/(\text{m} \cdot \text{K}) \times 1.55 \times 10^{-5} \text{ m}^2}\right)^{1/2} \approx 0.396$$

从教材中图 2 - 22 查得 $\eta_f = 0.82$。

如果整个肋面处于肋基温度，一个肋片两面的散热量为

$$\Phi_0 = 2\pi(r_2'^2 - r_1^2)h(t_0 - t_\infty)$$

$$= 2\pi \times [(0.028 \text{ m})^2 - (0.0125 \text{ m})^2] \times 130 \text{ W}/(\text{m}^2 \cdot \text{K}) \times (170 - 25) \text{ K}$$

$$\approx 74.3 \text{ W}$$

每一个肋片的实际散热量 Φ 为 Φ_0 与肋效率 η_f 的乘积，即

$$\Phi = \Phi_0 \times \eta_f = 74.3 \text{ W} \times 0.82 \approx 60.9 \text{ W}$$

讨论：这样计算出的只是通过一个环肋的导热量。对于安装有环肋的一根管子而言（教材中图 2 - 17），总的换热量除了该管子上的所有环肋的散热量外，还要考虑位于两相邻肋片间的管子基础表面的换热量。

例题 2 - 7　［MATLAB 程序］

```
%%%%%%%%%%%%%%%%%%%%%%%%%%%%%%%%%%%%%%
%EXAMPLE 2 - 7
%%%%%%%%%%%%%%%%%%%%%%%%%%%%%%%%%%%%%%
%输入
clc,clear
H1=0.015;delta=0.001;d=0.025;lambda=200;h=130;t0=170;tinf=25;
%%%%%%%%%%%%%%%%%%%%%%%%%%%%%%%%%%%%%%
H=H1+delta/2;r1=d/2;r2=r1+H;
A_l=delta*(r2-r1);
(H^(3/2))*((h/(lambda*A_l))^(1/2))
eta_f=0.82          %根据环肋片的效率曲线可知
```

phi_o＝2 * pi * ((r2)^2－(r1)^2) * h * (t0－tinf)　　%如果整个肋片处于肋基温度，一个肋片两面的散热量

phi＝phi_o * eta_f　　　　%每一个肋片的实际散热量

程序输出结果：

ans＝0.3952

eta_f＝0.8200

phi_o＝74.349

phi＝60.967

例题 2-8　教材中图 2-26 示出了平板式太阳能集热器的一种简单的吸热板结构。吸热板面向太阳的一面涂有一层对太阳辐射吸收比很高的材料，吸热板的背面设置了一组平行的管子，其内通以冷却水以吸收太阳辐射，管子之间则充满绝热材料。吸热板的正面在接受太阳辐射的同时受到环境的冷却，设净吸收的太阳辐射为 q_r，表面传热系数为 h，空气温度为 t_∞，管子与吸热板结合处的温度为 t_0，试写出确定吸热板中温度分布的数学描写并求解之。

计算过程略。

例题 2-9　图 2-8(a) 给出了核反应堆中燃料元件散热的简化模型。该模型是一个三层平板组成的大平壁，中间为 $\delta_1 = 14$ mm 的染料层，两侧均为 $\delta_2 = 6$ mm 的铝板，层间接触良好。燃料层有 $\dot{\Phi} = 1.5 \times 10^7$ W/m³ 的内热源，$\lambda_1 = 35$ W/(m·K)；铝板中无内热源，$\lambda_2 = 100$ W/(m·K)，其表面受到温度 $t_f = 150$ ℃ 的高压水冷却，表面传热系数 $h = 3500$ W/(m²·K)。不计接触热阻，试确定稳态工况下燃料层的最高温度、燃料层与铝板的界面温度及铝板的表面温度，并定性画出简化模型中的温度分布。

题解

分析：由于对称性，只要研究半个模型即可[图 2-8(b)]。燃料元件的最高温度必发生在其中心线上（$x=0$ 处），记为 t_0，界面温度记为 t_1，铝板表面温度记为 t_2。在稳态工况下，燃料元件所发出的热量必全部散失到流过铝板表面的冷却水中，而且从界面到冷却水所传递的热流量均相同，故可定性地画出截面上的温度分布及从界面到冷却水的热阻，如图 2-8(c)所示。图中 r_1 为铝板的单位面积导热热阻，r_2 为表面对流传热热阻，q 为从燃料元件进入铝板的热流密度。

假设：(1)一维稳态导热；(2)不计接触热阻；(3)内热源强度为常数计算。

计算：据热平衡有

$$q = \frac{\delta_1}{2}\dot{\Phi} = \frac{0.014 \text{ m}}{2} \times 1.5 \times 10^7 \text{ W/m}^3 = 1.05 \times 10^5 \text{ W/m}^2$$

按牛顿冷却公式，有

$$q = h_2(t_2 - t_f)$$

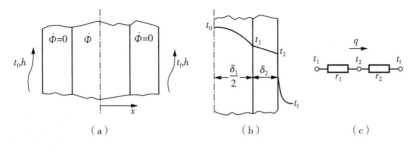

图 2-8 核反应堆燃料元件散热的简化模型、温度分布及热阻分析

即

$$t_2 = t_f + \frac{q}{h}$$

代入数值，得

$$t_2 = 150 \ ℃ + \frac{1.05 \times 10^5 \ W/m^2}{3500 \ W/(m^2 \cdot K)} = 180 \ ℃$$

按傅里叶定律有

$$q = \frac{\lambda_2 (t_1 - t_2)}{\delta_2}$$

即

$$t_1 = \frac{q \delta_2}{\lambda_2} + t_2$$

代入数值，得

$$t_1 = \frac{1.05 \times 10^5 \ W/m^2 \times 0.006 \ m}{100 \ W/(m \cdot K)} + 180 \ ℃ = 186.3 \ ℃$$

按教材中式（2-50）有

$$t_0 = t_1 + \frac{\dot{\Phi} (\delta_1/2)^2}{2\lambda_1}$$

$$= 186.3 \ ℃ + \frac{1.5 \times 10^7 \ W/m^3 \times (0.007 \ m)^2}{2 \times 35 \ W/(m \cdot K)}$$

$$= 196.8 \ ℃$$

讨论：图 2-8(c) 的热阻分析是从界面温度 t_1 开始的，而不是从 t_0 开始。这是因为燃料元件有内热源，不同 x 处截面 A 的热流量不相等，因而不能应用热阻的概念来做定量分析。

例题 2-9 ［MATLAB 程序］

```
%%%%%%%%%%%%%%%%%%%%%%%%%%%%%%%%%%%%%%%%
%EXAMPLE 2-9
%%%%%%%%%%%%%%%%%%%%%%%%%%%%%%%%%%%%%%%%
```

```
%输入
clc,clear
t_f=150;
delta=[0.014,0.006];phi=1.5*10^7;lambda=[35,100];h=3500;
%%%%%%%%%%%%%%%%%%%%%%%%%%%%%%%%%%%%%%%%%%
q=delta(1)*phi/2;        %热平衡
t_2=t_f+q/h;       %牛顿冷却公式:q=h(t_2-t_f)
t_1=q*delta(2)/lambda(2)+t_2;       %傅里叶定律:q=
lambda(2)*(t_1-t_2)/delta(2)
t_0=t_1+phi*((delta(1)/2)^2)/(2*lambda(1))
```

程序输出结果：

t_0=196.80

改变中间厚度的大小,可得到不同内热源下温度随中间厚度的变化,如图 2-9 所示,中间厚度越大,温度呈持续上升的趋势;内热源越大,温度越高。

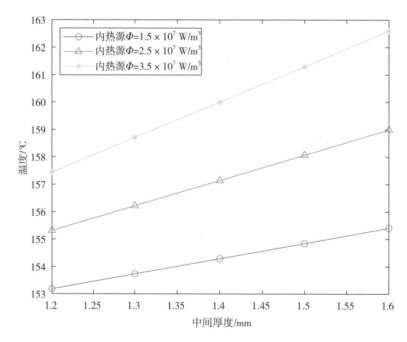

图 2-9　温度随中间厚度的变化情况

```
%%%%%%%%%%%%%%%%%%%%%%%%%%%%%%%%%%%%%%%%%%
%EXAMPLE 2-9 拓展
%%%%%%%%%%%%%%%%%%%%%%%%%%%%%%%%%%%%%%%%%%
%输入
```

```
clc,clear
t_f=150;
delta_2=0.006;
lambda=[35,100];h=3500;
%%%%%%%%%%%%%%%%%%%%%%%%%%%%%%%%%%%%%%%%
%内热源=1.5*10^7
for i=1:5
delta_1=0.0012+(i-1)*0.0002;
phi_1=1.5*10^7;
q_1=delta_1*phi_1/2;%热平衡
t_21=t_f+q_1/h;%牛顿冷却公式:q=h(t_2-t_f)
t_11=q_1*delta_2/lambda(2)+t_21;%傅里叶定律:q=lambda(2)*(t_1-t_2)/delta
(2)
t_111=t_11+phi_1*((delta_1/2)^2)/(2*lambda(1));
t_1(1,i)=t_111;
end
%内热源=2.5*10^7
for i=1:5
delta_1=0.0012+(i-1)*0.0002;
phi_2=2.5*10^7;
q_2=delta_1*phi_2/2;%热平衡
t_22=t_f+q_2/h;%牛顿冷却公式:q=h(t_2-t_f)
t_12=q_2*delta_2/lambda(2)+t_22;%傅里叶定律:q=lambda(2)*(t_1-t_2)/delta
(2)
t_222=t_12+phi_2*((delta_1/2)^2)/(2*lambda(1));
t_2(1,i)=t_222;
end
%内热源=3.5*10^7
for i=1:5
delta_1=0.0012+(i-1)*0.0002;
phi_3=3.5*10^7;
q_3=delta_1*phi_3/2;%热平衡
t_23=t_f+q_3/h;%牛顿冷却公式:q=h(t_2-t_f)
t_13=q_3*delta_2/lambda(2)+t_23;%傅里叶定律:q=lambda(2)*(t_1-t_2)/delta
(2)
t_333=t_13+phi_3*((delta_1/2)^2)/(2*lambda(1));
t_3(1,i)=t_333;
end
```

%绘图
figure
delta＝[0.0012:0.0001:0.002];

%phi＝1.5 * 10^7
z_1＝[0.0012,t_1(1,1),0.0013,t_1(1,2),0.0014,t_1(1,3),0.0015,t_1(1,4),0.0016,
t_1(1,5)];
x_1＝z_1(1:2:end−1);
y_1＝z_1(2:2:end);
%phi＝2.5 * 10^7
z_2＝[0.0012,t_2(1,1),0.0013,t_2(1,2),0.0014,t_2(1,3),0.0015,t_2(1,4),0.0016,
t_2(1,5)];
x_2＝z_2(1:2:end−1);
y_2＝z_2(2:2:end);
%phi＝3.5 * 10^7
z_3＝[0.0012,t_3(1,1),0.0013,t_3(1,2),0.0014,t_3(1,3),0.0015,t_3(1,4),0.0016,
t_3(1,5)];
x_3＝z_3(1:2:end−1);
y_3＝z_3(2:2:end);
plot(x_1 * 1000,y_1,′−o′,x_2 * 1000,y_2,′−~′,x_3 * 1000,y_3,′− * ′);
axis([1.2, 1.6,153,163]);
legend(′\fontname{Times New Roman} 内热源 Φ＝1.5×10^7 W/m^3′,′\fontname
{Times New Roman} 内热源 Φ＝2.5×10^7 W/m^3′,′\fontname{Times New Roman} 内
热源 Φ＝3.5×10^7 W/m^3′,′location′,′NorthWest′);
xlabel(′\fontname{Times New Roman} 中间厚度/mm′)
ylabel(′\fontname{Times New Roman} 温度/℃′)

例题 2 - 10　如图 2 - 10 所示,铀燃料充装于由锆锡合金制成的圆管中,管子内、外径分别为 d_i＝8.25 mm 与 d_o＝9.27 mm。管子呈正方形布置,管间距为 17.5 mm,铀棒产生功率为 $\dot{\Phi}$＝8.73×10^8 W/m^3。管束之间有温度为 T_f＝400 K 的冷却水流过,冷却水与管子外表面的表面传热系数为 10000 W/(m^2·K)。管子内壁与铀棒之间的接触热阻相当于增加了表面传热系数为 h_{ct}＝6000 W/(m^2·K)的一个传递环节。试确定稳态过程中铀棒的最高温度。

题解

分析:本题只有在确定了铀棒的外表面温度后才能应用上面的分析解。在稳态过程中,从铀棒散出的热量通过接触热阻层、锆锡合金管传到冷却水中。由铀棒外表面散出

的热量与相应总热阻的乘积可得出铀棒表面温度
与冷却水温度之间的差值。由于锆锡合金以及铀
棒的导热系数与温度有关,因此是非线性问题,需
采用迭代方法计算。

假设:(1)稳态有内热源的导热;(2) 4 根铀棒
导热情况一样,计算其中 1 根即可;(3)一维导热,
计算对单位长度铀棒进行。

计算:每米长度铀棒外表面的散热量为

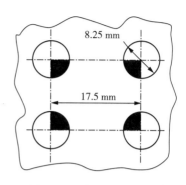

图 2-10 例题 2-10 附图

$$\Phi = \dot{\Phi} \times \frac{\pi}{4} d_i^2 \times 1$$

$$= 8.37 \times 10^8 \ W/m^3 \times \frac{3.14}{4} \times (8.25 \times 10^{-3} \ m)^2 \times 1 \ m = 46700 \ W$$

铀棒外表面温度为

$$T_U = T_f + \Phi \left[\frac{1}{2\pi r_i h_{ct} \times 1 \ m} + \frac{\ln(r_0/r_i)}{2\pi \lambda_{zir} \times 1 \ m} + \frac{1}{2\pi r_i h_o \times 1 \ m} \right]$$

$$\approx 400 \ K + 46700 \ W \times \left[\frac{1}{2\pi \times 0.00413 \ m \times 6000 \ W/(m \cdot K)} + \right.$$

$$\left. \frac{\ln(0.485 \ m/0.413 \ m)}{2\pi \lambda_{zir}} + \frac{1}{2\pi \times 0.00485 \ m \times 10000 \ W/(m \cdot K)} \right]$$

$$= 400 \ K + 46700 \ W \times (0.00642 \ K/W + 0.0256/\lambda_{zir} \ m^{-1} + 0.00328 \ K/W)$$

先假定锆锡合金管子的平均温度为 600 K,则 $\lambda_{zir} = 17.2 \ W/(m \cdot K)$,代入上式得

$$T_U = 400 \ K + 46700 \ W \times (0.00642 + 0.00149 + 0.00328) \ K/W \approx 923 \ K$$

至此可以应用教材中式(2-52)计算铀棒的最高温度。因此需假定铀棒的平均温
度,这里取为 1500 K,$\lambda_U = 2.6 \ W/(m \cdot K)$。于是有:

$$T_{max} = T_U + \frac{\dot{\Phi} r_1^2}{4\lambda_U} = 923 \ K + \frac{8.73 \times 10^8 \ W/m^3 \times 0.00413^2 \ m^2}{4 \times 2.6 \ W/(m \cdot K)} = 2355 \ K$$

现在需要检验所假定的温度是否合适。锆锡合金管的平均壁温为

$$T_{tubem} = 400 \ K + (923 \ K - 400 \ K) \times \frac{0.0032 + 0.00149/2}{0.00642 + 0.00149 + 0.00328} = 588 \ K$$

此值与 600 K 相当接近,可以认为假设有效。

铀棒的平均温度为

$$T_{U,m} = \frac{923 \ K + 2355 \ K}{2} = 1639 \ K$$

此值与 1500 K 相差较远,有必要进行修正。按这一温度 $\lambda_U = 2.5$ W/(m·K),计算得

$$T_{max} = 923 \text{ K} + \frac{8.73 \times 10^8 \text{ W/m}^3 \times 0.00413^2 \text{ m}^2}{4 \times 2.5 \text{ W/(m·K)}} \approx 2412 \text{ K}$$

讨论:(1)由于铀棒导热系数只给出两位有效数字,因此没有必要做进一步的迭代;(2)对于有内热源的实心圆柱、球的导热问题,稳态时外表面上的导热量等于内热源功率的总和,需要分析求解的仅是温度分布。

例题 2-10　[MATLAB 程序]

```
%%%%%%%%%%%%%%%%%%%%%%%%%%%%%%%%%%%%%%%%%%
%EXAMPLE 2-10
%%%%%%%%%%%%%%%%%%%%%%%%%%%%%%%%%%%%%%%%%%
%输入
clc,clear
format short g
phi_o=8.73*10^8;d_o=9.27*10^-3;d_i=8.25*10^-3;T_f=400;h_ct=6000;h_o
=10000;
%%%%%%%%%%%%%%%%%%%%%%%%%%%%%%%%%%%%%%%%%%
lambda_zir=17.2;         %先假定锆锡合金管子的平均温度为 600K,即 lambda_zir
=17.2
r_o=d_o/2;r_i=d_i/2;
phi=phi_o*(pi/4)*(d_i^2)*1         %每米长度铀棒外表面的散热量
R1=1/(2*pi*r_i*h_ct*1);R2=(log(r_o/r_i))/(2*pi*lambda_zir*1);R3=1/(2
*pi*r_o*h_o*1);
T_u=T_f+phi*(R1+R2+R3);         %铀棒外表面温度
lambda_u=2.6;         %假定铀棒的平均温度为 1500K,即 lambda_u=2.6
T_max=T_u+(1/4)*phi_o*(r_i^2)/lambda_u;     %铀棒的最高温度
T_tubem=T_f+(T_u-T_f)*((R1/2+R2/2)/(R1+R2+
R3));     %判断与所假设值 600K 是否一致
T_um=(T_u+T_max)/2;         %判断与所假设值 1500K
是否一致,如果假设不一致,lambda 需重设
lambda_u=2.5;         %由于偏差过大,取该温度下铀燃料
的导热系数
T_max=T_u+phi_o*(r_i^2)/(4*lambda_u)
```

　　程序输出结果:

　　phi=46667

　　T_max=2396.1

例题 2-11　一根直径为 250 mm 的输送水蒸气的管道用成型的保温材料来包覆，构成截面外形尺寸为 500 mm × 500 mm 的隔热层。设蒸汽的平均温度为 200 ℃，保温层外表面温度为 60 ℃，保温材料的导热系数为 0.08 W/(m·K)，管道长 2 m。试计算该管道的散热量。

题解

假设：(1)稳态常物性导热；(2)水蒸气与管道之间的换热阻力以及管壁的导热阻力远小于保温层的导热阻力，因而可以认为管道外表面温度即为水蒸气的平均温度。

计算：采用形状因子法来计算，所研究的对象如教材表 2-2 中第 7 栏所示，据已知条件，有

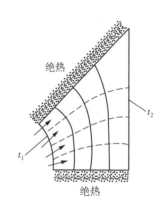

$$S = \frac{2 \times 3.14 \times 2 \text{ m}}{\ln\left(1.08 \times \frac{0.50 \text{ m}}{0.25 \text{ m}}\right)} \approx 16.3 \text{ m}$$

$$\Phi = \lambda S (t_1 - t_2)$$

$$= 0.08 \text{ W/(m·K)} \times 16.3 \text{ m} \times (200 - 60) \text{ K}$$

$$\approx 182.6 \text{ W}$$

讨论：形状因子 S 是有量纲的物理量，其单位为 m。对于所研究的问题，利用对称性可以对八分之一区域定性地画出等温线与热流线，如图 2-11 所示。

图 2-11　例题 2-11 的等温线及热流线的定性图示

例题 2-11　[MATLAB 程序]

```
%%%%%%%%%%%%%%%%%%%%%%%%%%%%%%%%%%%%%%%%
%EXAMPLE 2-11
%%%%%%%%%%%%%%%%%%%%%%%%%%%%%%%%%%%%%%%%
%输入
clc,clear
l=2;b=0.5;d=0.25;lambda=0.08;t_1=200;t_2=60;
%%%%%%%%%%%%%%%%%%%%%%%%%%%%%%%%%%%%%%%%
s=(2*pi*l)/(log(1.08*b/d));        %采用形状因子法来计算
s=vpa(s,3)
phi=lambda*s*(t_1-t_2);            %该管道的散热量
phi=vpa(phi,4)
```

程序输出结果：

s=16.3

phi=182.6

如图 2-12 所示，改变管子的直径可以看到，在不同保温层外表面温度下该管道的散

热量随管直径增大而增大,保温层外表面温度越高,散热量越低。

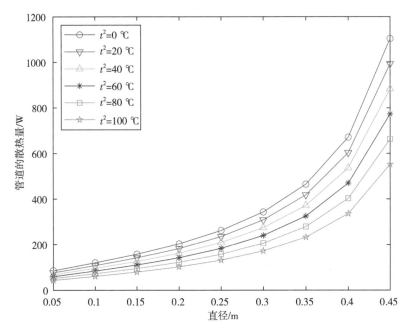

图 2-12 不同保温层外表面温度下管道散热量随直径变化情况

```
%%%%%%%%%%%%%%%%%%%%%%%%%%%%%%%%%%%%%
%EXAMPLE 2-11 拓展
%%%%%%%%%%%%%%%%%%%%%%%%%%%%%%%%%%%%%
%输入
clc,clear
l=2;b=0.5;lambda=0.08;t_1=200;
%%%%%%%%%%%%%%%%%%%%%%%%%%%%%%%%%%%%%
%t_2=100
for i=1:9
d=0.05+(i-1)*0.05;
t_20=100;
s=(2*pi*l)/(log(1.08*b/d));%采用形状因子法来计算
phi0=lambda*s*(t_1-t_20);          %该管道的散热量
phi_0(1,i)=phi0;
end
%t_2=80
for i=1:9
d=0.05+(i-1)*0.05;
t_21=80;
```

```
s=(2*pi*l)/(log(1.08*b/d));%采用形状因子法来计算
phi1=lambda*s*(t_1-t_21);        %该管道的散热量
phi_1(1,i)=phi1;
end
%t_2=60
for i=1:9
d=0.05+(i-1)*0.05;
t_22=60;
s=(2*pi*l)/(log(1.08*b/d));%采用形状因子法来计算
phi2=lambda*s*(t_1-t_22);        %该管道的散热量
phi_2(1,i)=phi2;
end
%t_2=40
for i=1:9
d=0.05+(i-1)*0.05;
t_23=40;
s=(2*pi*l)/(log(1.08*b/d));%采用形状因子法来计算
phi3=lambda*s*(t_1-t_23);        %该管道的散热量
phi_3(1,i)=phi3;
end
%t_2=20
for i=1:9
d=0.05+(i-1)*0.05;
t_24=20;
s=(2*pi*l)/(log(1.08*b/d));%采用形状因子法来计算
phi4=lambda*s*(t_1-t_24);        %该管道的散热量
phi_4(1,i)=phi4;
end
%t_2=0
for i=1:9
d=0.05+(i-1)*0.05;
t_25=0;
s=(2*pi*l)/(log(1.08*b/d));%采用形状因子法来计算
phi5=lambda*s*(t_1-t_25);        %该管道的散热量
phi_5(1,i)=phi5;
end


%绘图
```

```
figure
d=[0.05:0.05:0.45];
%t_2=100
z_0=[0.05,phi_0(1,1),0.1,phi_0(1,2),0.15,phi_0(1,3),0.2,phi_0(1,4),0.25,phi_
0(1,5),0.3,phi_0(1,6),0.35,phi_0(1,7),0.4,phi_0(1,8),0.45,phi_0(1,9)];
x_0=z_0(1:2:end-1);
y_0=z_0(2:2:end);
%t_2=80
z_1=[0.05,phi_1(1,1),0.1,phi_1(1,2),0.15,phi_1(1,3),0.2,phi_1(1,4),0.25,phi_
1(1,5),0.3,phi_1(1,6),0.35,phi_1(1,7),0.4,phi_1(1,8),0.45,phi_1(1,9)];
x_1=z_1(1:2:end-1);
y_1=z_1(2:2:end);
%t_2=60
z_2=[0.05,phi_2(1,1),0.1,phi_2(1,2),0.15,phi_2(1,3),0.2,phi_2(1,4),0.25,phi_
2(1,5),0.3,phi_2(1,6),0.35,phi_2(1,7),0.4,phi_2(1,8),0.45,phi_2(1,9)];
x_2=z_2(1:2:end-1);
y_2=z_2(2:2:end);
%t_2=40
z_3=[0.05,phi_3(1,1),0.1,phi_3(1,2),0.15,phi_3(1,3),0.2,phi_3(1,4),0.25,phi_
3(1,5),0.3,phi_3(1,6),0.35,phi_3(1,7),0.4,phi_3(1,8),0.45,phi_3(1,9)];
x_3=z_3(1:2:end-1);
y_3=z_3(2:2:end);
%t_2=10
z_4=[0.05,phi_4(1,1),0.1,phi_4(1,2),0.15,phi_4(1,3),0.2,phi_4(1,4),0.25,phi_
4(1,5),0.3,phi_4(1,6),0.35,phi_4(1,7),0.4,phi_4(1,8),0.45,phi_4(1,9)];
x_4=z_4(1:2:end-1);
y_4=z_4(2:2:end);
%t_2=0
z_5=[0.05,phi_5(1,1),0.1,phi_5(1,2),0.15,phi_5(1,3),0.2,phi_5(1,4),0.25,phi_
5(1,5),0.3,phi_5(1,6),0.35,phi_5(1,7),0.4,phi_5(1,8),0.45,phi_5(1,9)];
x_5=z_5(1:2:end-1);
y_5=z_5(2:2:end);

plot(x_5,y_5,'-o', x_4,y_4,'-v',x_3,y_3,'-~',x_2,y_2,'-*',x_1,y_1,'-s',x_0,y_
0,'-p');
legend('\fontname{Times New Roman} t_2=0 ℃','\fontname{Times New Roman} t_2
=20 ℃','\fontname{Times New Roman} t_2=40 ℃','\fontname{Times New Roman} t
_2=60 ℃','\fontname{Times New Roman} t_2=80 ℃','\fontname{Times New
```

Roman} t_2＝100 ℃','location','NorthWest');

xlabel('\fontname{Times New Roman} 直径/m')

ylabel('\fontname{Times New Roman} 管道的散热量/W')

例题 2-12　通过飞机座舱多层壁的导热。

一飞机的座舱由多层壁结构组成,如图 2-13 所示。内壁是厚 1 mm 的铝镁合金,$\lambda_1＝160$ W/(m·K);外壁(常称为蒙皮)是一层厚 2 mm 的软铝,$\lambda_4＝200$ W/(m·K);与蒙皮紧贴的是厚 10 mm 的超细玻璃棉保温层,保温层与内壁之间是宽 20 mm 的空气夹层。飞行时要求内壁内表面温度维持在 20 ℃,当飞机座窗外壁面温度为 -30 ℃时,每平方米面积上的散热量是多少? 如果要求将散热量减少一半,问保温层应增加到多厚?

题解

假设:(1)飞机座舱呈圆柱形,由于壁厚远小于座舱半径,按平壁处理;(2)不计接触热阻;(3)稳态导热;(4)假设空气层中没有自然对流。

计算:现假设超细玻璃棉保温层及空气层的平均温度分别为 -25 ℃ 和 0 ℃,则有:

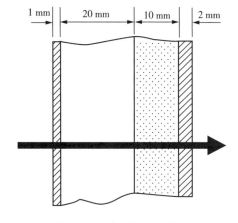

图 2-13　例题 2-12 插图

$$\{\lambda_3\}_{W/(m·K)}=0.033+0.00023\{t\}_℃$$

$$\lambda_3=(0.033-0.00023×25)\ W/(m·K)$$

$$=(0.033-0.00575)\ W/(m·K)$$

$$\approx0.0273\ W/(m·K)$$

$$\lambda_2=0.0244\ W/(m·K)$$

$$q=\frac{t_{wi}-t_{wo}}{\dfrac{\delta_1}{\lambda_1}+\dfrac{\delta_2}{\lambda_2}+\dfrac{\delta_3}{\lambda_3}+\dfrac{\delta_4}{\lambda_4}}$$

$$=\frac{[20-(-30)]\ K}{\dfrac{0.001\ m}{160\ W/(m·K)}+\dfrac{0.02\ m}{0.0244\ W/(m·K)}+\dfrac{0.01\ m}{0.0273\ W/(m·K)}+\dfrac{0.002\ m}{200\ W/(m·K)}}$$

$$=\frac{50\ K}{(6.25×10^{-6}+819.7×10^{-3}+366.3×10^{-3}+1×10^{-5})\ (m^2·K)/W}$$

$$\approx42.2\ W/m^2$$

由上面计算可见,内壁与蒙皮的热阻不到总热阻的 1 %,因而验算平均温度时可认为其温度分别为 20 ℃ 及 -30 ℃。空气层及超细玻璃棉保温层的平均温度分别为

$$t_{3m}=(20-41.9×0.8197/2)\ ℃\approx(20-17.2)\ ℃=2.8\ ℃$$

$$t_{2m} = (-30 + 41.9 \times 0.3663/2) \, ℃ \approx (-30 + 7.7) \, ℃ = -22.3 \, ℃$$

上述两个温度与假定值很接近,计算有效。

在上述内、外壁温下要使热损失减少一半,各层的平均温度会有所变化。近似地仍以上述数据进行估算,则可得:

$$\frac{\delta_3}{\lambda_3} = \frac{t_{wi} - t_{wo}}{q} - \frac{\delta_1}{\lambda_1} - \frac{\delta_2}{\lambda_2} - \frac{\delta_4}{\lambda_4}$$

$$\delta_3 = \lambda_3 \left(\frac{t_{wi} - t_{wo}}{q} - \frac{\delta_1}{\lambda_1} - \frac{\delta_2}{\lambda_2} - \frac{\delta_4}{\lambda_4} \right)$$

$$= 0.0273 \, W/(m \cdot K) \left[\frac{50}{21.08} - (6.25 \times 10^{-6} + 819.7 \times 10^{-3} + 1 \times 10^{-5}) \right] \, m^2 \cdot K/W$$

$$= 0.0273 \, W/(m \cdot K) \times (2.372 - 0.82) \, m^2 \cdot K/W \approx 0.0424 \, m$$

讨论:(1)飞机座舱散热量是由舱内乘客以及飞机空调系统供给的热量来平衡的,在设计时为安全起见,可以认为均由空调系统所提供;(2)单从导热系数看,空气层的值比超细玻璃棉还小,但是要进一步减小散热损失,不能用加厚空气夹层的方法:这会导致夹层的自然对流,使散热量增加。

例题 2 - 12 ［MATLAB 程序］

```
%%%%%%%%%%%%%%%%%%%%%%%%%%%%%%%%%%%%%%%
%EXAMPLE 2 - 12
%%%%%%%%%%%%%%%%%%%%%%%%%%%%%%%%%%%%%%%
%输入
clc,clear
t=-25;t_wi=20;t_wo=-30;
delta=[0.001,0.02,0.01,0.002];
%%%%%%%%%%%%%%%%%%%%%%%%%%%%%%%%%%%%%%%
lambda_3=0.033+0.00023 * t;        %超细玻璃棉保温层
%lambda_3=vpa(lambda_3,4)
lambda_3=roundn(lambda_3,-4);
lambda=[160,0.0244,lambda_3,200];
q=(t_wi-t_wo)/(sum(delta. /lambda))
%q=roundn(q,-1)
t_3m=t_wi-q * (delta(2)/lambda(2))/2);        %空气层的
平均温度
t_2m=(t_wo+q * (delta(3)/lambda(3))/2);        %超细玻璃棉保温层的平均温度
delta_3=lambda(3) * ((t_wi-t_wo)/(q/2)-sum(delta. /lambda)+(delta(3)/lambda
(3)))        %热损失减小一半,由上述数据进行估算
```

程序输出结果：

q＝42.1589

delta_3＝0.0424

例题 2 - 13 如图 2-14(a)所示,有一直径 $d_1＝4$ mm,高 $H＝6$ mm 的晶体管,其外表面套着带纵向肋片的铝圈,铝圈的厚度为 1 mm,导热系数为 200 W/(m·K),铝圈与肋片系整体制造而成,肋片的高度与晶体管相同,肋片厚度均匀,$\delta＝0.7$ mm。铝圈与晶体管之间存在接触热阻,其值为 $R_{A,ct}＝10^{-3}$ m²·K/W。平均温度为 20 ℃的空气流过晶体管,表面传热系数为 25 W/(m²·K)。运行中的晶体管的外表面温度维持为 80 ℃,确定此时晶体管的功耗。

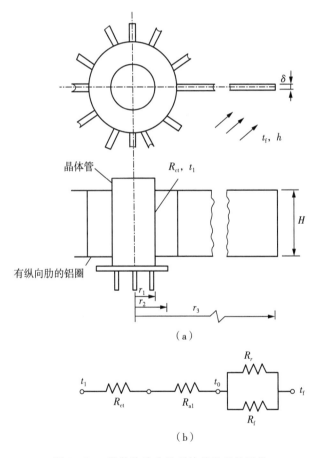

图 2-14 带散热肋片的晶体管及导热网络

题解

假设:(1)略去从晶体管顶上与底面的散热量不计;(2)一维稳态导热,肋片按等截面直肋看待,肋片顶端按绝热考虑,采用增加半个肋片厚的方法来计算导热量;(3)不计辐射换热。

分析:从晶体管表面温度 t_1 到流体温度 t_f,导热阻力网络如图 2 − 14(b)所示,其中从肋片根部温度 t_0 到流体温度 t_f 之间的两个并联的热阻分别是从根部向四周的散热阻力与从肋片的散热阻力。

计算:四个环节的总面积热阻如下:

接触热阻

$$R_{ct} = \frac{R_{A,ct}}{A_1} = \frac{10^{-3}(m^2 \cdot K)/W}{\pi \times 0.004 \times 0.006 \ m^2} \approx 13.3 \ K/W$$

铝圈导热热阻

$$R_{al} = \frac{\ln(d_2/d_1)}{2\pi\lambda H} = \frac{\ln(3/2)}{2\pi \times 200 \ W/(m \cdot K) \times 0.006 \ m} \approx 0.054 \ K/W$$

等截面直肋的导热量为

$$\Phi = \lambda A_c(t_0 - t_f)m\,th(mH) = (\lambda A_c hP)^{1/2}(t_0 - t_f)th(mH)$$

肋片的特性也可以用热阻来表示,这个概念对于用热阻网络来分析问题特别有用。根据热阻的基本定义,由上式可得通过等截面直肋的导热阻力为

$$R_f = \frac{t_0 - t_f}{\Phi} = \frac{1}{(\lambda A_c hP)^{1/2} th(mH)}$$

$$m = \left(\frac{hP}{\lambda A_c}\right)^{1/2} = \left[\frac{h \times 2(H+\delta)}{\lambda(H \times \delta)}\right]^{1/2} = \left[\frac{25 \ W/(m^2 \cdot K) \times 2 \times (0.006 + 0.0007) \ m}{200 \ W/(m \cdot K) \times 0.006 \times 0.0007 \ m^2}\right]^{1/2}$$

$$\approx 20.0 \ m^{-1}$$

$$mH = 20 \ m^{-1} \times (0.01 + 0.0007 \times 0.5) \ m = 0.207$$

$$(\lambda A_c hP)^{1/2} = [200 \ W/(m \cdot K) \times 4.2 \times 10^{-6} \ m^2 \times 25 \ W/(m^2 \cdot K) \times 0.0134 \ m]^{1/2}$$

$$= 0.0168 \ W/K$$

$$th(mH) = th(0.207) = 0.204$$

故有

$$R_f = \frac{1}{0.204 \times 0.0168 \ W/K} = 292 \ K/W$$

12 个肋片的热阻力为

$$R_{f(12)} = \frac{R_f}{12} = \frac{291}{12} \ K/W = 24.3 \ K/W$$

肋片根部面积的散热热阻力为

$$R_r = \frac{1}{h(\pi d_2 - 12 \times \delta)H} = \frac{1}{25 \ W/(m^2 \cdot K) \times (\pi \times 0.006 - 12 \times 0.0007) \times 0.006 \ m^2}$$

$$= 638 \ K/W$$

肋片根部与肋片的等效热阻力为

$$R_{eq} = \sum R = (24.3^{-1} + 638^{-1})^{-1} \text{ K/W} = 23.4 \text{ K/W}$$

于是从晶体管表面到空气的总热阻为

$$R_{total} = \sum R = (13.3 + 0.054 + 23.4) \text{ K/W} = 36.8 \text{ K/W}$$

晶体管的功耗就是热流量

$$\Phi = \frac{t_1 - t_f}{R_{tot}} = \frac{(80-20) \text{ K}}{36.8 \text{ K/W}} = 1.63 \text{ W}$$

讨论: (1)肋片的效率 $\eta_f = \dfrac{\text{th}(mH)}{mH} = \dfrac{0.204}{0.207} = 0.986$。肋片根部温度为

$$t_0 = t_1 - \Phi \sum R = 80 \text{ ℃} - 1.63 \text{ W} \times (13.3 + 0.054) \text{ K/W} = 58.2 \text{ ℃}$$

所以肋片表面的平均温度为

$$t_{f,m} = t_f + \eta_f(t_0 - t_f) = [20 + 0.986 \times (58.2 - 20)] \text{ ℃} = (20 + 37.7) \text{ ℃} = 57.7 \text{ ℃}$$

这一温度明显高于环境温度,因此通过辐射还有一定的散热。本例中空气为强制对流,表面传热系数较大,略去辐射的影响还可以接受,如何确定辐射散热将在以后考虑。

(2)如果晶体管不采用铝质翅片,仍然假定原来的表面传热系数之值,则在 80 ℃ 的温度限制下,晶体管能散失的热量仅为

$$\Phi = h A_{tr}(t_0 - t_f) = 25 \text{ W/(m}^2 \cdot \text{K)} \times (\pi d_1 H + \pi d_1^2/4) \text{ m}^2 \times (80-20) \text{ ℃}$$

$$= 25 \text{ W/(m}^2 \cdot \text{K)} \times (12.56 + 1.26) \times 10^{-5} \text{ m}^2 \times 60 \text{ ℃} = 0.21 \text{ W}$$

可见铝质翅片的作用十分明显。

(3)本例也可以采用肋片总效率来计算。

(4)注意下列换算:(a)从面积热阻到总热阻的换算;(b)从单个肋片热阻到 12 个肋片总热阻的换算。

例题 2-13 [MATLAB 程序]

```
%%%%%%%%%%%%%%%%%%%%%%%%%%%%%%%%%%%%%
%EXAMPLE 2-13
%%%%%%%%%%%%%%%%%%%%%%%%%%%%%%%%%%%%%
%输入
clc,clear
d_1=0.004;H=0.006;R_Act=10^-3;lambda=200;d_2=0.006;h=25;t_1=80;tf=20;delta=0.0007;h2=0.01;
%%%%%%%%%%%%%%%%%%%%%%%%%%%%%%%%%%%%%
A1=pi*d_1*H;
```

Rct＝R_Act/A1；　　　%接触热阻
Ral＝log(d_2/d_1)/(2 * pi * lambda * H)；　　%铝圈导热热阻
Ac＝(H * delta)；p＝2 * (H＋delta)；m＝sqrt((h * p/(lambda * Ac)))；H_＝h2＋delta/2；
Rf＝1/((lambda * Ac * h * p)^(1/2) * tanh(m * H_))　　%
等截面直肋的导热阻力

Rf12＝Rf/12；　　　%12 个肋片的热阻
Rr＝1/(h * (pi * d_2－12 * delta) * H)；　　　　%肋片根部面
积的散热热阻
Req＝1/(1/Rf12＋1/Rr)；　　　　　%肋片根部与肋片的等效热阻
Rtot＝(Rct＋Ral＋Req)；　　　　%从晶体管表面到空气的总热阻
phi＝(t_1－tf)/Rtot　　　%晶体管的功耗就是热流量
%%%%%%%%%%%%%%%%讨论1%%%%%%%%%%%%%%%%%
eta_f＝tanh(m * H_)/(m * H_)
t_0＝t_1－phi * (Rct＋Ral)
t_fm＝tf＋eta_f * (t_0－tf)
%%%%%%%%%%%%%%%%讨论2%%%%%%%%%%%%%%%%%
A_tr＝pi * d_1 * h2＋pi * d_1^2/4；
phii＝h * A_tr * (t_1－tf)

　　程序输出结果：
　　Rf＝2.9251e＋002
　　phi＝1.6306e＋000
　　eta_f＝9.8600e－001
　　t_0＝5.8285e＋001
　　t_fm＝5.7749e＋001
　　phii＝2.0735e－001

　　改变肋片厚度，可以改变肋片根部与肋片的等效热阻力的大小，因为其热阻对结果的影响最大，继而增大了热流量，即晶体管的功耗，如图 2－15 所示。

%%%%%%%%%%%%%%%%%%%%%%%%%%%%%%%%%%%%%%
%EXAMPLE 2－13 拓展
%%%%%%%%%%%%%%%%%%%%%%%%%%%%%%%%%%%%%%
%输入
clc,clear
d_1＝0.004；R_Act＝10^－3；lambda＝200；d_2＝0.006；h＝25；t_1＝80；tf＝20；h2＝0.01；
%%%%%%%%%%%%%%%%%%%%%%%%%%%%%%%%%%%%%%

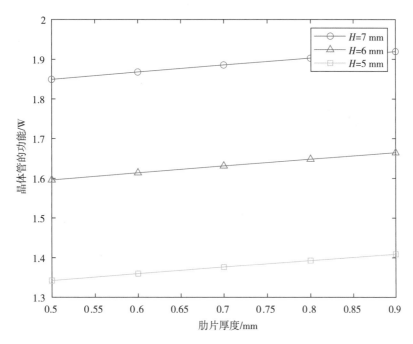

图 2-15 晶体管功耗随肋片厚度变化情况

```
%H=0.007;
for i=1:5
delta=0.0005+(i-1)*0.0001;
H_1=0.007;
A_1=pi*d_1*H_1;
Rct_1=R_Act/A_1;          %接触热阻
Ral_1=log(d_2/d_1)/(2*pi*lambda*H_1);        %铝圈导热热阻
Ac_1=(H_1*delta);p=2*(H_1+delta);m_1=sqrt((h*p/(lambda*Ac_1)));H_
=h2+delta/2;
Rf_1=1/((lambda*Ac_1*h*p)^(1/2)*tanh(m_1*H_));        %等截面直肋的导热
阻力
Rf_121=Rf_1/12;        %12个肋片的热阻
Rr_1=1/(h*(pi*d_2-12*delta)*H_1);        %肋片根部面积的散热热阻
Req_1=1/(1/Rf_121+1/Rr_1);        %肋片根部与肋片的等效热阻
Rtot_1=(Rct_1+Ral_1+Req_1);        %从晶体管表面到空气的总热阻
Phi1=(t_1-tf)/Rtot_1;        %晶体管的功耗就是热流量
phi_1(1,i)=Phi1;
end
%H=0.006;
for i=1:5
```

```
delta＝0.0005＋(i－1)＊0.0001;
H_2＝0.006;
A_2＝pi＊d_1＊H_2;
Rct_2＝R_Act/A_2;%接触热阻
Ral_2＝log(d_2/d_1)/(2＊pi＊lambda＊H_2);%铝圈导热热阻
Ac_2＝(H_2＊delta);p＝2＊(H_2＋delta);m_2＝sqrt((h＊p/(lambda＊Ac_2)));H_＝h2＋delta/2;
Rf_2＝1/((lambda＊Ac_2＊h＊p)^(1/2)＊tanh(m_2＊H_));%等截面直肋的导热阻力
Rf_122＝Rf_2/12;%12 个肋片的热阻
Rr_2＝1/(h＊(pi＊d_2－12＊delta)＊H_2);%肋片根部面积的散热热阻
Req_2＝1/(1/Rf_122＋1/Rr_2);%肋片根部与肋片的等效热阻
Rtot_2＝(Rct_2＋Ral_2＋Req_2);%从晶体管表面到空气的总热阻
phi2＝(t_1－tf)/Rtot_2;%晶体管的功耗就是热流量
phi_2(1,i)＝phi2;
end
%H＝0.005;
for i＝1:5
delta＝0.0005＋(i－1)＊0.0001;
H_3＝0.005;
A_3＝pi＊d_1＊H_3;
Rct_3＝R_Act/A_3;          %接触热阻
Ral_3＝log(d_2/d_1)/(2＊pi＊lambda＊H_3);       %铝圈导热热阻
Ac_3＝(H_3＊delta);p＝2＊(H_3＋delta);m_3＝sqrt((h＊p/(lambda＊Ac_3)));H_＝h2＋delta/2;
Rf_3＝1/((lambda＊Ac_3＊h＊p)^(1/2)＊tanh(m_3＊H_));       %等截面直肋的导热
阻力
Rf_123＝Rf_3/12;         %12 个肋片的热阻
Rr_3＝1/(h＊(pi＊d_2－12＊delta)＊H_3);        %肋片根部面积的散热热阻
Req_3＝1/(1/Rf_123＋1/Rr_3);         %肋片根部与肋片的等效热阻
Rtot_3＝(Rct_3＋Ral_3＋Req_3);         %从晶体管表面到空气的总热阻
Phi3＝(t_1－tf)/Rtot_3;         %晶体管的功耗就是热流量
phi_3(1,i)＝Phi3;
end

%绘图
figure
delta＝[0.0005:0.0001:0.0009];
%H＝0.007;
```

z_1＝[0.0005,phi_1(1,1),0.0006,phi_1(1,2),0.0007,phi_1(1,3),0.0008,phi_1(1,4),0.0009,phi_1(1,5)];

x_1＝z_1(1:2:end－1);

y_1＝z_1(2:2:end);

％H＝0.006;

z_2＝[0.0005,phi_2(1,1),0.0006,phi_2(1,2),0.0007,phi_2(1,3),0.0008,phi_2(1,4),0.0009,phi_2(1,5)];

x_2＝z_2(1:2:end－1);

y_2＝z_2(2:2:end);

％H＝0.005;

z_3＝[0.0005,phi_3(1,1),0.0006,phi_3(1,2),0.0007,phi_3(1,3),0.0008,phi_3(1,4),0.0009,phi_3(1,5)];

x_3＝z_3(1:2:end－1);

y_3＝z_3(2:2:end);

plot(x_1＊10^3,y_1,'－o',x_2＊10^3,y_2,'－~',x_3＊10^3,y_3,'－s');

legend('\fontname{Times New Roman} H＝7 mm','\fontname{Times New Roman} H＝6 mm','\fontname{Times New Roman} H＝5 mm','location','NorthEast');

xlabel('\fontname{Times New Roman} 肋片厚度/mm')

ylabel('\fontname{Times New Roman} 晶体管的功耗/W')

例题 2－14 储冰方箱的冷损计算。

图 2－16(a)示出一储冰方箱，其每个壁面均用厚为 50 mm 的保温材料做成，λ＝0.029 W/(m・K)。箱体尺寸示于图中，其内壁温度为－5 ℃，外壁温度为 25 ℃。试计算该箱体的冷量损失。

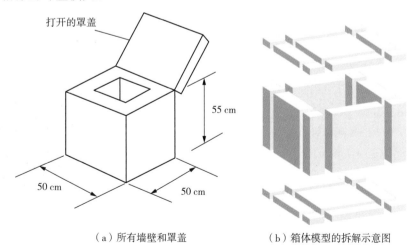

（a）所有墙壁和罩盖　　　（b）箱体模型的拆解示意图

图 2－16　储冰的方箱

题解

假设:(1)箱体顶盖与侧壁间密封良好;(2)稳态导热。

分析:冷量损失就是该箱体从外壁导入的热量,可以采用形状因子方法。如图 2 - 16 (b)所示,箱体四个侧面由四块平壁以及四根方柱体形成,箱体的上下壁各由一块平壁、四根柱体以及四个正方体组成。每个导热体两壁的温差均为 30 ℃。

计算:根据教材中表 2 - 2 第 8、9 栏的公式有

$$S_{corner} = 8 \times 0.15 \Delta x = 8 \times 0.15 \times 0.05 \text{ m} = 0.06 \text{ m}$$

$$S_{edge} = 4 \times (0.54 l_1 + 0.54 l_2 + 0.54 l_3) = 4 \times 0.54 \times (0.5 + 0.4 + 0.4) \approx 2.81 \text{ m}$$

同时,

$$S_{wall} = \sum \frac{A_{wall}}{\delta} = \frac{\sum A_{wall}}{\delta} = \frac{1}{0.05 \text{ m}} \times (4 \times 0.5 \times 0.4 + 2 \times 0.4 \times 0.4) \text{ m}^2 = 22.4 \text{ m}$$

所以冷量损失为

$$\Phi = \lambda S_{total} (t_o - t_i) = 0.029 \text{ W/(m·K)} \times (0.06 + 2.81 + 22.4) \text{ m} \times (25 + 5) \text{ K} \approx 22 \text{ W}$$

讨论:为了维持储冰箱体的稳定工况,必须安排制冷机流经箱体的壁面将这份由外界传入箱体的热量带走。所有第一类边界条件的导热问题,要维持稳定的壁面温度都必须有相应的加热或冷却的手段。

例题 2 - 14 [MATLAB 程序]

```
%%%%%%%%%%%%%%%%%%%%%%%%%%%%%%%%%%%%%%
%EXAMPLE 2 - 14
%%%%%%%%%%%%%%%%%%%%%%%%%%%%%%%%%%%%%%
%输入
clc,clear
delta_x = 0.05;a = 0.5;b = 0.5;c = 0.55;delta = 0.05;t_o = 25;t_i = − 5;lambda
= 0.029;
%%%%%%%%%%%%%%%%%%%%%%%%%%%%%%%%%%%%%%
L = [c − delta_x,a − 2 * delta_x,b − 2 * delta_x];
S_corner = 8 * 0.15 * delta_x;
S_edge = 4 * 0.54 * (sum(L));
A_wall = 4 * L(1) * L(2) + 2 * L(2) * L(3);S_wall = A_wall/
delta;
phi = lambda * (S_corner + S_edge + S_wall) * (t_o − t_i)
    %冷量损失
phii = vpa(phi,2)    %冷量损失,求整
```

程序输出结果:

phi＝21.983
phii＝22

如图 2-17 所示,改变厚度的大小,我们可以看到,随着厚度的增大,箱体的冷量损失越小;初始温度越高,热量损失越大。有兴趣的读者可以改变温度的大小。

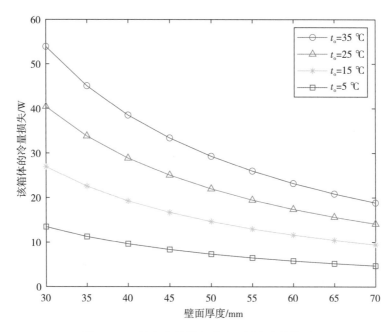

图 2-17　箱体冷量损失随壁面厚度变化情况

```
%%%%%%%%%%%%%%%%%%%%%%%%%%%%%%%%%%%%
%EXAMPLE 2-14 拓展
%%%%%%%%%%%%%%%%%%%%%%  稳态热传导的规律及计算%%%
%输入
clc,clear
a＝0.5;b＝0.5;c＝0.55;t_i＝-5;lambda＝0.029;
%%%%%%%%%%%%%%%%%%%%%%%%%%%%%%%%%%%
%t_o＝5;
for i＝1:9
delta_x＝0.03+(i-1)*0.005;
t_1＝5;
L＝[c-delta_x,a-2*delta_x,b-2*delta_x];
S_corner＝8*0.15*delta_x;
S_edge＝4*0.54*(sum(L));
A_wall＝4*L(1)*L(2)+2*L(2)*L(3);S_wall＝A_wall/delta_x;
```

```
phi1=lambda * (S_corner+S_edge+S_wall) * (t_1-t_i);%冷量损失
phi_1(1,i)=phi1;
end
%t_o=15;
for i=1:9
delta_x=0.03+(i-1) * 0.005;
t_2=15;
L=[c-delta_x,a-2 * delta_x,b-2 * delta_x];
S_corner=8 * 0.15 * delta_x;
S_edge=4 * 0.54 * (sum(L));
A_wall=4 * L(1) * L(2)+2 * L(2) * L(3);S_wall=A_wall/delta_x;
phi2=lambda * (S_corner+S_edge+S_wall) * (t_2-t_i);%冷量损失
phi_2(1,i)=phi2;
end
%t_o=25;
for i=1:9
delta_x=0.03+(i-1) * 0.005;
t_3=25;
L=[c-delta_x,a-2 * delta_x,b-2 * delta_x];
S_corner=8 * 0.15 * delta_x;
S_edge=4 * 0.54 * (sum(L));
A_wall=4 * L(1) * L(2)+2 * L(2) * L(3);S_wall=A_wall/delta_x;
phi3=lambda * (S_corner+S_edge+S_wall) * (t_3-t_i);%冷量损失
phi_3(1,i)=phi3;
end
%t_o=35;
for i=1:9
delta_x=0.03+(i-1) * 0.005;
t_4=35;
L=[c-delta_x,a-2 * delta_x,b-2 * delta_x];
S_corner=8 * 0.15 * delta_x;
S_edge=4 * 0.54 * (sum(L));
A_wall=4 * L(1) * L(2)+2 * L(2) * L(3);S_wall=A_wall/delta_x;
phi4=lambda * (S_corner+S_edge+S_wall) * (t_4-t_i);%冷量损失
phi_4(1,i)=phi4;
end
%绘图
figure
```

```
delta_x=[0.03:0.005:0.07];
%t_o=5;
z_1=[0.03,phi_1(1,1),0.035,phi_1(1,2),0.04,phi_1(1,3),0.045,phi_1(1,4),
0.05,phi_1(1,5),0.055,phi_1(1,6),0.06,phi_1(1,7),0.065,phi_1(1,8),0.07,phi_1
(1,9)];
x_1=z_1(1:2:end-1);
y_1=z_1(2:2:end);
%t_o=15;
z_2=[0.03,phi_2(1,1),0.035,phi_2(1,2),0.04,phi_2(1,3),0.045,phi_2(1,4),
0.05,phi_2(1,5),0.055,phi_2(1,6),0.06,phi_2(1,7),0.065,phi_2(1,8),0.07,phi_2
(1,9)];
x_2=z_2(1:2:end-1);
y_2=z_2(2:2:end);
%t_o=25;
z_3=[0.03,phi_3(1,1),0.035,phi_3(1,2),0.04,phi_3(1,3),0.045,phi_3(1,4),0.05,
phi_3(1,5),0.055,phi_3(1,6),0.06,phi_3(1,7),0.065,phi_3(1,8),0.07,phi_3(1,
9)];
x_3=z_3(1:2:end-1);
y_3=z_3(2:2:end);
%t_o=35;
z_4=[0.03,phi_4(1,1),0.035,phi_4(1,2),0.04,phi_4(1,3),0.045,phi_4(1,4),0.05,
phi_4(1,5),0.055,phi_4(1,6),0.06,phi_4(1,7),0.065,phi_4(1,8),0.07,phi_4(1,
9)];
x_4=z_4(1:2:end-1);
y_4=z_4(2:2:end);
plot(x_4*10^3,y_4,'-o',x_3*10^3,y_3,'-~',x_2*10^3,y_2,'-*',x_1*10^3,y_1,'-
s');
axis([30,70,0,60]);
legend('\fontname{Times New Roman} t_o=35 ℃','\fontname{Times New Roman} t_
o=25 ℃','\fontname{Times New Roman} t_o=15 ℃','\fontname{Times New Roman}
t_o=5 ℃','location','NorthEast');
xlabel('\fontname{Times New Roman} 壁面厚度/mm')
ylabel('\fontname{Times New Roman} 该箱体的冷量损失/W')
```

第三章　非稳态热传导的计算

一、基本知识

物体的温度随时间而变化的导热过程称为非稳态导热。

1. 非稳态导热特点:导热微分方程式中 $\frac{\partial t}{\partial \tau}$ 不等于零,非稳态导热过程必然伴随着加热或冷却的过程;非稳态导热可以分为周期性和非周期性两种。

2. 导热过程的三个阶段:非正规状况阶段(起始阶段)、正规状况阶段、新的稳态。

3. 周期性非稳态导热:物体温度按一定的周期发生变化。

4. 非周期性非稳态导热:物体的温度随时间不断地升高(加热过程)或降低(冷却过程),在经历相当长时间后,物体温度分布逐渐趋近于稳定的温度,最终达到热平衡。

对于非周期性非稳态导热,又存在受初始条件影响的非正规状况阶段和初始条件影响消失而仅受边界条件和物性影响的正规状况阶段;为常数时,直角坐标系下的控制方程为

$$\rho c \frac{\partial t}{\partial \tau} = \lambda \left(\frac{\partial^2 t}{\partial x^2} + \frac{\partial^2 t}{\partial y^2} + \frac{\partial^2 t}{\partial z^2} \right) + \dot{\Phi}$$

求解非稳态导热问题的实质便是在给定的边界条件下和初始条件下获得导热体的瞬时温度分布和在一定时间间隔内所传导的热量。

5. 热扩散率:定义式为 $a = \frac{\lambda}{\rho c}$,单位为 $\mathrm{m^2/s}$,是物性参数,表征物体传递温度变化的能力,亦称为导温系数。一般情况下,稳态导热的温度分布取决于物体的导热系数 λ,但非稳态导热的温度分布则不仅取决于导热系数 λ,还取决于热扩散率 a。

6. 非稳态导热的三种情形:

(1) 图 3-1 中无限大平板与温度为 t_∞ 的流体处于第三类边界条件下。图(a)表示物体内部导热热阻 $\frac{\delta}{\lambda}$ 远小于外部的对流热阻 $\frac{1}{h}$,即 $Bi = \frac{h\delta}{\lambda} \to 0$。此时在任一时刻物体内部的温度分布都是均匀的,即温度分布与几何位置无关,仅为时间的函数,即 $t = f(\tau)$。

当 $Bi \to \infty$ 时,如图(b),平板外部对流热阻远小于内部导热热阻,此时相当于第一类边界条件,即壁面温度低于流体温度。图(c)介于图(a)和(b)之间,Bi 为有限大时,即表示平板中不同时刻的温度分布介于上述两种极端情况之间是后面要讨论的内容。

(2) Bi:毕渥数,表达式为 $Bi = \frac{h\delta}{\lambda}$,表示物体内部导热热阻 $\frac{\delta}{\lambda}$ 与外部对流热阻 $\frac{1}{h}$ 的比值。Bi 数的大小反映了物体在非稳态导热条件下,物体内温度的分布规律。

7. 集中参数法的实质:由于物体温度与空间坐标无关,因此集中参数法尤其易于处

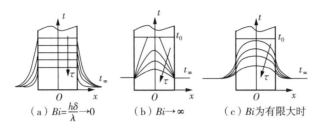

图 3-1　非稳态导热的无限大平板与温度三种情形

理形状不规则的物体。当 $Bi \ll 1$，即物体内部热阻远小于外部热阻时，物体在同一时刻均处于同一个温度，所求的温度仅是时间的函数而与坐标无关，就好像把物体的质量与热容量均集中到一点上一样。

8. 非稳态过程传递的总热量：$Q = \rho c V(t_0 - t) = \theta_0 \rho c V \left(1 - \dfrac{\theta}{\theta_0}\right)$，从求解结果可以看出，物体内的温度分布只与时间 τ 有关，而与空间坐标无关，并且温度分布既与导热系数 λ 有关，又与热扩散率 a 有关。

9. 集中参数法使用条件：要求物体内部热阻忽略不计，即任一时刻物体内温度相同。此时 $Bi \ll 1$，该 Bi 数中的特征长度对平板取板厚，对长圆柱和半球取半径；如果以 l_c 作为 Bi 数的特征长度，则该 Bi 数对平板、圆柱与球应该分别小于 0.1、0.05 和 0.033。

10. Fo：傅里叶数，是一种无量纲时间，它表示非稳态导热过程进行的深度。表示非稳态导热的进行程度，Fo 越大，热扰动就越深入地传播到物体内部，因而物体内各点的温度越接近周围介质的温度。

11. 时间常数：常被用来说明导热体温度随流体温度变化快慢的指标，它取决于几何参数 (V/A)、物性参数 (ρc) 及换热条件 (h)。再用热电偶测定流体温度的场合，热电偶的时间常数是说明热电偶对流体温度变动响应快慢的指标。

12. 非正规状况阶段：物体中的温度分布主要受初始温度分布的控制。

13. 正规状况阶段：物体中的温度分布主要受热边界层的影响。

一维非稳态导热的分析解：满足一维、无内热源、常物性和非稳态导热问题。所谓一维是指：对平板，温度仅沿厚度方向变化；对圆柱与球，温度仅沿半径方向变化。"无限大"指的是如果沿平板厚度方向四周绝热，圆柱体端部绝热，均可简化成一维问题。

14. 一维非稳态导热的物理问题及求解结果：

以无限大平板为例，讨论厚度为 2δ 的平板，处于温度为 t_∞、表面传热系数为 h 的对流环境中，初始时刻温度为 t_0。则描述其温度分布的导热微分方程及定解条件为：

$$\begin{cases} \dfrac{\partial t}{\partial \tau} = a\,\dfrac{\partial^2 t}{\partial x^2} & (0 < x < \delta,\ \tau > 0) \\[2mm] t\big|_{x=0} = t_0 & (0 \leqslant x \leqslant \delta) \\[2mm] \dfrac{\partial t(x,\tau)}{\partial x}\bigg|_{x=0} = 0 \\[2mm] h\left[t(\delta,\tau) - t_\infty\right]\big|_{x=0} = -\lambda\,\dfrac{\partial t(x,\tau)}{\partial x}\bigg|_{x=\delta} \end{cases}$$

引入如下无量纲温度 Θ、无量纲坐标 x 和无量纲时间 Fo:

$$\Theta = \frac{\theta}{\theta_0} = \sum_{n=1}^{\infty} \frac{2\sin(\beta_n\delta)}{\beta_n\delta + \sin(\beta_n\delta)\cos(\beta_n\delta)}\cos\left(\beta_n\delta\,\frac{x}{\delta}\right)\exp\left[-Fo\,(\beta_n\delta)^2\right] = f\left(Bi,Fo,\frac{x}{\delta}\right)$$

式中 β_n 为下列超越方程的根:

$$\tan(\beta_n\delta) = \frac{Bi}{\beta_n\delta} = \frac{Bi}{\mu_n}, n = 1,2,\cdots$$

实际工程中常常满足 $Fo > 0.2$ 的条件,即处于正规状况阶段。

15. 半无限大物体的非稳态导热物理问题及数学描写及解的结果:

初始温度均匀,第一类边界条件下半无限大物体的非稳态导热问题的数学描写如下:

$$\begin{cases} \dfrac{\partial t}{\partial \tau} = a\,\dfrac{\partial^2 t}{\partial x^2} \\[2mm] \tau = 0;\ t(x,0) = t_0 \\[2mm] x = 0;\ t(0,\tau) = t_w \\[2mm] x \to \infty;\ t(x,\tau) = t_0 \end{cases}$$

温度场的分析解为
第一类边界条件

$$\frac{t(x,\tau) - t_w}{t_0 - t_w} = \mathrm{erf}\left(\frac{x}{2\sqrt{a\tau}}\right)$$

第二类边界条件

$$t(x,\tau) - t_0 = \frac{2q_0\sqrt{\dfrac{a\tau}{\pi}}}{\lambda}\exp\left(-\frac{x^2}{4a\tau}\right) - \frac{q_0 x}{\lambda}\mathrm{erfc}\left(\frac{x}{2\sqrt{a\tau}}\right)$$

第三类边界条件

$$\frac{t(x,\tau) - t_0}{t_\infty - t_0} = \mathrm{erfc}\left(\frac{x}{2\sqrt{a\tau}}\right) - \exp\left(\frac{hx}{\lambda} + \frac{h^2 a\tau}{\lambda^2}\right)\mathrm{erfc}\left(\frac{x}{2\sqrt{a\tau}} + \frac{h\sqrt{a\tau}}{\lambda}\right)$$

其中,$\mathrm{erf}\left(\dfrac{x}{2\sqrt{a\tau}}\right)$ 称为误差函数,$\mathrm{erfc}\left(\dfrac{x}{2\sqrt{a\tau}}\right) = 1 - \mathrm{erf}\left(\dfrac{x}{2\sqrt{a\tau}}\right)$ 称为余误差函数
解的结果用误差函数表示:

$$\Theta = \frac{\theta}{\theta_0} = \frac{t - t_w}{t_0 - t_w} = \frac{2}{\sqrt{\pi}}\int_0^{\frac{x}{\sqrt{4a\tau}}} \exp(-\eta^2)d\eta = \mathrm{erf}\left(\frac{x}{\sqrt{4a\tau}}\right) = \mathrm{erf}(\eta)$$

二、基本公式

1. 热扩散率：$a = \dfrac{\lambda}{\rho c}$

2. 温度分布：

$$\theta = \theta_0 \exp\left(-\frac{hA\tau}{\rho cV}\right) = \theta_0 \exp\left[-\frac{h(V/A)(\lambda/\rho C)}{\lambda} \frac{\tau}{(V/A)^2}\right] = \theta_0 \exp(-Bi_v Fo_v) = f(Bi_v, Fo_v)$$

式中 $\dfrac{\rho cV}{hA}$ 为时间常数 τ_c，当 $\tau = \tau_c$ 时，$\dfrac{\theta}{\theta_0} = 36.8\%$。

3. 傅里叶数：$Fo = \dfrac{a\tau}{l^2}$

4. 瞬时热流量：$\varPhi = -\rho cV \dfrac{dt}{d\tau} = \theta_0 hA \exp\left(-\dfrac{hA}{\rho cV}\tau\right)$

从 $\tau = 0$ 到 $\tau = \tau_c$ 时刻内物体与流体间所交换的总热量为 Q_τ。

5. 非稳态导热正规状况阶段三个分析解的简化表达式：

（1）平板

$$\frac{\theta(\eta, \tau)}{\theta_0} = \frac{2\sin\mu_1}{\mu_1 + \sin\mu_1\cos\mu_1} \exp(-\mu_1^2 Fo)\cos(\mu_1\eta)$$

（2）圆柱

$$\frac{\theta(\eta, \tau)}{\theta_0} = \frac{2}{\mu_1} \frac{J_1(\mu_1)}{J_0^2(\mu_1) + J_1^2(\mu_1)} \exp(-\mu_1^2 Fo)J_0(\mu_1\eta)$$

（3）球

$$\frac{\theta(\eta, \tau)}{\theta_0} = \frac{2(\sin\mu_1 - \mu_1\cos\mu_1)}{\mu_1 - \sin\mu_1} \exp(-\mu_1^2 Fo)\frac{\sin(\mu_1\eta)}{\mu_1\eta}$$

正规状况阶段的任何时刻，平板中任意处（η）与平板中心（$\eta = 0.0$）处的过余温度之比为 $\dfrac{\theta(\eta, \tau)}{\theta(0, \tau)} = \dfrac{\theta(\eta, \tau)}{\theta_m(\tau)} = \cos(\mu_1\eta)$，可见这一比值与时间无关，只取决于特征值 μ_1，即取决于边界条件。

6. 非稳态导热正规状况阶段工程计算方法：

（1）图线法：作出 $Q/Q_0 = f(Fo, Bi)$ 的图线

（2）近似拟合公式法：

$$\mu_1^2 = \left(a + \frac{b}{Bi}\right)^{-1}, A = a + b(1 - e^{-cBi})$$

$$B = \frac{a + cBi}{1 + bBi}, J_0 = a + bx + cx^2 + dx^3$$

7. 半无限大物体上的热流密度计算式：

$$q_w = -\lambda \left.\frac{\partial t}{\partial x}\right|_{x=0} = \lambda \frac{t_w - t_0}{\sqrt{\pi a\tau}}$$

式中 q_w 为表面上的热流密度。

8. 半无限大物体总热量计算式：

$$Q = A \int_0^\tau q_w \mathrm{d}\tau = 2A\sqrt{\frac{\tau}{\pi}}\sqrt{\rho c \lambda}(t_w - t_0)$$

式中 Q 为 $[0,\tau]$ 时间间隔内通过面积 A 的总热量；$\sqrt{\rho c \lambda}$ 为吸热系数。

三、MATLAB 在本章例题中的应用

例题 3-1 钢球冷却时间

一直径为 5 cm 的钢球，初始温度为 450 ℃，突然被置于温度为 30 ℃ 的空气中。设钢球表面与周围环境间的表面传热系数为 24 W/(m²·K)，试计算钢球冷却到 300 ℃ 时所需要的时间。已知钢球的 $c = 0.48$ kJ/(kg·K)，$\rho = 7753$ kg/m³，$\lambda = 33$ W/(m·K)。

题解

假设：(1) 钢球冷却过程中与空气及四周冷表面发生对流与辐射换热，随着表面温度的降低辐射换热量减少。这里取一个平均值，表面传热系数按常数处理；(2) 常物性。

计算：首先检验可否用集中参数法。为此计算 Bi 数：

$$Bi = \frac{h(V/A)}{\lambda} = \frac{h\frac{4}{3}\pi R^3/(4\pi R^2)}{\lambda} = \frac{h\frac{R}{3}}{\lambda} = \frac{24 \times \frac{0.025}{3}}{33} \approx 0.00606 < 0.0333$$

可以采用集中参数法计算。

$$\frac{hA}{\rho c V} = \frac{24\ \text{W/(m}^2\cdot\text{K)} \times 4\pi \times (0.025\ \text{m})^2}{7753\ \text{kg/m}^3 \times 480\ \text{J/(kg}\cdot\text{K)} \times \frac{4}{3}\pi \times (0.025\ \text{m})^3} \approx 7.74 \times 10^{-4}\ \text{s}^{-1}$$

由教材中式(3-9)得

$$\frac{t - t_\infty}{t_0 - t_\infty} = \exp\left(-\frac{\alpha F}{c_p \rho V}\tau\right) = \frac{300\ ℃ - 30\ ℃}{450\ ℃ - 30\ ℃} \approx \exp(-7.74 \times 10^{-4}\tau)$$

由此解得

$$\tau \approx 570\ \text{s} \approx 0.158\ \text{h}$$

讨论：本例是在已知表面传热系数的条件下计算的，所设定数值的大小对计算结果影响很大。如果为了获得金属球与冷却液体间的表面传热系数，在已知 ρ、c_p 和几何尺寸的情况下，你能否设计出一种方法，以通过测定金属球非稳态导热过程中的温度变化而获得所需的表面传热系数 h 之值。

例题 3-1 ［MATLAB 程序］

```
%%%%%%%%%%%%%%%%%%%%%%%%%%%%%%%%%%%%%%%%
%EXAMPLE 3-1
%%%%%%%%%%%%%%%%%%%%%%%%%%%%%%%%%%%%%%%%
```

```
%输入
clc,clear
syms tau
t_inf＝30;t_0＝450;
D＝0.05;R＝D/2;h＝24;rho＝7753;c＝480;lambda＝33;t＝300;
%%%%%%%%%%%%%%%%%%%%%%%%%%%%%%%%%%%%%%
V＝(4/3)＊pi＊(R^3);A＝4＊pi＊(R^2);
Bi＝h＊(V/A)/lambda
%%%%%%%%%%%%%%%%%%%%%%%%%%%%%%%%%%%%%%
if Bi＜0.0333          %判断 Bi 是否小于 0.0333,是否可用集中参数法
    T＝(t－t_inf)/(t_0－t_inf);
    tau_c＝(rho＊c＊V)/(h＊A)
    tau＝solve((t－t_inf)/(t_0－t_inf)－exp(－1/tau_c＊tau),'tau');
    tau＝vpa(tau,3)
    tauh＝tau/3600;
    tauh＝vpa(tauh,3)    %转化单位
else
    fprintf('无法使用集中参数法')
end
```

　　程序输出结果：
　　Bi＝0.0060606
　　tau＝570
　　tauh＝0.158

　　改变空气的温度,空气温度为 20~60 ℃,可计算得到钢球冷却至 300 ℃的时间,如图 3-2 所示。可见,温度越高,冷却时间越长;钢球直径越大,冷却时间越长。

```
%%%%%%%%%%%%%%%%%%%%%%%%%%%%%%%%%%%%%%
%EXAMPLE 3-1 拓展
%%%%%%%%%%%%%%%%%%%%%%%%%%%%%%%%%%%%%%
%输入
clc,clear
h＝24;rho＝7753;c＝480;lambda＝33;t＝300;
for i＝1:9
t_inf＝20+5＊(i－1);
t_0＝450;
d＝0.06
V＝(4/3)＊pi＊(d/2)^3;
```

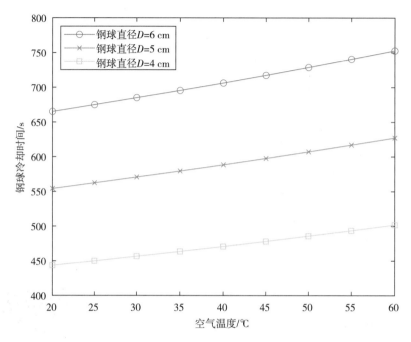

图 3-2　钢球冷却时间随空气温度变化情况

A＝4 * pi * (d/2)^2；

Bi＝h * (V/A)/lambda

%%

if Bi＜0.0333　　　　　%判断 Bi 是否小于 0.0333，是否可用集中参数法

　　T＝(t－t_inf)/(t_0－t_inf)；

　　tau_c＝(rho * c * V)/(h * A)；

　　tau(1,i)＝－log(T) * tau_c；

else

　　fprintf('无法使用集中参数法')

end

end

for i＝1:9

t_inf＝20＋5 * (i－1)；

t_0＝450；

d＝0.05

V＝(4/3) * pi * (d/2)^3；

A＝4 * pi * (d/2)^2；

Bi＝h * (V/A)/lambda

%%%

```
if Bi<0.0333          %判断 Bi 是否小于 0.0333,是否可用集中参数法
    T=(t−t_inf)/(t_0−t_inf);
    tau_c=(rho * c * V)/(h * A);
    tau(2,i)=−log(T) * tau_c;
else
    fprintf('无法使用集中参数法')
end
end


for i=1:9
t_inf=20+5 * (i−1);
t_0=450;
d=0.04
V=(4/3) * pi * (d/2)^3;
A=4 * pi * (d/2)^2;
Bi=h * (V/A)/lambda
%%%%%%%%%%%%%%%%%%%%%%%%%%%%%%%%%%%%
if Bi<0.0333          %判断 Bi 是否小于 0.0333,是否可用集中参数法
    T=(t−t_inf)/(t_0−t_inf);
    tau_c=(rho * c * V)/(h * A);
    tau(3,i)=−log(T) * tau_c;
else
    fprintf('无法使用集中参数法')
end
end


%绘图
figure
t_inf=[20:5:60];
plot(t_inf,tau(1,:),'−o', t_inf,tau(2,:),'−x', t_inf,tau(3,:),'−s');
legend('\fontname{Times New Roman} 钢球直径 D=6 cm', '\fontname{Times New
Roman} 钢球直径 D=5 cm', '\fontname{Times New Roman} 钢球直径 D=4 cm','
location','NorthWest');
xlabel('\fontname{Times New Roman} 空气温度/℃)
ylabel('\fontname{Times New Roman} 钢球冷却时间/s')
```

例题 3-2　温度计读数的过热余温

一温度计的水银泡呈圆柱形,长 20 mm,内径为 4 mm,初始温度为 t_0,今将其插入温

度较高的储气罐中测量气体的温度。设水银泡同气体间的对流传热表面传热系数为
11.63 W/(m²·K),水银泡一层薄玻璃的作用可以忽略不计,试计算此条件下温度计
的时间常数,并确定插入 5 min 后温度计读数的过余温度为初始过余温度的百分之几?
水银的物性参数如下:$c=0.138$ kJ/(kg·K),$\rho=13110$ kg/m³,$\lambda=10.36$ W/(m·K)。

题解

假设:(1)以水银泡部分作为研究对象,略去玻璃柱体部分的影响;(2)常物性。

计算:首先检验是否可用集中参数法。考虑到水银泡柱体的上端面不直接受热,故
判断条件:

$$l_c=\frac{V}{A}=\frac{\pi R^2 l}{2\pi Rl+\pi R^2}=\frac{Rl}{2(l+0.5R)}=\frac{0.002 \text{ m}\times 0.02 \text{ m}}{2\times(0.020+0.001) \text{ m}}\approx 0.953\times 10^{-3} \text{ m}$$

$$Bi=\frac{hl_c}{\lambda}=\frac{11.63 \text{ W/(m}^2\cdot\text{K)}\times 0.953\times 10^{-3} \text{ m}}{10.36 \text{ W/(m}\cdot\text{K)}}\approx 1.07\times 10^{-3}<0.05$$

可以采用集中参数法求解,时间常数为:

$$\tau_c=\frac{\rho cV}{hA}=\frac{\rho cl_c}{h}=\frac{13110 \text{ kg/m}^3\times 138 \text{ J/(kg}\cdot\text{K)}\times 0.953\times 10^3 \text{ m}}{11.63 \text{ W/(m}^2\cdot\text{K)}}\approx 148 \text{ s}$$

$$Fo=\frac{a\tau}{l_c^2}=\frac{\lambda}{\rho c}\cdot\frac{\tau}{l_c^2}=\frac{10.36 \text{ W/(m}\cdot\text{K)}}{13110 \text{ kg/m}^3\times 138 \text{ J/(kg}\cdot\text{K)}}\times\frac{5\times 60 \text{ s}}{(0.953\times 10^3 \text{ m})^2}\approx 1.89\times 10^3$$

$$\frac{\theta}{\theta_0}=\exp(-Bi\cdot Fo)=\exp(-1.07\times 10^{-3}\times 1.89\times 10^3)=\exp(-2.02)\approx 0.133$$

即经 5 min 后温度计读数的过余温度是初始过余温度的 13.3 %。也就是说,在这段
时间内温度计的读数上升了本次测定中温度跃升(从 t_0 上升到流体温度 t_∞)值的
86.7 %。

注意:若时间常数 τ_c 太大,应采取措施减小。

讨论:由此可见,当用水银温度计测量流体温度时必须在被测流体中放置足够长的
时间,以使温度计与流体之间基本达到热平衡。对于稳态的过程,这是可以允许的。但
对于非稳态的流体温度场的测定,水银温度计的热容量过大时将无法跟上流体温度的变
化,即其响应特性很差。这时需要采用时间常数很小的感温元件,直径很小的热电偶(如
$d=0.05$ mm)是常见的用于动态测量的感温元件。请读者从教材中式(3-6)出发分析
采用小半径热电偶能减少时间常数的原因。

例题 3-2 [MATLAB 程序]

```
%%%%%%%%%%%%%%%%%%%%%%%%%%%%%%%%%%%%%%
%EXAMPLE 3-2
%%%%%%%%%%%%%%%%%%%%%%%%%%%%%%%%%%%%%%
%输入
```

```
clc,clear
R＝0.002;h＝11.63;rho＝13110;c＝138;lambda＝10.36;l＝0.02;t_ao＝300;
%%%%%%%%%%%%%%%%%%%%%%%%%%%%%%%%%%%%%%%%%
V＝pi＊(R^2)＊l;A＝2＊pi＊R＊l+pi＊(R^2);a＝lambda/(c＊rho);
Bi＝h＊(V/A)/lambda
%%%%%%%%%%%%%%%%%%%%%%%%%%%%%%%%%%%%%%%%%
if Bi<0.05          %判断 Bi 是否小于 0.05,是否可用集中参数法
    tao_c＝(rho＊c＊V)/(h＊A);
    F_o＝(a＊t_ao)/(V/A)^2;
    theta_theta_o＝exp(−Bi＊F_o)          %过余温度为初始温度的百分之几
else
    fprintf('无法使用集中参数法')
end
```

　　程序输出结果：
　　Bi＝0.0010691
　　theta_theta_o＝0.132

　　改变温度计的半径,过余温度为初始过余温度的百分比变化如图 3－3 所示。可见,内半径越大,过余温度与初始过余温度比值越大;对流换热系数越大,过余温度与初始过余温度比值越小。

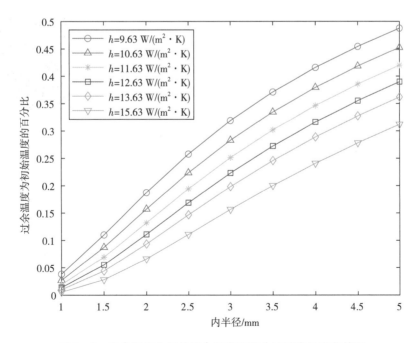

图 3－3　过余温度为初始过余温度的百分比随内径变化情况

```
%%%%%%%%%%%%%%%%%%%%%%%%%%%%%%%%%%%%%
%EXAMPLE 3-2 拓展
%%%%%%%%%%%%%%%%%%%%%%%%%%%%%%%%%%%%%
%输入
clc,clear
rho=13110;c=138;lambda=10.36;l=0.02;t_ao=300;
%%%%%%%%%%%%%%%%%%%%%%%%%%%%%%%%%%%%%
% h=9.63;
for i=1:9
    h_1=9.63;
    R=0.001+0.0005*(i-1);
V=pi*(R^2)*l;A=2*pi*R*l+pi*(R^2);a=lambda/(c*rho);
Bi_1=h_1*(V/A)/lambda;
%%%%%%%%%%%%%%%%%%%%%%%%%%%%%%%%%%%%%
if Bi_1<0.05        %判断 Bi 是否小于 0.05,是否可用集中参数法
    tao_c=(rho*c*V)/(h_1*A);
    F_o=(a*t_ao)/(V/A)^2;
    theta_theta_1(1,i)=exp(-Bi_1*F_o);%过余温度为初始温度的百分之几
else
    fprintf('无法使用集中参数法')
end
end
```

```
%    h=10.63;
for i=1:9
    h_2=10.63;
    R=0.001+0.0005*(i-1);
V=pi*(R^2)*l;A=2*pi*R*l+pi*(R^2);a=lambda/(c*rho);
Bi_2=h_2*(V/A)/lambda;
%%%%%%%%%%%%%%%%%%%%%%%%%%%%%%%%%%%%%
if Bi_2<0.05        %判断 Bi 是否小于 0.05,是否可用集中参数法
    tao_c=(rho*c*V)/(h_2*A);
    F_o=(a*t_ao)/(V/A)^2;
    theta_theta_2(1,i)=exp(-Bi_2*F_o);%过余温度为初始温度的百分之几
else
    fprintf('无法使用集中参数法')
end
end
```

```
%　h＝11.63；
for i＝1:9
    h_3＝11.63；
    R＝0.001＋0.0005*(i−1)；
V＝pi*(R^2)*l;A＝2*pi*R*l+pi*(R^2);a＝lambda/(c*rho)；
Bi_3＝h_3*(V/A)/lambda；
%%%%%%%%%%%%%%%%%%%%%%%%%%%%%%%%%%%%%%%%
if Bi_3＜0.05        %判断 Bi 是否小于 0.05,是否可用集中参数法
    tao_c＝(rho*c*V)/(h_3*A)；
    F_o＝(a*t_ao)/(V/A)^2；
    theta_theta_3(1,i)＝exp(−Bi_3*F_o)；%过余温度为初始温度的百分之几
else
    fprintf('无法使用集中参数法')
end
end


%　h＝12.63；
for i＝1:9
    h_4＝12.63；
    R＝0.001＋0.0005*(i−1)；
V＝pi*(R^2)*l;A＝2*pi*R*l+pi*(R^2);a＝lambda/(c*rho)；
Bi_4＝h_4*(V/A)/lambda；
%%%%%%%%%%%%%%%%%%%%%%%%%%%%%%%%%%%%%%%%
if Bi_4＜0.05        %判断 Bi 是否小于 0.05,是否可用集中参数法
    tao_c＝(rho*c*V)/(h_4*A)；
    F_o＝(a*t_ao)/(V/A)^2；
    theta_theta_4(1,i)＝exp(−Bi_4*F_o)；%过余温度为初始温度的百分之几
else
    fprintf('无法使用集中参数法')
end
end


%　h＝13.63；
for i＝1:9
    h_5＝13.63；
    R＝0.001＋0.0005*(i−1)；
V＝pi*(R^2)*l;A＝2*pi*R*l+pi*(R^2);a＝lambda/(c*rho)；
```

```
Bi_5＝h_5 * (V/A)/lambda；
%%%%%%%%%%%%%%%%%%%%%%%%%%%%%%%%%%%%%
if Bi_5<0.05          %判断 Bi 是否小于 0.05，是否可用集中参数法
    tao_c＝(rho * c * V)/(h_5 * A)；
    F_o＝(a * t_ao)/(V/A)^2；
    theta_theta_5(1,i)＝exp(－Bi_5 * F_o)；         %过余温度为初始温度的百分之几
else
    fprintf('无法使用集中参数法')
end
end


%    h＝15.63；
for i＝1:9
    h_6＝15.63；
    R＝0.001＋0.0005 * (i－1)；
V＝pi * (R^2) * l；A＝2 * pi * R * l＋pi * (R^2)；a＝lambda/(c * rho)；
Bi_6＝h_6 * (V/A)/lambda；
%%%%%%%%%%%%%%%%%%%%%%%%%%%%%%%%%%%%%
if Bi_6<0.05          %判断 Bi 是否小于 0.05，是否可用集中参数法
    tao_c＝(rho * c * V)/(h_6 * A)；
    F_o＝(a * t_ao)/(V/A)^2；
    theta_theta_6(1,i)＝exp(－Bi_6 * F_o)；         %过余温度为初始温度的百分之几
else
    fprintf('无法使用集中参数法')
end
end


%绘图
figure
d＝[0.001:0.0005:0.005]；
%h＝9.63；
z_1＝[0.001,theta_theta_1(1,1),0.0015,theta_theta_1(1,2),0.002,theta_theta_1(1,
3),0.0025,theta_theta_1(1,4),0.003,theta_theta_1(1,5), 0.0035,theta_theta_1(1,
6), 0.004,theta_theta_1(1,7), 0.0045,theta_theta_1(1,8), 0.005,theta_theta_1(1,
9)]；
x_1＝z_1(1:2:end－1)；
y_1＝z_1(2:2:end)；
%h＝10.63；
```

```
z_2=[0.001,theta_theta_2(1,1),0.0015,theta_theta_2(1,2),0.002,theta_theta_2(1,
3),0.0025,theta_theta_2(1,4),0.003,theta_theta_2(1,5),0.0035,theta_theta_2(1,
6),0.004,theta_theta_2(1,7),0.0045,theta_theta_2(1,8),0.005,theta_theta_2(1,
9)];
x_2=z_2(1:2:end-1);
y_2=z_2(2:2:end);
%h=11.63;
z_3=[0.001,theta_theta_3(1,1),0.0015,theta_theta_3(1,2),0.002,theta_theta_3(1,
3),0.0025,theta_theta_3(1,4),0.003,theta_theta_3(1,5),0.0035,theta_theta_3(1,
6),0.004,theta_theta_3(1,7),0.0045,theta_theta_3(1,8),0.005,theta_theta_3(1,
9)];
x_3=z_3(1:2:end-1);
y_3=z_3(2:2:end);


%h=12.63;
z_4=[0.001,theta_theta_4(1,1),0.0015,theta_theta_4(1,2),0.002,theta_theta_4(1,
3),0.0025,theta_theta_4(1,4),0.003,theta_theta_4(1,5),0.0035,theta_theta_4(1,
6),0.004,theta_theta_4(1,7),0.0045,theta_theta_4(1,8),0.005,theta_theta_4(1,
9)];
x_4=z_4(1:2:end-1);
y_4=z_4(2:2:end);


%h=13.63;
z_5=[0.001,theta_theta_5(1,1),0.0015,theta_theta_5(1,2),0.002,theta_theta_5(1,
3),0.0025,theta_theta_5(1,4),0.003,theta_theta_5(1,5),0.0035,theta_theta_5(1,
6),0.004,theta_theta_5(1,7),0.0045,theta_theta_5(1,8),0.005,theta_theta_5(1,
9)];
x_5=z_5(1:2:end-1);
y_5=z_5(2:2:end);


%h=18.63;
z_6=[0.001,theta_theta_6(1,1),0.0015,theta_theta_6(1,2),0.002,theta_theta_6(1,
3),0.0025,theta_theta_6(1,4),0.003,theta_theta_6(1,5),0.0035,theta_theta_6(1,
6),0.004,theta_theta_6(1,7),0.0045,theta_theta_6(1,8),0.005,theta_theta_6(1,
9)];
x_6=z_6(1:2:end-1);
y_6=z_6(2:2:end);
```

plot(x_1 * 1000,y_1,'—o',x_2 * 1000,y_2,'—~',x_3 * 1000,y_3,'— *',x_4 * 1000,y_4,
'—s',x_5 * 1000,y_5,'—d',x_6 * 1000,y_6,'—v');
legend('\fontname{Times New Roman} h=9. 63 W/(m^2^. K)','\fontname{Times New
Roman} h=10. 63 W/(m^2^. K)','\fontname{Times New Roman} h=11. 63 W/(m^2
^. K)','\fontname{Times New Roman} h=12. 63 W/(m^2^. K)','\fontname{Times New
Roman} h=13. 63 W/(m^2^. K)', '\fontname{Times New Roman} h=15. 63 W/(m^2
^. K)','location','NorthWest');
xlabel('\fontname{Times New Roman} 内半径/mm')
ylabel('过余温度为初始温度的百分比')

例题 3-3 一直径为 5 cm、长为 30 cm 的钢圆柱,初始温度为 30 ℃,将其放入炉温为 1200 ℃ 的加热炉中加热,升温到 800 ℃ 方可取出。设钢圆柱与烟气间的复合换热表面传热系数为 140 W/(m² · K),钢的物性参数为 $c=0.48$ kJ/(kg · K),$\lambda=33$ W/(m · K)。问:需要多长时间才能达到要求?

题解

假设:(1)表面复合传热系数为常数;(2)常数性。

计算:首先检验是否可用集中参数法

$$Bi=\frac{h(V/A)}{\lambda}=\frac{h\left[(\pi d^2 l/4)/(\pi dl+2\pi d^2/4)\right]}{\lambda}=\frac{h}{\lambda}\frac{dl/4}{l+d/2}$$

$$=\frac{140\ \text{W/(m}^2 \cdot \text{K)}}{33\ \text{W/(m} \cdot \text{K)}}\times\frac{0.5\ \text{m}\times0.3\ \text{m/4}}{0.3\ \text{m}+0.025\ \text{m}}\approx0.049<0.05$$

可采用集中参数法。因

$$\frac{hA}{\rho V}=\frac{h}{\rho c}\left(\frac{V}{A}\right)^{-1}=\frac{h}{\rho c}\frac{4(l+d/2)}{dl}=\frac{140\ \text{W/(m}^2 \cdot \text{K)}\times4\times(0.3+0.025)\ \text{m}}{7753\ \text{kg/m}^3\times480\ \text{J/(kg} \cdot \text{K)}\times0.05\ \text{m}\times0.3\ \text{m}}$$

$$\approx0.326\times10^{-2}\ \text{s}^{-1}$$

$$\frac{\theta}{\theta_0}=\frac{t-t_\infty}{t_0-t_\infty}=\frac{800\ ℃-1200\ ℃}{30\ ℃-1200\ ℃}=0.342$$

由教材中式(3-6)有

$$\frac{\theta}{\theta_0}=0.342=\exp\left(-\frac{hA}{\rho c V}\tau\right)=\exp(-0.326\times10^{-2}\tau)$$

由此解得

$$\tau\approx329\ \text{s}$$

讨论:本例中以 l_c 作为特征长度的 Bi 数已达到 0.049,如果按 0.05 来估算,则柱体表面的过余温度与中心的过余温度之比为 0.95。设经过 329 s 后柱体表面温度已达到 800 ℃,则其中心温度可据(800 ℃−1200 ℃)/(t_m−1200 ℃)=95 加以估计,其值约为

779 ℃。在需要较准确地预测中心温度达到 800 ℃ 所需时间的情况下应用于一维问题的分析解。这将在下一节讨论。

例题 3 - 3 ［MATLAB 程序］

```
%%%%%%%%%%%%%%%%%%%%%%%%%%%%%%%%%%%%%%%%
%EXAMPLE 3-3
%%%%%%%%%%%%%%%%%%%%%%%%%%%%%%%%%%%%%%%%
%输入
clc,clear
d=0.05;h=140;rho=7753;c=480;lambda=33;t=800;t_inf=1200;t_o=30;L
=0.3;
%%%%%%%%%%%%%%%%%%%%%%%%%%%%%%%%%%%%%%%%
V=pi*(d^2)*L/4;A=pi*d*L+2*pi*(d^2)/4;
Bi=(h*(V/A))/lambda
if Bi<0.05          %判断 Bi 是否小于 0.05,是否可用集中参数法
    theta_theta_o=(t-t_inf)/(t_o-t_inf);tao_c=(rho*c
*V)/(h*A);
    tao=log(theta_theta_o)/(-1/tao_c)
else fprintf('无法使用集中参数法')
end
```

程序输出结果：
Bi=0.0490
tao=329.19

如图 3-4,改变初始温度,我们可以看到,加热时间随初始温度的增大,在不断地缩短；圆柱直径越大,加热时间越长。

```
%%%%%%%%%%%%%%%%%%%%%%%%%%%%%%%%%%%%%%%%
%EXAMPLE 3-3 拓展
%%%%%%%%%%%%%%%%%%%%%%%%%%%%%%%%%%%%%%%%
%输入
clc,clear
h=140;rho=7753;c=480;lambda=33;t=800;t_inf=1200;L=0.3;
%%%%%%%%%%%%%%%%%%%%%%%%%%%%%%%%%%%%%%%%
%d=0.035
for i=1:9
t_o=20+5*(i-1);
d_1=0.035;
```

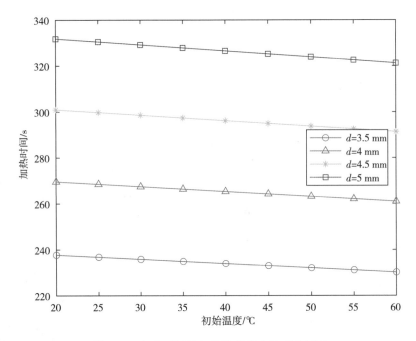

图 3 - 4　加热时间随初始温度增大的变化情况

```
V_1=pi*(d_1^2)*L/4;A_1=pi*d_1*L+2*pi*(d_1^2)/4;
Bi_1=(h*(V_1/A_1))/lambda;
if Bi_1<0.05          %判断 Bi 是否小于 0.05,是否可用集中参数法
    theta_theta_o=(t-t_inf)/(t_o-t_inf);tao_c1=(rho*c*V_1)/(h*A_1);
    tao_1(1,i)=log(theta_theta_o)/(-1/tao_c1);
else
    fprintf('无法使用集中参数法')
end
end
```

```
%d=0.04
for i=1:9
t_o=20+5*(i-1);
d_2=0.04;
V_2=pi*(d_2^2)*L/4;A_2=pi*d_2*L+2*pi*(d_2^2)/4;
Bi_2=(h*(V_2/A_2))/lambda;
if Bi_2<0.05          %判断 Bi 是否小于 0.05,是否可用集中参数法
    theta_theta_o=(t-t_inf)/(t_o-t_inf);tao_c2=(rho*c*V_2)/(h*A_2);
    tao_2(1,i)=log(theta_theta_o)/(-1/tao_c2);
else
    fprintf('无法使用集中参数法')
```

```
end
end


%d=0.045
for i=1:9
t_o=20+5*(i-1);
d_3=0.045;
V_3=pi*(d_3^2)*L/4;A_3=pi*d_3*L+2*pi*(d_3^2)/4;
Bi_3=(h*(V_3/A_3))/lambda;
if Bi_3<0.05        %判断 Bi 是否小于 0.05,是否可用集中参数法
    theta_theta_o=(t-t_inf)/(t_o-t_inf);tao_c3=(rho*c*V_3)/(h*A_3);
    tao_3(1,i)=log(theta_theta_o)/(-1/tao_c3);
else
    fprintf('无法使用集中参数法')
end
end


%d=0.05
for i=1:9
t_o=20+5*(i-1);
d_4=0.05;
V_4=pi*(d_4^2)*L/4;A_4=pi*d_4*L+2*pi*(d_4^2)/4;
Bi_4=(h*(V_4/A_4))/lambda;
if Bi_4<0.05        %判断 Bi 是否小于 0.05,是否可用集中参数法
    theta_theta_o=(t-t_inf)/(t_o-t_inf);tao_c4=(rho*c*V_4)/(h*A_4);
    tao_4(1,i)=log(theta_theta_o)/(-1/tao_c4);
else
    fprintf('无法使用集中参数法')
end
end


%绘图
figure
d=[20:5:60];
%d=0.035m
z_1=[20,tao_1(1,1),25,tao_1(1,2),30,tao_1(1,3),35,tao_1(1,4),40,tao_1(1,5),
45,tao_1(1,6),50,tao_1(1,7),55,tao_1(1,8),60,tao_1(1,9)];
x_1=z_1(1:2:end-1);
```

```
y_1=z_1(2:2:end);

%d=0.04m
z_2=[20,tao_2(1,1),25,tao_2(1,2),30,tao_2(1,3),35,tao_2(1,4),40,tao_2(1,5),
45,tao_2(1,6),50,tao_2(1,7),55,tao_2(1,8),60,tao_2(1,9)];
x_2=z_2(1:2:end-1);
y_2=z_2(2:2:end);

%d=0.045m
z_3=[20,tao_3(1,1),25,tao_3(1,2),30,tao_3(1,3),35,tao_3(1,4),40,tao_3(1,5),
45,tao_3(1,6),50,tao_3(1,7),55,tao_3(1,8),60,tao_3(1,9)];
x_3=z_3(1:2:end-1);
y_3=z_3(2:2:end);

%d=0.05m
z_4=[20,tao_4(1,1),25,tao_4(1,2),30,tao_4(1,3),35,tao_4(1,4),40,tao_4(1,5),
45,tao_4(1,6),50,tao_4(1,7),55,tao_4(1,8),60,tao_4(1,9)];
x_4=z_4(1:2:end-1);
y_4=z_4(2:2:end);

plot(x_1,y_1,'-o',x_2,y_2,'-~',x_3,y_3,'-*',x_4,y_4,'-s');
legend('\fontname{Times New Roman} d=3.5 mm','\fontname{Times New Roman} d
=4 mm','\fontname{Times New Roman} d=4.5 mm','\fontname{Times New Roman}
d=5 mm','location','East');
xlabel('\fontname{Times New Roman} 初始温度/℃')
ylabel('\fontname{Times New Roman} 加热时间/s')
```

例题 3-4 一块厚 100 mm 的钢板放入温度为 1000 ℃的炉中加热,钢板一面受热,另一面可近似地认为是绝热的。钢板初始温度 $t_0 = 20$ ℃。求钢板受热表面的温度达到 500 ℃时所需的时间,并计算此时剖面上的最大温差。取加热过程中的平均表面传热系数 $h = 174$ W/(m² · K),钢板的 $\lambda = 34.8$ W/(m · K),$a = 0.555 \times 10^{-5}$ m²/s。已知:$Bi = 0.1$ 时,$\mu_1 = 0.3111$ rad;$Bi = 0.5$ 时,$\mu_1 = 0.6533$ rad;$Bi = 1.0$ 时,$\mu_1 = 0.8603$ rad。

题解

假设:(1)一维问题;(2)热物性为常数;(3)加热过程表面传热系数为常数。

分析:这个问题相当于厚 200 mm 平板对称受热的情况,故可以应用一维平板的分析解。

计算:对于此平板

$$Bi = \frac{h\delta}{\lambda} = \frac{174 \ \text{W/(m}^2 \cdot \text{K)} \times 0.1 \ \text{m}}{34.8 \ \text{W/(m} \cdot \text{K)}} \approx 0.5$$

$$\frac{x}{\delta} = 1.0$$

从教材中图 3-9 查得，在平板表面上 $\theta_\text{w}/\theta_\text{m} = 0.8$。另一方面，根据已知条件，表面上的无量纲过余温度为

$$\frac{\theta_\text{w}}{\theta_0} = \frac{t_\infty - t_\text{w}}{t_\infty - t_0} = \frac{1000 \ ℃ - 500 \ ℃}{1000 \ ℃ - 20 \ ℃} \approx 0.51$$

$$\frac{\theta_\text{w}}{\theta_0} = \frac{\theta_\text{m}}{\theta_0}\frac{\theta_\text{w}}{\theta_\text{m}}$$

故得

$$\frac{\theta_\text{m}}{\theta_0} = \frac{\theta_\text{w}}{\theta_0} \Big/ \frac{\theta_\text{w}}{\theta_\text{m}} = \frac{0.51}{0.8} \approx 0.637$$

由 θ_m/θ_0 和 Bi 数之值，从教材中图 3-8 查得 $Fo = 1.2$，故得

$$\tau = Fo \frac{\delta^2}{a} = 1.2 \times \frac{(0.1 \ \text{m})^2}{0.555 \times 10^{-5} \ \text{m}^2/\text{s}} \approx 2.16 \times 10^3 \ \text{s} \approx 0.6 \ \text{h}$$

另外，由 $\theta_\text{m} = 0.637\theta_0$ 得

$$t_\text{m} = 0.637 \times (20 \ ℃ - 1000 \ ℃) + 1000 \ ℃ \approx 376 \ ℃$$

故得剖面上的最大温差为

$$\Delta t_\text{max} = 500 \ ℃ - 376 \ ℃ = 124 \ ℃$$

例题 3-4 ［MATLAB 程序］

```
%%%%%%%%%%%%%%%%%%%%%%%%%%%%%%%%%%%%%%%%
%EXAMPLE 3-4
%%%%%%%%%%%%%%%%%%%%%%%%%%%%%%%%%%%%%%%%
%输入
clc,clear
t_w=500;t_inf=1000;t_o=20;
h=174;delta=0.1;lambda=34.8;a=0.555*10^(-5);
%%%%%%%%%%%%%%%%%%%%%%%%%%%%%%%%%%%%%%%%
Bi=h*delta/lambda
theta_w_theta_m=0.8;        %从无限大平板 theta_theta_m
曲线查得
theta_o=t_o-t_inf;
theta_w_theta_o=(t_w-t_inf)/(t_o-t_inf);
```

```
theta_m_theta_o＝theta_w_theta_o/theta_w_theta_m；
F_o＝1.2；              ％据 theta_mtheta_o 的值以及 Bi 的值可得；
tao＝F_o＊delta^2/a
tao_h＝tao/3600
t_m＝theta_m_theta_o＊theta_o＋t_inf
Delta_t＝t_w－t_m
```

程序输出结果：

Bi＝0.5000

tao＝2162.2

tao_h＝0.6006

Delta_t＝125

例题 3-5 有一直径为 400 mm 的钢锭,初温 $t_0＝20$ ℃,将它置于炉温为 900 ℃ 的炉中加热,试计算加热到表面温度为 750 ℃时需要的时间。假设钢锭可近似地视为 无限长的圆柱,并取 $h＝174$ W/(m² · K)。钢锭的 $\lambda＝34.8$ W/(m · K), $a＝0.695×10^{-5}$ m²/s。

题解

假设:(1)一维稳态;(2)热物性为常数;(3)加热过程的表面传热系数为常数。

计算:

$$Bi＝\frac{hR}{\lambda}＝\frac{174 \text{ W/(m}^2 \cdot \text{K)}×0.20 \text{ m}}{34.8 \text{ W/(m} \cdot \text{K)}}＝1.0$$

$$\frac{r}{R}＝1.0$$

从教材中附录查得,在表面上 $\theta_w/\theta_m＝0.65$。根据已知条件,表面上的无量纲过余温 度为

$$\frac{\theta_w}{\theta_m}＝\frac{t_m-t_\infty}{t_0-t_\infty}＝\frac{750 \text{ ℃}-900 \text{ ℃}}{20 \text{ ℃}-900 \text{ ℃}}≈0.17$$

故得

$$\frac{\theta_m}{\theta_0}＝\frac{\theta_w}{\theta_0}/\frac{\theta_w}{\theta_m}＝0.17/0.65≈0.262$$

据 $Bi＝1.0$ 及 $\theta_m/\theta_0＝0.262$,由教材中附录查得 $Fo＝0.96$,故得

$$\tau＝0.96\frac{R^2}{a}＝0.96×\frac{(0.2 \text{ m})^2}{0.695×10^{-5} \text{ m}^2/\text{s}}≈5525 \text{ s}≈1.535 \text{ h}$$

例题 3-5 ［MATLAB 程序］

％％

%EXAMPLE 3－5

%%

%输入

```
clc,clear
format short g
t_w=750;t_inf=900;t_o=20;
h=174;R=0.2;lambda=34.8;a=0.695*(10^-5);
```

%%

```
Bi=h*R/lambda
theta_w_theta_m=0.65;          %从无限大平板 theta_theta_m 曲线查得
theta_o=t_o-t_inf;
theta_w_theta_o=(t_w-t_inf)/(t_o-t_inf);
theta_m_theta_o=theta_w_theta_o/theta_w_theta_m;
F_o=0.96;              %据 theta_mtheta_o 的值以及 Bi 的值
可得;
tao=0.96*(R^2)/a
tao_h=tao/3600          %转化单位
```

程序输出结果:

```
Bi=1
tao=5525.2
tao_h=1.5348
```

例题 3－6 一大平板型钢铸件在地坑中浇铸,浇铸前型砂温度为 20 ℃(图 3－5)。设浇铸在很短时间内完成,并且浇铸后铸件表面温度一直维持在其凝固温度 1450 ℃,试计算离铸件底面 80 mm 处浇铸后 2 h 的温度。型砂热扩散率 $a=0.89\times10^{-6}$ m²/s。

题解

假设:(1)将铸件底面以下砂型中的非稳态导热过程按第一类边界条件下半无限大物体导热问题来处理;(2)物性为常数。

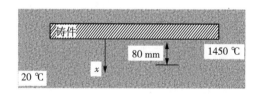

图 3－5 例题 3－6 示意图

计算:

$$\eta=\frac{x}{2\sqrt{a\tau}}=\frac{80\times10^{-3}\text{ m}}{2\sqrt{0.89\times10^{-6}\text{ m}^2/\text{s}\times2\times3600\text{ s}}}\approx0.5$$

由教材中附录查得 $\mathrm{erf}(0.5)=0.5205$。

所以

$$\frac{\theta}{\theta_0}=\frac{t-t_w}{t_0-t_w}=\mathrm{erf}(0.5)=0.5205$$

$$t=t_w+\mathrm{erf}(0.5)(t_0-t_w)\approx705.7 \ ℃$$

讨论：物体表面与发生相变的物质紧密接触是形成第一类边界条件的常见例子。本例中，在铸件内部基本凝固之前，假设铸件表面仍处于相变温度，这不失为一个可接受的近似处理。

例题 3-6 ［MATLAB 程序］

```
%%%%%%%%%%%%%%%%%%%%%%%%%%%%%%%%%%%%%%%%%%
%EXAMPLE 3-6
%%%%%%%%%%%%%%%%%%%%%%%%%%%%%%%%%%%%%%%%%%
%输入
clc,clear
t_w=1450;t_o=20;
x=80*(10^-3);a=0.89*(10^-6);tao=2*3600;
%%%%%%%%%%%%%%%%%%%%%%%%%%%%%%%%%%%%%%%%%%
eta=x/(2*sqrt(a*tao));
eta=roundn(eta,-2)
erf=0.5205; %查表可知
t=t_w+erf*(t_o-t_w);
t=roundn(t,-1)
```

程序输出结果：

eta=0.5

t=705.7

例题 3-7 地面下的埋管是常见的工程与生活设施。考虑埋管深度的一个重要因素是在当地的气候条件下，埋管处的温度不会导致管内流体冻结或凝固。以输送工业及民用水的埋管为例，埋管处的温度不能低于 0 ℃。设某地冬天地表面温度为 10 ℃，后突然受冷空气侵袭，地表温度下降到 −15 ℃，并维持 45 天不变，试确定此种条件下 45 天后底面下温度为 0 ℃处的位置。

题解

分析：(1)采用第一种边界条件的半无限大非稳态导热模型；(2)物性为常数。

计算：土壤的物性取 $c=1840$ J/(kg·K)，$\rho=2050$ kg/m³，$\lambda=0.52$ W/(m·K)，于是 $a=\lambda/(\rho c)=0.138\times10^{-6}$ m²/s。利用教材中式(3-35)可写出

$$\frac{t-t_w}{t_0-t_w}=\mathrm{erf}\left(\frac{x}{2\sqrt{a\tau}}\right)$$

即

$$\frac{0\ ℃-(-15\ ℃)}{10\ ℃-(-15\ ℃)}=0.6=\mathrm{erf}\left(\frac{x}{2\sqrt{a\tau}}\right)$$

由教材中附录查得 $\frac{x}{2\sqrt{a\tau}}\approx0.6$，于是

$$x=1.2\sqrt{a\tau}=1.2\times(0.138\times10^{-6}\ \mathrm{m^2/s}\times3600\ \mathrm{s}\times45\times24)^{1/2}\approx0.88\ \mathrm{m}$$

讨论：土壤的热物性参数受许多因素的影响，也与各地的地质条件有关，而本例计算结果的准确性在很大程度上取决于热扩散率之值。例如，a 值增加一倍，将使所需要最小埋管深度增加 41 %。因此，与其他传热问题的计算一样，为了获得较准确的结果应尽量选用可靠的物性数据。还应指出，第一类边界条件下半无限大物体非稳态导热只是本问题的一个较粗略的模型，因为地表层的温度并不是均匀的，地表面温度阶跃性的变化也只是一种理想化的处理。考虑这些复杂因素时分析解已无能为力，应求助于数值计算。但作为一种工程估算，本题的结果仍有其参考意义。

例题 3-7 ［MATLAB 程序］

```
%%%%%%%%%%%%%%%%%%%%%%%%%%%%%%%%%%%%%%
%EXAMPLE 3-7
%%%%%%%%%%%%%%%%%%%%%%%%%%%%%%%%%%%%%%
%输入
clc,clear
t=0;t_w=-15;t_o=10;t_inf=-15;tao=3600*45*24;
c=1840;rho=2050;lambda=0.52;
%%%%%%%%%%%%%%%%%%%%%%%%%%%%%%%%%%%%%%
a=lambda/(rho*c)
erf=(t-t_w)/(t_o-t_inf)
x=1.2*sqrt(a*tao);        %查附录可知 x/(2*sqrt(a*
tao))=0.6
x=roundn(x,-2)
```

程序输出结果：

a=1.3786e-07

erf=0.6

x=0.88

例题 3 - 8 钢锭的尺寸为 $2\delta_1 = 0.5$ m，$2\delta_2 = 0.7$ m，$2\delta_3 = 1$ m，钢锭的 $\lambda = 40.5$ W/(m·K)，$a = 0.722 \times 10^{-5}$ m²/s，求钢锭置入炉温为 1200 ℃ 的加热炉中 4 h 后的最低温度与最高温度。其初始温度为 $t_0 = 20$ ℃，取 $h = 348$ W/(m²·K)。

题解

分析：该问题的解可由三块相应的无限大平板的解得出。最低温度发生在钢锭的中心，即三块无限大平板中心截面的交点上，而最高温度则发生在钢锭的顶角上，即三块平板表面的公共点上。

假设：(1)物性为常数；(2)加热过程中表面传热系数为常数。

计算：设 x、y、z 分别表示与三个尺度相应的坐标轴方向，则有

$$Bi_x = \frac{h\delta_1}{\lambda} = \frac{348 \text{ W/(m}^2 \cdot \text{K)} \times 0.25 \text{ m}}{40.5 \text{ W/(m} \cdot \text{K)}} \approx 2.15$$

$$Fo_x = \frac{a\tau}{\delta_1^2} = \frac{0.722 \times 10^{-5} \text{ m}^2/\text{s} \times 4 \times 3600 \text{ s}}{(0.25 \text{ m})^2} \approx 1.66$$

$$Bi_y = \frac{h\delta_2}{\lambda} = \frac{348 \text{ W/(m}^2 \cdot \text{K)} \times 0.35 \text{ m}}{40.5 \text{ W/(m} \cdot \text{K)}} \approx 3.01$$

$$Fo_y = \frac{a\tau}{\delta_2^2} = \frac{0.722 \times 10^{-5} \text{ m}^2/\text{s} \times 4 \times 3600 \text{ s}}{(0.35 \text{ m})^2} \approx 0.849$$

$$Bi_z = \frac{h\delta_3}{\lambda} = \frac{348 \text{ W/(m}^2 \cdot \text{K)} \times 0.5 \text{ m}}{40.5 \text{ W/(m} \cdot \text{K)}} \approx 4.30$$

$$Fo_z = \frac{a\tau}{\delta_3^2} = \frac{0.722 \times 10^{-5} \text{ m}^2/\text{s} \times 4 \times 3600 \text{ s}}{(0.5 \text{ m})^2} \approx 0.416$$

对平板 1：

$$\mu_1 = \left(0.4022 + \frac{0.9188}{2.15}\right)^{-1/2} \approx 1.0979 \text{ rad}$$

$$A = 1.0101 + 0.2575(1 - e^{-0.427 \times 2.15}) \approx 1.1648$$

平板中心处

$$\cos(\mu_1 \eta) = \cos 0° = 1$$

平板表面处

$$\cos(\mu_1 \eta) = \cos(\mu_1) = \cos 62.91° \approx 0.4555$$

$$\left(\frac{\theta_m}{\theta_0}\right)_x = 1.1648 \times \exp(-1.0979^2 \times 1.66) \approx 0.1574$$

$$\left(\frac{\theta_w}{\theta_0}\right)_x = 1.1648 \times \exp(-1.0979^2 \times 1.66) \times 0.4555 \approx 0.0717$$

对平板 2：

$$\mu_1 = \left(0.4022 + \frac{0.9188}{3}\right)^{-1/2} \approx 1.1881 \text{ rad}$$

$$A = 1.0101 + 0.2575(1 - e^{-0.4271 \times 3.01}) \approx 1.1961$$

平板中心处

$$\cos(\mu_1 \eta) = \cos 0° = 1$$

平板表面处

$$\cos(\mu_1 \eta) = \cos(\mu_1) = \cos 68.08° = 0.3734$$

$$\left(\frac{\theta_m}{\theta_0}\right)_y = 1.1961 \times \exp(-1.1881^2 \times 0.849) \approx 0.3608$$

$$\left(\frac{\theta_w}{\theta_0}\right)_y = 1.1961 \times \exp(-1.1881^2 \times 0.849) \times 0.3734 \approx 0.1347$$

对平板 3：

$$\mu_1 = \left(0.4022 + \frac{0.9188}{4.30}\right)^{-1/2} \approx 1.2742 \text{ rad}$$

$$A = 1.0101 + 0.2575(1 - e^{-0.4271 \times 4.30}) \approx 1.2266$$

平板中心处

$$\cos(\mu_1 \eta) = \cos 0° = 1$$

平板表面处

$$\cos(\mu_1 \eta) = \cos(\mu_1) = \cos 73.01° \approx 0.2923$$

$$\left(\frac{\theta_w}{\theta_0}\right)_z = 1.2266 \times \exp(-1.2742^2 \times 0.416) \approx 0.6243$$

$$\left(\frac{\theta_m}{\theta_0}\right)_z = 1.2266 \times \exp(-1.2742^2 \times 0.416) \times 0.2923 \approx 0.1825$$

据上述计算可得：

钢锭中心温度

$$\frac{\theta_m}{\theta_0} = \left(\frac{\theta_m}{\theta_0}\right)_x \left(\frac{\theta_m}{\theta_0}\right)_y \left(\frac{\theta_m}{\theta_0}\right)_z = 0.1574 \times 0.3608 \times 0.6243 \approx 0.03545$$

$$t_m = 0.03545\theta_0 + t_\infty = [0.03545 \times (20\text{ ℃} - 1200\text{ ℃}) + 1200\text{ ℃}] \approx 1158.3\text{ ℃}$$

钢锭的顶角温度

$$\frac{\theta_w}{\theta_0} = \left(\frac{\theta_w}{\theta_0}\right)_x \left(\frac{\theta_w}{\theta_0}\right)_y \left(\frac{\theta_w}{\theta_0}\right)_z = 0.0717 \times 0.1347 \times 0.1825 \approx 0.00176$$

$$t = 0.001760\theta_0 + t_\infty = [0.00176 \times (20\text{ ℃} - 1200\text{ ℃}) + 1200\text{ ℃}] \approx 1197.9\text{ ℃}$$

讨论：钢锭的中心温度及角顶温度显然是钢锭中的最低与最高温度，钢锭的表面温度介于其间。试利用上面计算中已获得的数值计算此时钢锭三个表面的中心温度。

例题 3 - 8 ［MATLAB 程序］

```
%%%%%%%%%%%%%%%%%%%%%%%%%%%%%%%%%%%%%%%
%EXAMPLE 3 - 8
%%%%%%%%%%%%%%%%%%%%%%%%%%%%%%%%%%%%%%%
%输入
clc,clear
h=348;lambda=40.5;a=0.722*10^-5;tao=4*3600;theta=20-1200;t_inf=1200;
delta=[0.25,0.35,0.5];
Bi=h.*delta/lambda;
Fo=a*tao./((delta).^2);
%%%%%%%%%%%%%%%%%%%%%%%%%%%%%%%%%%%%%%%
a_mu=0.4022;b_mu=0.9188;a_A=1.0101;b_A=0.2575;c_A=0.4271;%无限大平
板特征值和系数的常数
mu=(a_mu+b_mu./Bi).^(-1/2);%无限大平板特征值
A=a_A+b_A.*(1-exp(-c_A.*Bi));%无限大平板系数
%%%%%%%%%%%%%%%%%%%%%%%%%%%%%%%%%%%%%%%
%平板中心处 cos(mu_eta)=o;
theta_m_theta_oxyz=A.*exp(-(mu.^2).*Fo)
%平板表面处 cos(mu_eta)=cos(mu)
theta_w_theta_oxyz=A.*exp(-(mu.^2).*Fo).*cos(mu)
%钢锭中心温度
theta_m_theta_o=theta_m_theta_oxyz(:,1)*theta_m_theta_
oxyz(:,2)...
*theta_m_theta_oxyz(:,3);
t_m=theta_m_theta_o*theta+t_inf
%钢锭表面温度
theta_w_theta_o=theta_w_theta_oxyz(:,1)*theta_w_theta_oxyz(:,2)...
*theta_w_theta_oxyz(:,3);
t=theta_w_theta_o*theta+t_inf
```

程序输出结果：

theta_m_theta_oxyz＝0.15694   0.3606   0.62445

theta_w_theta_oxyz＝0.071507   0.13446   0.18259

t_m＝1158.3

t＝1197.9

如图 3 - 6，改变炉温的大小，可以看到钢锭中心温度和表面温度随着炉温升高而增大，且表面温度高于中心温度。

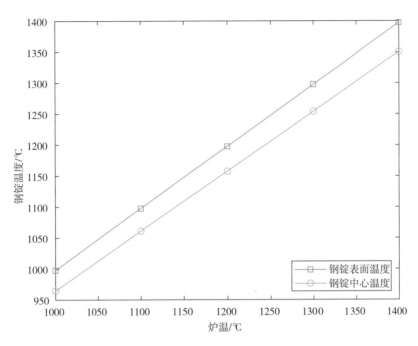

图 3 - 6　钢锭中心温度和表面温度随着炉温升高的变化情况

```
%%%%%%%%%%%%%%%%%%%%%%%%%%%%%%%%%%%%%%
%EXAMPLE 3 - 8 拓展
%%%%%%%%%%%%%%%%%%%%%%%%%%%%%%%%%%%%%%
%输入
clc,clear
h＝348;lambda＝40.5;a＝0.722 * 10^－5;tao＝4 * 3600;
delta＝[0.25,0.35,0.5];
Bi＝h. * delta/lambda;
Fo＝a * tao. /((delta).^2);
%%%%%%%%%%%%%%%%%%%%%%%%%%%%%%%%%%%%%%
for i＝1:5
t_inf＝1000＋(i－1) * 100;
theta＝20－t_inf;
a_mu＝0.4022;b_mu＝0.9188;a_A＝1.0101;b_A＝0.2575;c_A＝0.4271;%无限大平板特征值和系数的常数
mu＝(a_mu＋b_mu. /Bi).^(－1/2);%无限大平板特征值
A＝a_A＋b_A. * (1－exp(－c_A. * Bi));%无限大平板系数
```

```
%%%%%%%%%%%%%%%%%%%%%%%%%%%%%%%%%%%%%
%平板中心处 cos(mu_eta)＝o；
theta_m_theta_oxyz＝A. * exp(－(mu.^2). * Fo)；
%平板表面处 cos(mu_eta)＝cos(mu)
theta_w_theta_oxyz＝A. * exp(－(mu.^2). * Fo). * cos(mu)；
%钢锭中心温度
theta_m_theta_o＝theta_m_theta_oxyz(:,1) * theta_m_theta_oxyz(:,2)...
 * theta_m_theta_oxyz(:,3)；
t_m0＝theta_m_theta_o * theta＋t_inf；
t_m(1,i)＝t_m0；
%钢锭表面温度
theta_w_theta_o＝theta_w_theta_oxyz(:,1) * theta_w_theta_oxyz(:,2)...
 * theta_w_theta_oxyz(:,3)；
t0＝theta_w_theta_o * theta＋t_inf；
t(1,i)＝t0；
end
%画图
figure
t_inf＝[1000:100:1400]；
plot(t_inf, t(1,:),'－S', t_inf, t_m(1,:),'－o')；
legend('钢锭表面温度','钢锭中心温度', 'location','SouthEast')；
xlabel('\fontname{Times New Roman} 炉温/℃')
ylabel('\fontname{Times New Roman} 钢锭温度/℃')
```

例题 3-9 一直径为 600 mm、长 1000 mm 的钢锭,初温 30 ℃,然后置于 1300 ℃ 的加热炉中。求置入加热炉 4 h 后钢锭中心的温度,取表面传热系数的平均值 $h=232$ W/(m² · K),钢锭的导热系数 $\lambda=40.5$ W/(m² · K),热扩散率 $a=0.625\times10^{-5}$ m²/s。

假设:(1)物性为常数;(2)加热过程中表面传热系数为常数。
计算:

$$\Theta_m=(\Theta_m)_p\,(\Theta_m)_c$$

先讨论厚度 $2\delta=1000$ mm 的无限大平板:

$$Bi=\frac{h\delta}{\lambda}=\frac{232\ \text{W/(m}^2\cdot\text{K)}\times0.5\ \text{m}}{40.5\ \text{W/(m}\cdot\text{K)}}\approx2.86$$

$$Fo=\frac{a\tau}{\delta^2}=\frac{0.625\times10^{-5}\ \text{m}^2/\text{s}\times4\times3600\ \text{s}}{(0.5\ \text{m})^2}\approx0.36$$

采用拟合公式计算:

$$\mu_1 = \left(0.4022 + \frac{0.9188}{2.86}\right)^{-1/2} \approx 1.1757 \text{ rad}$$

$$A = 1.0101 + 0.2575(1 - e^{-0.4271 \times 2.86}) \approx 1.1917$$

$$\frac{\theta_m}{\theta_0} = 1.1917\exp(-1.1757^2 \times 0.36) \approx 0.7245$$

对于 $2R = 600$ mm 的无限长圆柱,有:

$$Bi = \frac{h\delta}{\lambda} = \frac{232 \text{ W/(m}^2 \cdot \text{K}) \times 0.30 \text{ m}}{40.5 \text{ W/(m} \cdot \text{K})} \approx 1.72$$

$$Fo = \frac{a\tau}{\delta^2} = \frac{0.625 \times 10^{-5} \text{ m}^2/\text{s} \times 4 \times 3600 \text{ s}}{(0.3 \text{ m})^2} \approx 1.0$$

$$\mu_1 = \left(0.17 + \frac{0.4349}{1.72}\right)^{-1/2} \approx 1.5378 \text{ rad}$$

$$A = 1.0042 + 0.5877(1 - e^{-0.4038 \times 1.72}) \approx 1.2985$$

$$\frac{\theta_m}{\theta_0} = 1.2985\exp(-1.5378^2 \times 1.0) \approx 0.1220$$

短圆柱中心的温度为

$$\frac{\theta_m}{\theta_0} = \left(\frac{\theta_m}{\theta_0}\right)_p \left(\frac{\theta_m}{\theta_0}\right)_c = 0.7245 \times 0.1220 \approx 0.0884$$

$$t_m = 0.0884\theta_0 + t_\infty = [0.0884 \times (30 \text{ ℃} - 1300 \text{ ℃}) + 1300 \text{ ℃}] \approx 1187.7 \text{ ℃}$$

讨论:如果这一钢锭作为无限长柱体处理,则将得到

$$t_m = 0.1220\theta_0 + t_\infty = [0.1220 \times (30 \text{ ℃} - 1300 \text{ ℃}) + 1300 \text{ ℃}] \approx 1145.1 \text{ ℃}$$

这说明短圆柱比无限长圆柱加热得快,试分析其原因。

对于几何形状复杂的物体,或几何形状虽不复杂但边界条件复杂的问题,分析解法已无能为力。在这种情况下,可以采用数值解法或实验模拟法求解。由于近年来计算机应用的迅速发展,数值解法越来越显示出其重要性,下一章将专门予以介绍。

例题 3-9　[MATLAB 程序]

```
%%%%%%%%%%%%%%%%%%%%%%%%%%%%%%%%%%%%
%EXAMPLE 3-9
%%%%%%%%%%%%%%%%%%%%%%%%%%%%%%%%%%%%
%输入
clc,clear
h=232;lambda=40.5;a=0.625*10^-5;tao=4*3600;delta=0.5;theta0=30-
1300;t_inf=1300;
%%%%%%%%%%%%%%%%%%%%%%%%%%%%%%%%%%%%
```

```
%厚 2 * σ=1000mm 的无限大平板
Bi=h * delta /lambda；
Fo=a * tao/((delta )^2)；
%采用拟合公式计算
a_mu=0.4022;b_mu=0.9188;a_A=1.0101;b_A=0.2575;c_A=0.4271;%无限大平
板特征值和系数的常数
mu=(a_mu+b_mu/Bi)^(−1/2)；%无限大平板特征值
A=a_A+b_A * (1−exp(−c_A * Bi))；%无限大平板系数
theta_mtheta_op=A. * exp(−(mu.^2). * Fo)；
%%%%%%%%%%%%%%%%%%%%%%%%%%%%%%%%%%%%%%
%厚 2 * R=600mm 的无限大圆柱
delta=0.3；
Bi=h * delta /lambda；
Fo=a * tao/(delta)^2；
%采用拟合公式计算
a_mu=0.17;b_mu=0.4349;a_A=1.0042;b_A=0.5877;c_A=0.4038;%无限大圆柱
特征值和系数的常数
mu=(a_mu+b_mu/Bi)^(−1/2)；%无限大圆柱特征值
A=a_A+b_A * (1−exp(−c_A * Bi))；%无限大圆柱系数
theta_m_theta_oc=A. * exp(−(mu.^2). * Fo)；
%%%%%%%%%%%%%%%%%%%%%%%%%%%%%%%%%%%%%%
%短圆柱中心的温度
theta_m_theta_o=theta_mtheta_op * theta_m_theta_oc；
t_m=theta_m_theta_o * theta0+t_inf
%%%%%%%%%%%%%%%%%%%%%%%%%%%%%%%%%%%%%%
%如果作为无限长柱体处理
theta_m_theta_o=theta_mtheta_op * theta_m_theta_oc；
t_mc=theta_m_theta_oc * theta0+t_inf
```

程序输出结果：

t_m=1187.6

t_mc=1144.9

如图 3-7 所示，改变时间的大小，可以观察到钢锭中心的温度也因此发生改变，且随着时间的增加，钢锭中心的温度随之增高；厚度越厚，中心温度越低。

```
%%%%%%%%%%%%%%%%%%%%%%%%%%%%%%%%%%%%%%
%EXAMPLE 3-9 拓展
%%%%%%%%%%%%%%%%%%%%%%%%%%%%%%%%%%%%%%
```

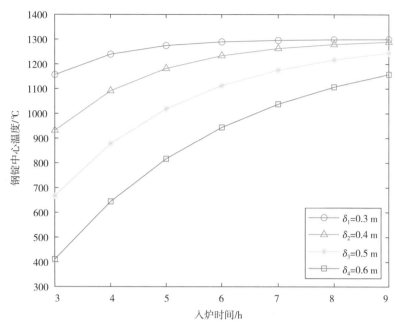

图 3－7 钢锭中心温度随入炉时间的变化情况

%输入

clc，clear

h＝232；lambda＝40.5；a＝0.625＊10^－5；theta＝30－1300；t_inf＝1300；

%％％％％％％％％％％％％％％％％％％％％％％％％％％％％％％％％％％％％

%delta_1＝0.3；

%厚 $2\sigma＝1000mm$ 的无限大平板

for i＝1:7

delta_1＝0.3；

tao＝(3＋i－1)＊3600；

Bi_1＝h＊ delta_1/lambda；

Fo_1＝a＊tao/((delta_1)^2)；

%采用拟合公式计算

a_mu＝0.4022；b_mu＝0.9188；a_A＝1.0101；b_A＝0.2575；c_A＝0.4271；%无限大平

板特征值和系数的常数

mu_1＝(a_mu＋b_mu/Bi_1)^(－1/2)；%无限大平板特征值

A_1＝a_A＋b_A＊(1－exp(－c_A＊Bi_1))；%无限大平板系数

theta_mtheta_op_1＝A_1.＊exp(－(mu_1.^2).＊Fo_1)；

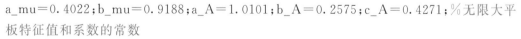

%厚 $2＊R＝600mm$ 的无限大圆柱

delta_1＝0.3；

Bi_1＝h＊ delta_1/lambda；

Fo_1＝a＊tao/((delta_1)^2)；

```
%采用拟合公式计算
a_mu=0.17;b_mu=0.4349;a_A=1.0042;b_A=0.5877;c_A=0.4038;%无限大圆柱
特征值和系数的常数
mu_1=(a_mu+b_mu/Bi_1)^(-1/2);%无限大圆柱特征值
A_1=a_A+b_A*(1-exp(-c_A*Bi_1));%无限大圆柱系数
theta_m_theta_oc_1=A_1.*exp(-(mu_1.^2).*Fo_1);
%%%%%%%%%%%%%%%%%%%%%%%%%%%%%%%%%%%%%%%%%%
%短圆柱中心的温度
theta_m_theta_o_1=theta_mtheta_op_1*theta_m_theta_oc_1;
t_m1(1,i)=theta_m_theta_o_1*theta+t_inf;
end


%delta_2=0.4;
%厚 2σ=1000mm 的无限大平板
for i=1:7
delta_2=0.4;
tao=(3+i-1)*3600;
Bi_2=h* delta_2/lambda;
Fo_2=a*tao/((delta_2)^2);
%采用拟合公式计算
a_mu=0.4022;b_mu=0.9188;a_A=1.0101;b_A=0.2575;c_A=0.4271;%无限大平
板特征值和系数的常数
mu_2=(a_mu+b_mu/Bi_2)^(-1/2);%无限大平板特征值
A_2=a_A+b_A*(1-exp(-c_A*Bi_2));%无限大平板系数
theta_mtheta_op_2=A_2.*exp(-(mu_2.^2).*Fo_2);
%%%%%%%%%%%%%%%%%%%%%%%%%%%%%%%%%%%%%%%%%%
%厚 2*R=600mm 的无限大圆柱
delta_2=0.4;
Bi_2=h*delta_2/lambda;
Fo_2=a*tao/((delta_2)^2);
%采用拟合公式计算
a_mu=0.17;b_mu=0.4349;a_A=1.0042;b_A=0.5877;c_A=0.4038;%无限大圆柱
特征值和系数的常数
mu_2=(a_mu+b_mu/Bi_2)^(-1/2);%无限大圆柱特征值
A_2=a_A+b_A*(1-exp(-c_A*Bi_2));%无限大圆柱系数
theta_m_theta_oc_2=A_2.*exp(-(mu_2.^2).*Fo_2);
%%%%%%%%%%%%%%%%%%%%%%%%%%%%%%%%%%%%%%%%%%
%短圆柱中心的温度
```

```
theta_m_theta_o_2＝theta_mtheta_op_2 * theta_m_theta_oc_2;
t_m2(1,i)＝theta_m_theta_o_2 * theta＋t_inf;
end


%delta_1＝0.5;
%厚 2σ＝1000mm 的无限大平板
for i＝1:7
delta_3＝0.5;
tao＝(3＋i－1) * 3600;
Bi_3＝h * delta_3/lambda;
Fo_3＝a * tao/((delta_3)^2);
%采用拟合公式计算
a_mu＝0.4022;b_mu＝0.9188;a_A＝1.0101;b_A＝0.2575;c_A＝0.4271;%无限大平
板特征值和系数的常数
mu_3＝(a_mu＋b_mu/Bi_3)^(－1/2);%无限大平板特征值
A_3＝a_A＋b_A * (1－exp(－c_A * Bi_3));%无限大平板系数
theta_mtheta_op_3＝A_3. * exp(－(mu_3.^2). * Fo_3);
%%%%%%%%%%%%%%%%%%%%%%%%%%%%%%%%%%%%%%%%
%厚 2 * R＝600mm 的无限大圆柱
delta_3＝0.5;
Bi_3＝h * delta_3/lambda;
Fo_3＝a * tao/((delta_3)^2);
%采用拟合公式计算
a_mu＝0.17;b_mu＝0.4349;a_A＝1.0042;b_A＝0.5877;c_A＝0.4038;%无限大圆柱
特征值和系数的常数
mu_3＝(a_mu＋b_mu/Bi_3)^(－1/2);%无限大圆柱特征值
A_3＝a_A＋b_A * (1－exp(－c_A * Bi_3));%无限大圆柱系数
theta_m_theta_oc_3＝A_3. * exp(－(mu_3.^2). * Fo_3);
%%%%%%%%%%%%%%%%%%%%%%%%%%%%%%%%%%%%%%%%
%短圆柱中心的温度
theta_m_theta_o_3＝theta_mtheta_op_3 * theta_m_theta_oc_3;
t_m3(1,i)＝theta_m_theta_o_3 * theta＋t_inf;
end


%delta_1＝0.6;
%厚 2σ＝1000mm 的无限大平板
for i＝1:7
delta_4＝0.6;
```

```matlab
tao=(3+i-1)*3600;
Bi_4=h*delta_4/lambda;
Fo_4=a*tao/((delta_4)^2);
%采用拟合公式计算
a_mu=0.4022;b_mu=0.9188;a_A=1.0101;b_A=0.2575;c_A=0.4271;%无限大平板特征值和系数的常数
mu_4=(a_mu+b_mu/Bi_4)^(-1/2);%无限大平板特征值
A_4=a_A+b_A*(1-exp(-c_A*Bi_4));%无限大平板系数
theta_mtheta_op_4=A_4.*exp(-(mu_4.^2).*Fo_4);
%%%%%%%%%%%%%%%%%%%%%%%%%%%%%%%%%%%%%%%
%厚2*R=600mm的无限大圆柱
delta_4=0.6;
Bi_4=h*delta_4/lambda;
Fo_4=a*tao/((delta_4)^2);
%采用拟合公式计算
a_mu=0.17;b_mu=0.4349;a_A=1.0042;b_A=0.5877;c_A=0.4038;%无限大圆柱特征值和系数的常数
mu_4=(a_mu+b_mu/Bi_4)^(-1/2);%无限大圆柱特征值
A_4=a_A+b_A*(1-exp(-c_A*Bi_4));%无限大圆柱系数
theta_m_theta_oc_4=A_4.*exp(-(mu_4.^2).*Fo_4);
%%%%%%%%%%%%%%%%%%%%%%%%%%%%%%%%%%%%%%%
%短圆柱中心的温度
theta_m_theta_o_4=theta_mtheta_op_4*theta_m_theta_oc_4;
t_m4(1,i)=theta_m_theta_o_4*theta+t_inf;
end


%画图
figure
tao=[3*3600:1*3600:9*3600];
%delta_1=0.3m
z_1=[3*3600,t_m1(1,1),4*3600,t_m1(1,2),5*3600,t_m1(1,3),6*3600,t_m1(1,4),7*3600,t_m1(1,5),8*3600,t_m1(1,6),9*3600,t_m1(1,7)];
x_1=z_1(1:2:end-1);
y_1=z_1(2:2:end);

%delta_1=0.4m
z_2=[3*3600,t_m2(1,1),4*3600,t_m2(1,2),5*3600,t_m2(1,3),6*3600,t_m2(1,4),7*3600,t_m2(1,5),8*3600,t_m2(1,6),9*3600,t_m2(1,7)];
```

```
x_2=z_2(1:2:end-1);
y_2=z_2(2:2:end);

%delta_1=0.5m
z_3=[3*3600,t_m3(1,1),4*3600,t_m3(1,2),5*3600,t_m3(1,3),6*3600,t_m3
(1,4),7*3600,t_m3(1,5),8*3600,t_m3(1,6),9*3600,t_m3(1,7)];
x_3=z_3(1:2:end-1);
y_3=z_3(2:2:end);

%delta_1=0.6m
z_4=[3*3600,t_m4(1,1),4*3600,t_m4(1,2),5*3600,t_m4(1,3),6*3600,t_m4
(1,4),7*3600,t_m4(1,5),8*3600,t_m4(1,6),9*3600,t_m4(1,7)];
x_4=z_4(1:2:end-1);
y_4=z_4(2:2:end);

plot(x_1/3600,y_1,'-o',x_2/3600,y_2,'-~',x_3/3600,y_3,'-*',x_4/3600,y_4,'-s');
axis([3,9,300,1400]);
legend('\fontname{Times New Roman} \delta_1=0.3 m','\fontname{Times New
Roman} \delta_2=0.4 m','\fontname{Times New Roman} \delta_3=0.5 m','\
fontname{Times New Roman} \delta_4=0.6 m','location','SouthEast');
xlabel('\fontname{Times New Roman} 入炉时间/h')
ylabel('\fontname{Times New Roman} 钢锭中心温度/℃')
```

例题 3-10　有一直径 $D=4$ cm、高 $H=6$ cm 的牛肉柱体,初始温度为 10 ℃,后置于环境温度为 180 ℃的炉中加热,表面传热系数为 15 W/(m²·K)。问需经过多长时间牛肉的温度才至少达到 80 ℃?在这一过程中牛肉吸收的热量是多少?

题解

分析:牛肉的温度至少达到 80 ℃就是柱体的中心温度应该达到这一温度。

假设:(1)牛肉中大部分为水分,近似地用水的物性来估算;(2)牛肉柱体的各个表面同时受到加热;(3)以(10 ℃+80 ℃)/2=45 ℃来确定从开始加热到中心温度为 80 ℃水的物理特性,按(10 ℃+180 ℃)/2=95 ℃来决定计算总加热量的物性。

计算:(1)所需时间计算

由教材中附录并插值得

$$\rho=990.1 \text{ kg/m}^3, c_p=4.174 \text{ kJ/(kg·K)},$$

$$\lambda=64.2\times10^{-2} \text{ W/(m·K)}, a=15.5\times10^{-8} \text{ m}^2/\text{s}$$

本题采用 Campo 的拟合公式计算。

(a)构成短圆柱的一维平板计算

$$Bi=\frac{h\delta}{\lambda}=\frac{15\ \mathrm{W/(m^2\cdot K)}\times 0.03\ \mathrm{m}}{64.2\ \mathrm{W/(m\cdot K)}}\approx 0.702$$

$$\mu_1^2=\left(0.4022+\frac{0.9188}{0.702}\right)^{-1}\approx 0.5841$$

$$A=1.0101+0.2575\times[1-\exp(-0.4271\times 0.702)]\approx 1.0768$$

$$B=\frac{1.0063+0.3483\times 0.702}{1+0.5475\times 0.702}\approx 0.9036$$

$$\frac{\theta(0,\tau)}{\theta_0}=1.0768\exp(-0.5841\times Fo_\mathrm{p})$$

$$\frac{\bar{\theta}}{\theta_0}=1.0768\exp(-0.5841Fo_\mathrm{p})\times 0.9036\approx 0.9730\times\exp(-0.5841Fo_\mathrm{p})$$

(b)构成短圆柱的一维圆柱

$$Bi=\frac{hR}{\lambda}=\frac{15\ \mathrm{W/(m^2\cdot K)}\times 0.02\ \mathrm{m}}{64.2\ \mathrm{W/(m\cdot K)}}\approx 0.4676$$

$$\mu_1^2=\left(0.1700+\frac{0.4349}{0.4676}\right)^{-1}\approx 0.9091$$

$$A=1.0042+0.5877\times[1-\exp(-0.4038\times 0.4676)]\approx 1.1053$$

$$B=\frac{1.0173+0.2574\times 0.4676}{1+0.5983\times 0.4676}\approx 0.8889$$

$$\frac{\theta(0,\tau)}{\theta_0}=1.1053\exp(-0.9091\times Fo_\mathrm{c})\times 0.9967\approx 1.1017\exp(-0.9091Fo_\mathrm{c})$$

$$\frac{\bar{\theta}}{\theta_0}=1.1053\exp(-0.9091\times Fo_\mathrm{c})\times 0.8899\approx 0.9836\exp(-0.5841Fo_\mathrm{p})$$

故短圆柱的无量纲中心温度为

$$\frac{\theta_\mathrm{m}}{\theta_0}=\left(\frac{\theta_\mathrm{m}}{\theta_0}\right)_\mathrm{p}\left(\frac{\theta_\mathrm{m}}{\theta_0}\right)_\mathrm{c}=1.0768\exp(-0.5841Fo_\mathrm{p})\times 1.1017\exp(-0.9091Fo_\mathrm{c})$$

$$Fo_\mathrm{p}=\frac{a\tau}{\delta^2}=\frac{15.5\times 10^{-8}\ \mathrm{m^2/s}\times\tau}{(0.03\ \mathrm{m})^2}\approx 1.7222\times 10^{-4}\ \mathrm{s^{-1}}\times\tau$$

$$Fo_\mathrm{c}=\frac{a\tau}{\delta^2}=\frac{15.5\times 10^{-8}\ \mathrm{m^2/s}\times\tau}{(0.02\ \mathrm{m})^2}\approx 3.8750\times 10^{-4}\ \mathrm{s^{-1}}\times\tau$$

代入并合并同类项得：

$$\frac{\theta_\mathrm{m}}{\theta_0}=1.1863\exp(-4.5289\times 10^{-4}\ \mathrm{s^{-1}}\times\tau)=\frac{10}{17}$$

由此解得 $\tau=1549\ \mathrm{s}$。

验算：此时

$$Fo_p = 1.7222 \times 10^{-4} \times 1549 \approx 0.2667 > 0.2$$

$$Fo_c = 3.8750 \times 10^{-4} \times 1549 \approx 0.6002 > 0.2$$

（2）牛肉吸收热量的计算

牛肉柱体的体积为

$$V = 0.785D^2H = 0.785 \times (0.04\ \text{m})^2 \times 0.06\ \text{m} \approx 7.536 \times 10^{-5}\ \text{m}^3$$

将已经求出的所需时间代入，得

$$\left(\frac{\bar{\theta}}{\theta_0}\right)_p = 0.9730\exp(-0.5841 \times 0.2667) \approx 0.8326$$

$$\left(\frac{\bar{\theta}}{\theta_0}\right)_c = 0.9836\exp(-0.5841 \times 0.6002) \approx 0.5693$$

故有

$$\left(\frac{Q}{Q_0}\right)_p = 1 - \frac{\bar{\theta}}{\theta_0} = 1 - 0.8326 = 0.1674$$

$$\left(\frac{Q}{Q_0}\right)_c = 1 - \frac{\bar{\theta}}{\theta_0} = 1 - 0.5693 = 0.4307$$

$$\frac{Q}{Q_0} = \left(\frac{Q}{Q_0}\right)_p + \left(\frac{Q}{Q_0}\right)_c\left[1 - \left(\frac{Q}{Q_0}\right)_p\right] = 0.1674 + 0.4307 \times (1 - 0.1674) \approx 0.5260$$

$$Q_0 = \rho cV(t_\infty - t_0) = 961.9\ \text{kg/m}^3 \times 4.21\ \text{kJ/(kg} \cdot \text{K)} \times 7.536 \times 10^{-5}\ \text{m}^3 \times (180 - 10)\ \text{K}$$

$$\approx 51.9\ \text{kJ}$$

$$Q = 0.5260 \times 51.9\ \text{kJ} = 27.3\ \text{kJ}$$

讨论：(1)由于涉及的温度变化范围(10~80 ℃和10~180 ℃)较大，应该考虑热物性与温度有关，所以计算从 10 ℃→80 ℃以及从 10 ℃→80 ℃计算热物性所根据的温度不同；(2)在计算所需要时间的乘积过程中，利用指数相加的特点立即可以得出结果。如果采用海斯勒图，这里只能采用迭代法，即先假定一个时间，利用乘积法得出温度，如果得出的值与给定条件不符，则修正假设，直到满足所需的精度为止。利用拟合公式在计算多维问题达到某个温度所需的时间时，不必进行迭代，这是其一大优点。

例题 3-10 ［MATLAB 程序］

```
%%%%%%%%%%%%%
%EXAMPLE 3-10
%%%%%%%%%%%%%%%%%%%%%%%%%%%%%%%%%%%%%%%%%%%%%
%输入
clc,clear
```

delta＝0.03;R＝0.02;h＝15;H＝0.06;t_inf＝180;t_o＝10;D＝2＊R;c＝4.21;
rho＝961.9;c_p＝4.174;lambda＝64.2＊10^－2;a＝15.5＊10^－8;%由附录并插值得
%%%
%(1)所需时间计算,构成短圆柱的一维平板
Bi＝h＊delta/lambda;
mu_p＝(0.4022＋0.9188/Bi)^(－1/2);%无限大平板特征值
A_p＝1.0101＋0.2575＊(1－exp(－0.4271＊Bi));%无限大平板系数 A
B_p＝(1.0063＋0.3483＊Bi)/(1＋0.5475＊Bi);%无限大平板系数 B
%%%
%构成短圆柱的一维圆柱
Bi＝h＊R/lambda;
mu_c＝(0.1700＋0.4349/Bi)^(－1/2);%无限大圆柱特征值
A_c＝1.0042＋0.5877＊(1－exp(－0.4038＊Bi));%无限大圆柱系数 A
B_c＝(1.0173＋0.2574＊Bi)/(1＋0.5983＊Bi);%无限大圆柱系数 B
%%%
%故短圆柱的无量纲中心温度为
tao＝(log((10/17)/1.1863)/(－4.5289＊10^－4))
%%%
%验算,并判断
Fo_p＝a＊tao/((delta)^2);
Fo_c＝a＊tao/((R)^2);
%%%
%(2)牛肉吸收热量计算
V＝0.785＊(D^2)＊H;
theta_theta_op＝A_p＊exp(－(mu_p^2)＊Fo_p)＊B_p;
thetat_heta_oc＝A_c＊exp(－(mu_c^2)＊Fo_c)＊B_c;
QQ_op＝1－theta_theta_op;QQ_oc＝1－thetat_heta_oc;
QQ_o＝QQ_op＋QQ_oc＊(1－QQ_op);
Q_o＝rho＊c＊V＊(t_inf－t_o);
Q＝QQ_o＊Q_o

    程序输出结果:
    tao＝1548.9
    Q＝27.274

    例题 3-11　有一半无限大的物体,初始温度 $t_0＝25$ ℃,后其表面温度突然上升到 50 ℃并保持不变。试计算使表面的扰动传递到 $x＝0.01$ m、0.1 m、1.0 m 及 10 m 等四个地点,且使该处发生 0.1 ℃温度变化所需要的时间。$a＝10^{-5}$ m²/s。

题解

分析:前文已指出,傅里叶导热定律是基于热扰动的传递速度是无限大的假定,而实际物体中热扰动的传递又是以有限速度进行的。这样两个看起来矛盾的概念在处理一般工程导热问题时又是如何统一的呢? 本例就是为回答这样一个问题而专门设计的。

计算:上述四个地点温度升高 0.1℃后有

$$\frac{t_{w}-t(x)}{t_{w}-t_{0}} = \frac{50\ ℃-25.1\ ℃}{50\ ℃-25.0\ ℃} = 0.996$$

利用双精度数据对误差函数作数值积分后得 $\eta = 2.0352$ 时 $\mathrm{erf}\eta = 0.9960006$。由此得

$$\frac{x}{2\sqrt{a\tau}} = 2.0352$$

即

$$\tau = \frac{x^2}{4.0704^2 a}$$

对于四个地点的计算结果如下:

x/m	0.01	0.1	1.0	10
τ/s	0.6036	60.357	6035.67	603567

讨论:根据误差函数的性质,$\eta \to \infty$ 时 $\mathrm{erf}\eta \to 1$,η 为有限大小时 $\mathrm{erf}\eta$ 之值总小于 1。于是,由教材中式(3-35)可见,一旦物体表面上发生一个热扰动,无论经历多么短的一段时间(τ 很小),无论在离开表面多么远的地点(x 很大),该处总能感受到表面上的变化($\theta/\theta_0 < 1$),这就意味着热扰动的传播速度是无限的。实际上,傅里叶导热定律及导热微分方程式正是基于热量扩散的速度是无限大的假定。对大多数工程导热问题,这一假定是可以接受的。因为本例的计算表明,虽然教材中式(3-35)的导出是基于热量扩散的速度是无限大的假设,但要使离开表面一定距离处产生有限大小的温度变化仍然需要一定的时间,而且离开表面的距离越远,所需的时间越长,这好像热量的扩散是以"有限的速度"进行的。从一般工程检测而言,0.1℃是可以分辨出来的温度变化,所以本题中取此值进行计算。因此,本书中所讨论的导热问题的基本方程虽是基于热量扩散的速度是无限大的假定,但在解释热扩散率的物理意义(教材中 2.2 节)及傅里叶导热定律物理意义(教材中 3.2 节)时,仍然是从热量扩散的速度是有限的这一角度出发的,其理由也在于此。

例题 3-11 ［MATLAB 程序］

```
%%%%%%%%%%%%%%%%%%%%%%%%%%%%%%%%%%%%%%%%%%
%EXAMPLE 3-11
%%%%%%%%%%%%%%%%%%%%%%%%%%%%%%%%%%%%%%%%%%
```

```
%输入
clc,clear
format short g
t_w=50;t_x=25.1;t_o=25;
x=[0.01 0.1 1 10];a=10^-5;
%%%%%%%%%%%%%%%%%%%%%%%%%%%%%%%%%%%%%%%%%%
t_wxo=(t_w-t_x)/(t_w-t_o)
eta=2.0352;    %利用双精度数据对误差函数做数值积分 eta=2.0352,此时 erf(eta)
=0.996006
tao=x.^2/(a*(2*eta)^2);
A=[x,tao];
F=array2table(A,'VariableNames',{'位置 1','位置 2','位置 3','位置 4'})
```

程序输出结果：

t_wxo=0.996

位置 1	位置 2	位置 3	位置 4
0.01	0.1	1	10
0.60357	60.357	6035.7	6.0357e+05

考虑不同的导温系数，表面的扰动传递到不同位置所需时间如图 3-8 所示，可见随扰动到不同位置所需要时间越来越长，当超过 1 m 时所需要时间快速增加；导温系数越大，所需要扰动时间越短。

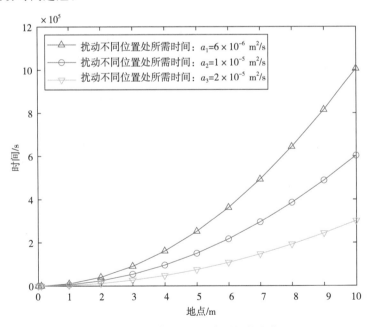

图 3-8 不同位置处对应时间的变化

```
%%%%%%%%%%%%%%%%%%%%%%%%%%%%%%%%%%%%
%EXAMPLE 3－11 拓展
%%%%%%%%%%%%%%%%%%%%%%%%%%%%%%%%%%
%输入
clc,clear
format short g
t_w＝50;t_x＝25.1;t_o＝25;
x＝[0.01 0.1 1 2 3 4 5 6 7 8 9 10];a_1＝6 * 10^－6;a_2＝10^－5;a_3＝2 * 10^－5;
%%%%%%%%%%%%%%%%%%%%%%%%%%%%%%%%%
(t_w－t_x)/(t_w－t_o);
eta＝2.0352;    %利用双精度数据对误差函数做数值积分 eta＝2.0352,此时 erf(eta)
＝0.996006
tao_1＝x.^2/(a_1 * (2 * eta)^2);
tao_2＝x.^2/(a_2 * (2 * eta)^2);
tao_3＝x.^2/(a_3 * (2 * eta)^2);
figure
x＝[0.01 0.1 1 2 3 4 5 6 7 8 9 10];
plot(x,tao_1,′－~′, x,tao_2,′－o′, x,tao_3,′－v′);
legend(′\fontname{Times New Roman} 扰动不同位置处所需时间：a_1＝6×10^－6 m^
2/s′, ′\fontname{Times New Roman} 扰动不同位置处所需时间：a_2＝1×10^－5 m^2/
s′, ′\fontname{Times New Roman} 扰动不同位置处所需时间：a_3＝2×10^－5 m^2/s′,′
location′, ′NorthWest′)
xlabel(′\fontname{Times New Roman} 地点/m′)
ylabel(′\fontname{Times New Roman} 时间/s′)
```

例题 3－12 热电偶的时间常数。

在脉管制冷机、斯特林制冷机等工程技术中,工作介质(气体)速度的方向发生交替变化,流体温度发生周期性脉动,这种流动称为交变流动(oscillating flow)。假定在以空气为介质的交变流动中,空气在一个周期内的平均温度为 303 K,脉动的频率为 5 Hz,现用铜－康铜热电偶来测定气流的温度随时间的变化。气体流速为 20 m/s,热电偶热结点直径 $d＝0.9$ mm,热结点的物理性质为 $\rho＝8332$ kg/m³、$c_p＝188$ J/(kg·K)、$\lambda＝51$ W/(m·K)。试问这样的热电偶是否能达到要求?

题解

分析:要测定脉动频率为 5 Hz(脉动周期为 0.2 s)的气流温度,则热电偶本身的时间常数必须远小于 0.2 s 方可测得较准确的数值。因此,本题的计算目的是要确定所给定条件下热电偶的时间常数。

假设:(1)热结点是一个孤立的球体,不考虑与热结点相连接导线的影响;(2)热结点与空气间的表面传热系数可以用流体与球体间的对流传热计算式来确定(这里应用教材第 6 章中的公式);(3)不计热结点与周围环境间的辐射传热。

计算:303 K 空气的热物性为 $\nu=16.0\times10^{-6}$ m²/s,$\lambda=2.67\times10^{-2}$ W/(m·K),$Pr=0.701$(普朗特数,反映流体热物性的影响)。来流的 Re 数

$$Re=\frac{u_\infty d}{\nu}=\frac{20 \text{ m/s}\times9\times10^{-4} \text{ m}}{16.0\times10^{-6} \text{ m}^2/\text{s}}=1125$$

小球的平均表面传热系数可按下式计算:

$$\frac{hd}{\lambda_f}=2+(0.4Re^{1/2}+0.06Re^{2/3})Pr^{2/5}$$

$$\approx2+(0.4\times1125^{1/2}+0.06\times1125^{2/3})0.701Pr^{2/5}$$

$$\approx2+17.3=19.3$$

$$h=\frac{19.3\times2.67\times10^{-2} \text{ W/(m·K)}}{9\times10^{-4} \text{ m}}\approx572.6 \text{ W/(m}^2\text{·K)}$$

$$Bi=\frac{hd}{\lambda}=\frac{572.6 \text{ W/(m}^2\text{·K)}\times9\times10^{-4} \text{ m}}{51 \text{ W/(m·K)}}\approx0.01$$

满足采用集中参数法的条件。所以

$$\tau_c=\frac{\rho cV}{Ah}=\frac{8332 \text{ kg/m}^3\times188 \text{ J/(kg·K)}\times4.5\times10^{-4} \text{ m}}{572.6 \text{ W/(m}^2\text{·K)}\times3}\approx0.41 \text{ s}$$

讨论:此值大于温度的脉动周期,因此该直径的热电偶无法测定这一交变流动的温度随时间的变化。需要将直径减小到多大才能满足要求留给读者在习题中去完成。

例题 3 - 12 [MATLAB 程序]

```
%%%%%%%%%%%%%%%%%%%%%%%%%%%%%%%%%%%%%%%%%%
%EXAMPLE 3-12
%%%%%%%%%%%%%%%%%%%%%%%%%%%%%%%%%%%%%%%%%%
%输入
clc,clear
U_inf=20;nu=16*10^-6;Pr=0.701;lambda=51;rho=8332;c=188;lambda_f=
2.67*10^-2;
d=9*10^-4;
%%%%%%%%%%%%%%%%%%%%%%%%%%%%%%%%%%%%%%%%%%
Re=U_inf*d/nu;
hd_lambda_f=2+(0.4*sqrt(Re)+0.06*(Re)^(2/3))*Pr^(2/5);
h=(hd_lambda_f*lambda_f)/d;
Bi=h*d/lambda;
```

```
V_A=(d/2)/3；      %教材中给出的形式
%V_A=d/2；        %教材中虽给出了上式的形式,但采用该式计算的
if Bi<0.0333      %判断 Bi 是否小于 0.0333,是否可用集中参数法
    tao＝rho * c * V_A/h
    if tao <=0.2
        fprintf('小于脉动周期 0.2s,可以测量')
    else
        fprintf('大于脉动周期 0.2s,不可以测量')
    end
else
    fprintf('无法使用集中参数法')
end
```

程序输出结果:

tao＝0.41101

大于脉动周期 0.2s,不可以测量

改变热电偶的节点直径:

$d=5.6*10^{-4}$	$d=5.5*10^{-4}$
tao＝0.20061	tao＝0.19519
大于脉动周期 0.2s,不可以测量	小于脉动周期 0.2s,可以测量

例题 3-13 电熨斗烫衣料。

用电熨斗来烫平一块厚的衣料。熨斗表面的热流密度 $q_0=2\times10^4$ W/m²,衣料的初始温度为 20 ℃,热扩散率 $a=10^{-7}$ m²/s,导热系数 $\lambda=0.2$ W/(m·K)。该衣料的烫焦温度为 180 ℃。如果熨斗连续在衣料表面上同一地点放置 30 s,问衣料表面以及其下 3 mm处的温度是多少?

分析:此题可以采用第二类边界条件的半无限大物体的简化模型来分析。

假设:(1)熨斗放在衣料上后该处仍然保持原有的形状;(2)熨斗的热量全部传到衣料中;(3)常物性。

计算:30 s 后衣料表面及其下 3 mm 处的温度

$$t(0,\tau)=t_0+\frac{2q_0\sqrt{\dfrac{a\tau}{\pi}}}{\lambda}=20\ ℃+\frac{2\times2\times10^4\ \text{W/m}^2\times(10^{-7}\ \text{m}^2/\text{s}\times30\ \text{s}/3.14)^{1/2}}{0.2\ \text{W/(m·K)}}$$

$$\approx215.5\ ℃$$

对 $x=3$ mm、$\tau=30$ s,有

$$\frac{x^2}{4a\tau}=\frac{(3\times10^{-3}\text{ m})^2}{4\times10^{-7}\text{ m}^2/\text{s}\times30\text{ s}}=0.75$$

$$t(x,\tau)=t_0+\frac{2q_0\sqrt{\dfrac{a\tau}{\pi}}}{\lambda}\exp\left(-\frac{x^2}{4a\tau}\right)-\frac{q_0x}{\lambda}\text{erfc}\left(\frac{x}{2\sqrt{a\tau}}\right)$$

$$=20\text{ }℃+t(0,\tau)=t_0+\frac{2q_0\sqrt{\dfrac{a\tau}{\pi}}}{\lambda}$$

$$=20\text{ }℃+\frac{2\times2\times10^4\text{ W/m}^2\times(10^{-7}\text{ m}^2/\text{s}\times30\text{ s}/3.14)^{1/2}}{0.2\text{W}/(\text{m}\cdot\text{K})}\times\exp(-0.75)-$$

$$\frac{2\times10^4\text{ W/m}^2\times3\times10^{-3}\text{ m}}{0.2\text{ W}/(\text{m}\cdot\text{K})}\times\text{erfc}\left(\frac{3\times10^{-3}\text{ m}}{2\times\sqrt{10^{-7}\text{ m}^2/\text{s}\times30\text{ s}}}\right)$$

$$\approx20\text{ }℃+92.3\text{ }℃-64.5\text{ }℃=47.9\text{ }℃$$

讨论:30 s 后衣料的表面温度已经超过烫焦的极限,但是 3 mm 以下处则不到 50 ℃,这是因为衣料的热扩散率极低之故。

例题 3-13　[MATLAB 程序]
%%%
%EXAMPLE 3-13
%%%
%输入
clc,clear
t_o=20;q_o=2 * 10^4;a=10^-7;tao=30;lambda=0.2;x=3 * 10^-3;
%%%%%%%%%%%%%%%%%%%%%%%%%%%%%%%%%%%%%%%
t_otao=t_o+2 * q_o * sqrt(a * tao/pi)/lambda

x/(2 * sqrt(a * tao));　　　% erfcx/(2 * sqrt(a * tao))
=0.215
t_xtao=t_o+2 * q_o * sqrt(a * tao/pi)/lambda * exp(-x^2/
(4 * a * tao))-(q_o * x/lambda) * 0.215

程序输出结果:
t_otao=215.44
t_xtao=47.82

如图 3-9 所示,改变放置时间的长短,发现衣料表面及其 3 mm 以下温度也相应发生改变,其变化随着放置时间的增加而增高。在 30 s 前,3 mm 处的温度低于 50 ℃,40 s 后温度超过了 80 ℃,而表面温度超过了 240 ℃。

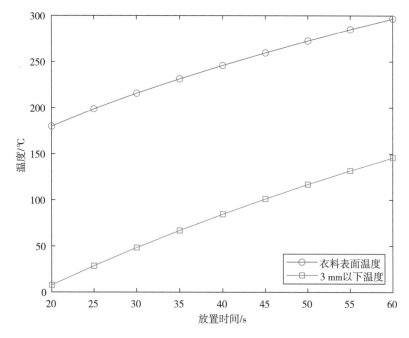

图 3 - 9　温度随放置时间的变化情况

```
%%%%%%%%%%%%%%%%%%%%%%%%%%%%%%%%%%%%%%%%%
%EXAMPLE 3-13 拓展
%%%%%%%%%%%%%%%%%%%%%%%%%%%%%%%%%%%%%%%%%
%输入
clc,clear
t_o＝20;q_o＝2 * 10^4;a＝10^－7;lambda＝0. 2;x＝3 * 10^－3;
%%%%%%%%%%%%%%%%%%%%%%%%%%%%%%%%%%%%%%%%%
for i＝1:9
tao＝20＋5 * (i－1);
t_otao0＝t_o＋2 * q_o * sqrt(a * tao/pi)/lambda;
totao(1,i)＝t_otao0;
x/(2 * sqrt(a * tao));%erfcx/(2 * sqrt(a * tao))＝0. 215
```

```
t_xtao0＝t_o＋2 * q_o * sqrt(a * tao/pi)/lambda * exp(－x^2/(4 * a * tao))－(q_o * x/
lambda) * 0. 215;
txtao(1,i)＝t_xtao0;
end
%画图
figure
```

```
tao=[20:5:60];
plot(tao, totao(1,:),'—o',tao, txtao(1,:),'—s');
legend('衣料表面温度','\fontname{Times New Roman} 3 mm 以下温度','location','
SouthEast');
xlabel('\fontname{Times New Roman} 放置时间/s')
ylabel('\fontname{Times New Roman} 温度/℃')
```

例题 3 – 14 蔬菜罐头的蒸汽加热消毒。

一直径为 10 cm、高 8 cm 的蔬菜罐头,初始温度为 40 ℃,被置于饱和温度为 105 ℃ 的蒸汽中通过蒸汽凝结加热。问 80 min 后罐头中的最低温度及其所吸收的热量。

题解

分析:蒸汽凝结对流传热表面传热系数相当大,可以认为表面热阻为零,即 $Bi \to \infty$; 罐头中的最低温度发生在罐头的中心。

假设:(1)罐头四周均匀受热;(2)蔬菜的物性值取水的物性值;(3)罐头内为纯导热 作用,没有对流;(4)不计罐头金属包壳的影响。

计算:以$(40 + 80)$ ℃$/ 2 = 60$ ℃计算物性有

$$\rho = 983.2 \text{ kg/m}^3, c_p = 4.179 \text{ kJ/(kg} \cdot \text{K)},$$

$$\lambda = 65.9 \times 10^{-2} \text{ W/(m} \cdot \text{K)}, a = 16 \times 10^{-8} \text{ m}^2/\text{s}$$

对于 8 cm 厚的平板

$$Fo = \frac{a\tau}{\delta^2} = \frac{16.0 \times 10^{-8} \text{ m}^2/\text{s} \times 4800 \text{ s}}{(0.04 \text{ m})^2} \approx 0.48$$

对于 10 cm 直径的圆柱

$$Fo = \frac{a\tau}{R^2} = \frac{16.0 \times 10^{-8} \text{ m}^2/\text{s} \times 4800 \text{ s}}{(0.05 \text{ m})^2} \approx 0.307$$

可以采用正规状况阶段的简化解,采用拟合公式法。

对平板
$$\mu_1^2 = \left(a + \frac{b}{Bi}\right)^{-1} = 0.4022^{-1} \approx 2.4863$$

$$A = a + b[1 - \exp(-cBi)] = 0.4022 + 0.9188 = 1.3210$$

$$B = \frac{a + cBi}{1 + bBi} = \frac{c}{b} = \frac{0.3483}{0.5475} \approx 0.6362$$

$$J_0(\eta) = a + b\eta + c\eta^2 + d\eta^3 = a = 0.9967$$

$$\left(\frac{\theta_m}{\theta_0}\right)_p = A\exp(-\mu_1^2 Fo)f(0) = 1.321 \times \exp(-2.4863 \times 0.48) \times 1.0000 \approx 0.400$$

$$\left(\frac{\bar{\theta}}{\theta_0}\right)_p = A\exp(-\mu_1^2 Fo)B = 1.321 \times \exp(-2.4863 \times 0.48) \times 0.6362 \approx 0.255$$

$$\left(\frac{Q}{Q_0}\right)_p = 1 - \left(\frac{\bar{\theta}}{\theta_0}\right)_p = 1 - 0.255 = 0.745$$

对于一维圆柱

$$\mu_1^2 = \left(a + \frac{b}{Bi}\right)^{-1} = 0.1700^{-1} \approx 5.8824$$

$$A = a + b[1 - \exp(-cBi)] = 1.0042 + 0.5877 = 1.5919$$

$$B = \frac{a + cBi}{1 + bBi} = \frac{c}{b} = \frac{0.2574}{0.5983} \approx 0.4302$$

$$J_0(\eta) = a + b\eta + c\eta^2 + d\eta^3 = a \approx 0.9967$$

$$\left(\frac{\theta_m}{\theta_0}\right)_c = A\exp(-\mu_1^2 Fo)f(0) = 1.5919 \times \exp(-5.8824 \times 0.307) \times 0.9967 \approx 0.261$$

$$\left(\frac{\bar{\theta}}{\theta_0}\right)_c = A\exp(-\mu_1^2 Fo)B = 1.5919 \times \exp(-5.8824 \times 0.307) \times 0.4302 \approx 0.113$$

$$\left(\frac{Q}{Q_0}\right)_c = 1 - \left(\frac{\bar{\theta}}{\theta_0}\right)_c = 1 - 0.113 = 0.887$$

蔬菜罐头

$$\frac{\theta_m}{\theta_0} = \left(\frac{\theta_m}{\theta_0}\right)_p \left(\frac{\theta_m}{\theta_0}\right)_c = 0.400 \times 0.261 = 0.1044$$

$$\frac{t_m - t_\infty}{t_0 - t_\infty} = \frac{t_m - 105\ \text{℃}}{40\ \text{℃} - 105\ \text{℃}} = 0.1044, t_m \approx 98.1\text{℃}$$

$$\frac{Q}{Q_0} = \left(\frac{Q}{Q_0}\right)_p + \left(\frac{Q}{Q_0}\right)_c \left[1 - \left(\frac{Q}{Q_0}\right)_p\right] = 0.745 + 0.887 \times (1 - 0.745) \approx 0.9712$$

仍然以 60 ℃ 的物性值计算 Q_0，则有

$$Q = 0.9712 \times 983.2\ \text{kg/m}^3 \times 4179\ \text{J/(kg·K)} \times 3.14 \times (0.05\ \text{m})^2 \times 0.08\ \text{m} \times (105 - 40)\ \text{K}$$

$$\approx 162.9\ \text{kJ}$$

讨论：分析解是对常物性问题作出的，实际物体的物理性质多少与温度有关。但只要物性数值变化不是太大，取某个平均温度[这样的温度称为定性温度(reference temperature)]下的物性进行计算一般足够准确。上例中，如果计算 Q_0 的温度取为 70 ℃，$\rho = 977.7\ \text{kg/m}^3$，$c_p = 4187\ \text{J/(kg·K)}$，则所得之值相差仅 0.4 %，完全在工程计算允许的误差范围内。因此原设定性温度 60 ℃ 有效，不必更新再计算。

例题 3-14 ［MATLAB 程序］

```
%%%%%%%%%%%%%%%%%%%%%%%%%%%%%%%%%%%%%%%%%%
%EXAMPLE 3-14
%%%%%%%%%%%%%%%%%%%%%%%%%%%%%%%%%%%%%%%%%%
```

```
%输入
clc,clear
delta=0.04;R=0.05;h=15;H=0.08;t_inf=105;t_o=40;D=2*R;c=4.21;tao
=4800;
rho=983.2;c_p=4179;lambda=65.9*10^-2;a=16*10^-8;%由附录并插值得
Fo_p=a*tao/((delta)^2);
Fo_c=a*tao/((R)^2);
%%%%%%%%%%%%%%%%%%%%%%%%%%%%%%%%%%%%%%%
%Bi趋于无穷
%构成短圆柱的一维平板
mu_p=(0.4022)^(-1/2);          %mu=(0.4022+0.9188/Bi)^(-1/2)
A_p=0.4022+0.9188;          %A_p=0.4022+0.9188*(1-exp(-0.4271*Bi))
B_p=0.3483/0.5475;        %B_p=(1.0063+0.3483*Bi)/(1+0.5475*Bi)
%%%%%%%%%%%%%%%%%%%%%%%%%%%%%%%%%%%%%%%
%构成短圆柱的一维圆柱
mu_c=(0.1700)^(-1/2);          %mu=(0.1700+0.4349/Bi)^(-1/2)
A_c=1.0042+0.5877;          %A_c=1.0042+0.5877*(1-exp(-0.4038*Bi))
B_c=0.2574/0.5983;          %B_c=(1.0173+0.2574*Bi)/(1+0.5983*Bi)
%%%%%%%%%%%%%%%%%%%%%%%%%%%%%%%%%%%%%%%
theta_theta_op=A_p*exp(-(mu_p^2)*Fo_p);
theta_theta_oc=A_c*exp(-(mu_c^2)*Fo_c);
t_m=theta_theta_op* theta_theta_oc*(t_o-t_inf)+ t_inf
%%%%%%%%%%%%%%%%%%%%%%%%%%%%%%%%%%%%%%%
V=pi*R^2*H;
theta__theta_op=A_p*exp(-(mu_p^2)*Fo_p)*B_p;
theta__theta_oc=A_c*exp(-(mu_c^2)*Fo_c)*B_c;
QQ_op=1-theta__theta_op;
QQ_oc=1-theta__theta_oc;
QQ_o=QQ_op+QQ_oc*(1-QQ_op);
Q_o=rho*c*V*(t_inf-t_o);
%Q=QQ_o*Q_o
Q=QQ_o* rho*c_p*pi*R^2*H*(t_inf-t_o)/1000
```

程序输出结果：

t_m=98.198

Q=163

如图 3-10 所示,改变时间的大小,其相应的吸收热量也发生改变,且随着时间的增加,吸收的热量也随着增加;初始温度越高,吸收的热量越少。

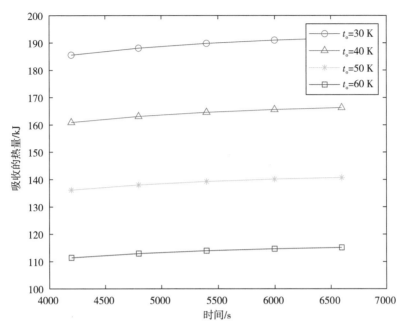

图 3 - 10　吸收热量随时间的变化情况

```
%%%%%%%%%%%%%%%%%%%%%%%%%%%%%%%%%%%%
%EXAMPLE 3 - 14 拓展
%%%%%%%%%%%%%%%%%%%%%%%%%%%%%%%%%%%%
%输入
clc,clear
delta=0.04;R=0.05;h=15;H=0.08;t_inf=105;D=2*R;c=4.21;
rho=983.2;c_p=4179;lambda=65.9*10^-2;a=16*10^-8;%由附录并插值得
```

```
%%%%%%%%%%%%%%%%%%%%%%%%%%%%%%%%%%%%
%Bi 趋于无穷
%构成短圆柱的一维平板
%t_o=30
for i=1:5
t_o1=30;
tao=(70+(i-1)*10)*60;
Fo_p=a*tao/((delta)^2);
Fo_c=a*tao/((R)^2);
mu_p=(0.4022)^(-1/2);%mu=(0.4022+0.9188/Bi)^(-1/2)
A_p=0.4022+0.9188;        %A_p=0.4022+0.9188*(1-exp(-0.4271*Bi))
B_p=0.3483/0.5475;      %B_p=(1.0063+0.3483*Bi)/(1+0.5475*Bi)
%%%%%%%%%%%%%%%%%%%%%%%%%%%%%%%%%%%%
```

```matlab
%构成短圆柱的一维圆柱
mu_c=(0.1700)^(-1/2);%mu=(0.1700+0.4349/Bi)^(-1/2)
A_c=1.0042+0.5877;%A_c=1.0042+0.5877*(1-exp(-0.4038*Bi))
B_c=0.2574/0.5983;%B_c=(1.0173+0.2574*Bi)/(1+0.5983*Bi)
%%%%%%%%%%%%%%%%%%%%%%%%%%%%%%%%%%%%
V=pi*R^2*H;
theta_theta_op=A_p*exp(-(mu_p^2)*Fo_p)*B_p;
theta_theta_oc=A_c*exp(-(mu_c^2)*Fo_c)*B_c;
QQ_op=1-theta_theta_op;QQ_oc=1-theta_theta_oc;
QQ_o=QQ_op+QQ_oc*(1-QQ_op);
Q_o1=rho*c*V*(t_inf-t_o1);
%Q_1(1,i)=QQ_o*Q_o1;
Q_1(1,i)=QQ_o* rho*c_p*pi*R^2*H*(t_inf-t_o1)/1000;
end


%t_o=40
for i=1:5
t_o2=40;
tao=(70+(i-1)*10)*60;
Fo_p=a*tao/((delta)^2);
Fo_c=a*tao/((R)^2);
mu_p=(0.4022)^(-1/2);%mu=(0.4022+0.9188/Bi)^(-1/2)
A_p=0.4022+0.9188;        %A_p=0.4022+0.9188*(1-exp(-0.4271*Bi))
B_p=0.3483/0.5475;      %B_p=(1.0063+0.3483*Bi)/(1+0.5475*Bi)
%%%%%%%%%%%%%%%%%%%%%%%%%%%%%%%%%%%%
%构成短圆柱的一维圆柱
mu_c=(0.1700)^(-1/2);%mu=(0.1700+0.4349/Bi)^(-1/2)
A_c=1.0042+0.5877;%A_c=1.0042+0.5877*(1-exp(-0.4038*Bi))
B_c=0.2574/0.5983;%B_c=(1.0173+0.2574*Bi)/(1+0.5983*Bi)
%%%%%%%%%%%%%%%%%%%%%%%%%%%%%%%%%%%%
V=pi*R^2*H;
theta_theta_op=A_p*exp(-(mu_p^2)*Fo_p)*B_p;
theta_theta_oc=A_c*exp(-(mu_c^2)*Fo_c)*B_c;
QQ_op=1-theta_theta_op;QQ_oc=1-theta_theta_oc;
QQ_o=QQ_op+QQ_oc*(1-QQ_op);
Q_o2=rho*c*V*(t_inf-t_o2);
%Q_2(1,i)=QQ_o*Q_o2;
Q_2(1,i)=QQ_o* rho*c_p*pi*R^2*H*(t_inf-t_o2)/1000;
```

```
end

%t_o＝50
for i＝1:5
t_o3＝50;
tao＝(70＋(i－1)＊10)＊60;
Fo_p＝a＊tao/((delta)^2);
Fo_c＝a＊tao/((R)^2);
mu_p＝(0.4022)^(－1/2);%mu＝(0.4022＋0.9188/Bi)^(－1/2)
A_p＝0.4022＋0.9188;        %A_p＝0.4022＋0.9188＊(1－exp(－0.4271＊Bi))
B_p＝0.3483/0.5475;      %B_p＝(1.0063＋0.3483＊Bi)/(1＋0.5475＊Bi)
%%%%%%%%%%%%%%%%%%%%%%%%%%%%%%%%%%%%%%%%
%构成短圆柱的一维圆柱
mu_c＝(0.1700)^(－1/2);%mu＝(0.1700＋0.4349/Bi)^(－1/2)
A_c＝1.0042＋0.5877;%A_c＝1.0042＋0.5877＊(1－exp(－0.4038＊Bi))
B_c＝0.2574/0.5983;%B_c＝(1.0173＋0.2574＊Bi)/(1＋0.5983＊Bi)
%%%%%%%%%%%%%%%%%%%%%%%%%%%%%%%%%%%%%%%%
V＝pi＊R^2＊H;
theta_theta_op＝A_p＊exp(－(mu_p^2)＊Fo_p)＊B_p;
theta_theta_oc＝A_c＊exp(－(mu_c^2)＊Fo_c)＊B_c;
QQ_op＝1－theta_theta_op;QQ_oc＝1－theta_theta_oc;
QQ_o＝QQ_op＋QQ_oc＊(1－QQ_op);
Q_o3＝rho＊c＊V＊(t_inf－t_o3);
%Q_3(1,i)＝QQ_o＊Q_o3;
Q_3(1,i)＝QQ_o＊ rho＊c_p＊pi＊R^2＊H＊(t_inf－t_o3)/1000;
end

%t_o＝60
for i＝1:5
t_o4＝60;
tao＝(70＋(i－1)＊10)＊60;
Fo_p＝a＊tao/((delta)^2);
Fo_c＝a＊tao/((R)^2);
mu_p＝(0.4022)^(－1/2);%mu＝(0.4022＋0.9188/Bi)^(－1/2)
A_p＝0.4022＋0.9188;        %A_p＝0.4022＋0.9188＊(1－exp(－0.4271＊Bi))
B_p＝0.3483/0.5475;      %B_p＝(1.0063＋0.3483＊Bi)/(1＋0.5475＊Bi)
%%%%%%%%%%%%%%%%%%%%%%%%%%%%%%%%%%%%%%%%
%构成短圆柱的一维圆柱
```

```
mu_c=(0.1700)^(-1/2);%mu=(0.1700+0.4349/Bi)^(-1/2)
A_c=1.0042+0.5877;%A_c=1.0042+0.5877*(1-exp(-0.4038*Bi))
B_c=0.2574/0.5983;%B_c=(1.0173+0.2574*Bi)/(1+0.5983*Bi)
%%%%%%%%%%%%%%%%%%%%%%%%%%%%%%%%%%%%
V=pi*R^2*H;
theta_theta_op=A_p*exp(-(mu_p^2)*Fo_p)*B_p;
theta_theta_oc=A_c*exp(-(mu_c^2)*Fo_c)*B_c;
QQ_op=1-theta_theta_op;QQ_oc=1-theta_theta_oc;
QQ_o=QQ_op+QQ_oc*(1-QQ_op);
Q_o4=rho*c*V*(t_inf-t_o4);
%Q_4(1,i)=QQ_o*Q_o4;
Q_4(1,i)=QQ_o* rho*c_p*pi*R^2*H*(t_inf-t_o4)/1000;
end


%画图
figure
tao=[70*60:10*60:110*60];
%t_o=30
z_1=[70*60,Q_1(1,1),80*60,Q_1(1,2),90*60,Q_1(1,3),100*60,Q_1(1,4),
110*60,Q_1(1,5)];
x_1=z_1(1:2:end-1);
y_1=z_1(2:2:end);


%t_o=40
z_2=[70*60,Q_2(1,1),80*60,Q_2(1,2),90*60,Q_2(1,3),100*60,Q_2(1,4),
110*60,Q_2(1,5)];
x_2=z_2(1:2:end-1);
y_2=z_2(2:2:end);


%t_o=50
z_3=[70*60,Q_3(1,1),80*60,Q_3(1,2),90*60,Q_3(1,3),100*60,Q_3(1,4),
110*60,Q_3(1,5)];
x_3=z_3(1:2:end-1);
y_3=z_3(2:2:end);


%t_o=60
z_4=[70*60,Q_4(1,1),80*60,Q_4(1,2),90*60,Q_4(1,3),100*60,Q_4(1,4),
110*60,Q_4(1,5)];
```

```
x_4＝z_4(1:2:end－1);
y_4＝z_4(2:2:end);

plot(x_1,y_1,'－o',x_2,y_2,'－~',x_3,y_3,'－*',x_4,y_4,'－s');
axis（[4000,7000,100,200]);
legend(\fontname{Times New Roman} t_o＝30 K',\fontname{Times New Roman} t_o
＝40 K',\fontname{Times New Roman} t_o＝50 K',\fontname{Times New Roman} t_
o＝60 K','location','NorthEast');
xlabel(\fontname{Times New Roman} 时间/s')
ylabel(\fontname{Times New Roman} 吸收的热量/kJ')
```

第四章　热传导问题的数值解法

一、基本知识

1. 导热问题数值解的基本思想

数值求解的根本目的是获得导热体的温度分布及热流量。数值解法是用求解区域上或时间、空间坐标系中离散点的温度分布来代替连续的温度场。数值解法的基本思路如图 4-1 所示。

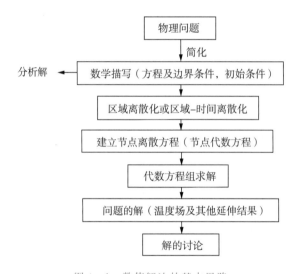

图 4-1　数值解法的基本思路

方程离散即建立节点的代数方程,是问题的关键所在。获得节点离散方程的方法有 Taylor 级数展开法及热平衡方法。图 4-1 中前面两步的过程和方法对分析解和数值解而言是一样的。

下面以二维、常物性、无内热源、稳态的导热问题为例[图 4-2(a)],对上述步骤进行简要说明。

(1)建立控制方程及定解条件

微分方程:

$$\frac{\partial^2 t}{\partial x^2} + \frac{\partial^2 t}{\partial y^2} = 0$$

边界条件:

$$x = 0 \text{ 时}, \ t = t_0$$

$$x = H \text{ 时}, \ -\lambda \frac{\partial t}{\partial x}\Big|_{x=H} = h_2 \left[t(H, y) - t_\mathrm{f} \right]$$

$$y = 0 \text{ 时}, \ -\lambda \frac{\partial t}{\partial y}\Big|_{y=0} = h_1 \left[t(x, 0) - t_\mathrm{f} \right]$$

$$y = W \text{ 时}, \ -\lambda \frac{\partial t}{\partial y}\Big|_{y=W} = h_3 \left[t(x, W) - t_\mathrm{f} \right]$$

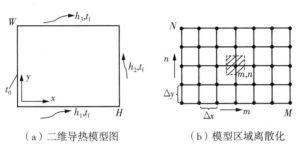

（a）二维导热模型图　　　　　（b）模型区域离散化

图 4 - 2　导热问题数值求解

（2）区域离散化

即用一系列与坐标轴平行的网格线把要求解区域划分成许多子区域,如图 4 - 2(b)
所示。用网格线的交点作为需要确定温度值的空间位置,这些交点称为节点。m、n 表示
节点的两个方向,相邻两节点间的距离称步长记为 Δx、Δy。

（3）建立节点物理量的代数方程

节点为 (m, n),当 $\Delta x = \Delta y$ 时,有

$$t(m, n) = \frac{1}{4} (t_{m+1, n} + t_{m-1, n} + t_{m, n+1} + t_{m, n-1})$$

（4）设立迭代初场

传热问题的有限差分法中主要采用迭代法。

（5）求解代数方程组

方程组主要有两类:① 代数方程组一经建立,其中各项系数在整个求解过程中不再
变化的线性代数方程组;② 代数方程组一经建立,其中各项系数在整个求解过程中不断
更新的非线性代数方程组。

（6）解的分析

通过求解代数方程,获得物体中的温度分布,根据温度场进一步计算通过的热流量、
热应力及热变形等。

2. 稳态导热问题的数值解法

考查一个烟道墙壁的二维导热问题。墙壁内外均处于对流边界条件下,表面传热系
数分别为 h_1 和 h_2,流体温度分别为 $t_{\mathrm{f}1}$ 和 $t_{\mathrm{f}2}$。假定墙内无内热源,物性为常数,过程是稳
态的。考虑到问题的对称性,取 1/4 的墙壁作为研究对象。

该问题的控制方程如下：

$$\frac{\partial^2 t}{\partial x^2} + \frac{\partial^2 t}{\partial y^2} = 0$$

一般有 6 种节点类型：① 具有对流边界条件的外角顶；② 具有对流边界条件平直边界节点；③ 具有对流边界条件和对称绝热角顶；④ 具有绝热边界条件的平直边界节点；⑤ 具有对立边界条件的内角顶；⑥ 内部结点。

3. 获得节点离散方程共有两种方法：Taylor 级数展开法、热平衡法

（1）Taylor 级数展开法

利用 Taylor 级数展开原理，直接对控制方程的表达式进行展开。以内部结点为例，假定内节点 (m,n) 沿 x、y 方向分别均分，利用相邻的上、下、左、右四个点，推导得出离散方程。

（2）热平衡法

热平衡法是基于控制体积的能量平衡原理，对微元控制容积列出能量平衡方程（依据热力学第一定律和傅里叶定律）。内节点为 (m,n)，利用相邻四个点，推导得出其离散方程。

4. 代数方程的最终形式

假设温度未知的节点为 n 个，则所有节点的离散方程总能的方程式共有 n 个，通过迭代法和直接解法可以求得温度，用迭代法时，可以依据离散方程组不断采用节点温度的最新值代替假定值，直到收敛。

5. 非稳态导热问题的数值解法

我们将计划区域分为 n 个空间节点，x 为空间坐标。将时间坐标分为 i 个时间节点。两个时间层间的间隔 $\Delta\tau$ 成为时间步长。空间网格线与时间网格线的交点处相应的温度记为 $t_n^{(i)}$。

（1）非稳态导热的显式格式

一旦 i 时层上各节点的温度已知，可以立即算出 $(i+1)$ 时层上各内点的温度，而不必联立求解，优点是计算量少，缺点是对时间和空间步长有一定的限制。

（2）非稳态导热的隐式格式

已知 i 时层的温度为 t_n，存在 3 个未知量，必须求解 $(i+1)$ 时层的一个联立方程组才能得出 $(i+1)$ 时层各节点的温度。

（3）一维平板非稳态导热显式格式离散方程组稳定性分析

如果不对显式格式的时间步长及空间步长进行一定的限制，则会出现不合理的振荡的解，这就产生了稳定性问题。根据稳定性要求，显式离散方程形式中 $t_n^{(i)}$ 前的系数必须大于等于零。

二、基本公式

1. Taylor 级数展开法

$$\frac{t_{m+1,n} - 2t_{m,n} + t_{m-1,n}}{\Delta x^2} + \frac{t_{m,n+1} - 2t_{m,n} + t_{m,n-1}}{\Delta y^2} = 0$$

2. 热平衡法

$$\lambda \Delta y \frac{t_{m-1,n}-t_{m,n}}{\Delta x} + \lambda \Delta x \frac{t_{m,n+1}-t_{m,n}}{\Delta y} + \lambda \frac{\Delta y}{2} \frac{t_{m+1,n}-t_{m,n}}{\Delta x} + \lambda \frac{\Delta x}{2} \frac{t_{m,n-1}-t_{m,n}}{\Delta y} +$$

$$\frac{3}{4} \Delta x \Delta y \Phi_{m,n} + \left(\frac{\Delta x}{2} + \frac{\Delta y}{2} \right) h_1 (t_{f1} - t_{m,n}) = 0$$

式中，t_{f1}—— 周围流体温度，h_1—— 周围流体的对流换热温度。

3. 边界离散方程的建立

(1) 位于平直边界上的节点（$\Delta x = \Delta y$ 时）

$$t_{m,n} = \frac{1}{4} \left(2t_{m-1,n} + t_{m+1,n} + t_{m,n-1} + \frac{\Delta x^2 \dot{\Phi}_{m,n}}{\lambda} + \frac{2 \Delta x q_w}{\lambda} \right)$$

(2) 外部角点（$\Delta x = \Delta y$ 时）

$$t_{m,n} = \frac{1}{2} \left(t_{m-1,n} + t_{m,n-1} + \frac{\Delta x^2 \dot{\Phi}_{m,n}}{2\lambda} + \frac{2 \Delta x q_w}{\lambda} \right)$$

(3) 内部角点（$\Delta x = \Delta y$ 时）

$$t_{m,n} = \frac{1}{6} \left(2t_{m-1,n} + 2t_{m,n+1} + t_{m,n-1} + t_{m+1,n} + \frac{3 \Delta x^2 \dot{\Phi}_{m,n}}{2\lambda} + \frac{2 \Delta x q_w}{\lambda} \right)$$

4. 热流密度的三种情况

(1) 绝热边界：令边界离散方程中 $q_w = 0$；

(2) q_w 值不为零：以给定的 q_w 值代入边界离散方程；

(3) 对流边界：此时，将 $q_w = h(t_f - t_{m,n})$ 代入边界离散方程，对于 ε 的情形有以下几种情况。

平直边界：

$$2 \left(\frac{h \Delta x}{\lambda} + 2 \right) t_{m,n} = 2t_{m-1,n} + t_{m,n+1} + t_{m,n-1} + \frac{\Delta x^2 \dot{\Phi}_{m,n}}{\lambda} + \frac{2h \Delta x}{\lambda} t_f$$

外部角点：

$$2 \left(\frac{h \Delta x}{\lambda} + 1 \right) t_{m,n} = t_{m-1,n} + t_{m,n-1} + \frac{\Delta x^2 \dot{\Phi}_{m,n}}{2\lambda} + \frac{2h \Delta x}{\lambda} t_f$$

内部角点：

$$2 \left(\frac{h \Delta x}{\lambda} + 3 \right) t_{m,n} = 2(t_{m-1,n} + t_{m,n+1}) + t_{m,n-1} + t_{m+1,n} + \frac{3 \Delta x^2 \dot{\Phi}_{m,n}}{2\lambda} + \frac{2h \Delta x}{\lambda} t_f$$

5. 求解代数的迭代法

(1)（高斯-赛德尔迭代法）

$$\begin{cases} t_1 = \dfrac{1}{a_{11}}(b_1 - a_{12}t_2 - a_{13}t_3) \\[2mm] t_2 = \dfrac{1}{a_{22}}(b_2 - a_{21}t_1 - a_{23}t_3) \\[2mm] t_3 = \dfrac{1}{a_{33}}(b_3 - a_{31}t_1 - a_{32}t_2) \end{cases}$$

（2）迭代过程是否已经收敛的判据

$$\max \left| \frac{t_i^{(k)} - t_i^{(k+1)}}{t_{\max}^{(k)}} \right| \leqslant \varepsilon$$

式中,上标(k)和$(k+1)$表示迭代次数,$t_{\max}^{(k)}$表示第k次迭代计算的最大值。ε为事先给定的允许偏差,一般为 $10^{-6} \sim 10^{-3}$。

6. 非稳态导热问题热平衡法建立离散方程

将函数t在节点$(n, i+1)$处对点(n, i)做泰勒展开化得

$$\frac{\partial t}{\partial \tau}\bigg|_{n,i} = \frac{t_n^{(i+1)} - t_n^{(i)}}{\Delta \tau}$$

上式称为$\dfrac{\partial t}{\partial \tau}\bigg|_{n,i}$的向前差分。同理可得向后差分、中心差分。

（1）非稳态导热的显式格式

$$t_n^{(i+1)} = \frac{a\Delta\tau}{\Delta x^2}(t_{n+1}^{(i)} - t_{n-1}^{(i)}) + \left(1 - 2\frac{a\Delta\tau}{\Delta x^2}\right)t_n^{(i)}$$

（2）非稳态导热的隐式格式

$$\frac{t_n^{(i+1)} - t_n^{(i)}}{\Delta\tau} = a\frac{t_{n+1}^{(i+1)} - 2t_n^{(i+1)} + t_{n-1}^{(i+1)}}{\Delta x^2}$$

（3）边界节点离散方程

$$t_N^{(i+1)} = t_N^{(i)}\left(1 - \frac{2h\Delta\tau}{\rho c\Delta x} - \frac{2a\Delta\tau}{\Delta x^2}\right) + \frac{2a\Delta\tau}{\Delta x^2}t_{N-1}^{(i)} + \frac{2h\Delta\tau}{\rho c\Delta x}t_f$$

7. 一维平板非稳态导热显式格式离散方程组稳定性分析

对于内点,有 $Fo_\Delta = \dfrac{a\Delta\tau}{\Delta x^2} \leqslant \dfrac{1}{2}$;对于对流边界点,有 $Fo_\Delta \leqslant \dfrac{1}{2(1 + Bi_\Delta)}$。

三、MATLAB 在本章例题中的应用

例题 4-1 利用高斯-赛德尔迭代法求解下列方程组:

$$\begin{cases} 8t_1 + 2t_2 + t_3 = 29 \\ t_1 + 5t_2 + 2t_3 = 32 \\ 2t_1 + t_2 + 4t_3 = 28 \end{cases}$$

题解

分析：先将以上方程写成以下迭代形式。

$$\begin{cases} t_1 = \dfrac{1}{8}(29 - 2t_2 - t_3) \\[2mm] t_2 = \dfrac{1}{5}(32 - t_1 - 2t_3) \\[2mm] t_3 = \dfrac{1}{4}(28 - t_2 - 2t_1) \end{cases}$$

计算：经过 7 次迭代后，在 4 位有效数字内得到了与精确解一致的结果。

迭代次数	t_1	t_2	t_3
0	0	0	0
1	3.625	5.675	3.769
2	1.735	4.545	4.996
3	1.864	4.038	5.058
4	1.983	3.980	5.013
5	2.003	3.994	5.000
6	2.001	4.000	5.000
7	2.000	4.000	5.000

例题 4-1　［MATLAB 程序］

```
%%%%%%%%%%%%%%%%%%%%%%%%%%%%%%%%%%%%%%%%
%EXAMPLE 4-1
%%%%%%%%%%%%%%%%%%%%%%%%%%%%%%%%%%%%%%%%
%输入
clc,clear
A=[0,0,0];eps=1.0e-6;
%%%%%%%%%%%%%%%%%%%%%%%%%%%%%%%%%%%%%%%%
for i=1:200
    t=A;
    t(1,1)=(1/8)*(29-2*t(1,2)-t(1,3));
    t(1,2)=(1/5)*(32-t(1,1)-2*t(1,3));
    t(1,3)=(1/4)*(28-2*t(1,1)-t(1,2));
    if abs(max(A)-max(t))<=eps
    t,i   %满足迭代收敛,输出解,并且输出迭代次数
    break
```

```
    end
    A=t;
end
```

程序输出结果：

t=2 4 5

i=12

例题 4-2 有一个各向同性材料的方形物体，其导热系数为常量，已知各边界的温度如图 4-3 所示，试用高斯-赛德尔迭代求其内部网格节点 1、2、3、4 的温度。

题解

分析：这是一个三维稳态导热问题，对于物体内部每个网格节点的温度，教材中式(4-2)的关系适用。从形式上看，教材中式(4-2)的主对角元 $t_{m,n}$ 的系数正好等于 4 个相邻节点的系数之和，但注意到，对所计算的问题每个节点都有两个邻点是边界节点，其温度值是已知的。在写成代数方程的通用形式时，温度值已知的项应该归于常数项 b 中，故主对角元的系数大于邻点系数之和的要求仍然满足，迭代法可以获得收敛的结果。

计算：假设 $t_1^{(0)}=t_2^{(0)}=300\ ℃$，$t_3^{(0)}=t_4^{(0)}=200\ ℃$。运用教材中式(4-2)，按高斯-赛德尔迭代得

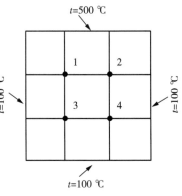

图 4-3 方形物体的网格示意图

$$t_1^{(1)} =\frac{1}{4}\times(500\ ℃+100\ ℃+t_2^{(0)}+t_3^{(0)})$$

$$=\frac{1}{4}\times(500+300+100+200)\ ℃=275\ ℃$$

$$t_2^{(1)} =\frac{1}{4}\times(500\ ℃+100\ ℃+t_1^{(0)}+t_4^{(0)})$$

$$=\frac{1}{4}\times(500+275+100+200)\ ℃=268.75\ ℃$$

$$t_3^{(1)} =\frac{1}{4}\times(100\ ℃+100\ ℃+t_1^{(0)}+t_4^{(0)})$$

$$=\frac{1}{4}\times(100+275+100+200)\ ℃=168.75\ ℃$$

$$t_4^{(1)} =\frac{1}{4}\times(500\ ℃+100\ ℃+t_2^{(0)}+t_3^{(0)})$$

$$=\frac{1}{4}\times(500+268.75+100+168.75)\ ℃\approx159.38\ ℃$$

依此类推，可得其他各次迭代值。第 1～6 次迭代值汇总于表 4-1 中，其中第 5 次与

第 6 次迭代的相对偏差[按教材式(4 - 10b)]已小于 2×10^{-4}，迭代终止。

表 4 - 1 迭代次数与温度变化

迭代次数	$t_1 /\ ℃$	$t_2 /\ ℃$	$t_3 /\ ℃$	$t_4 /\ ℃$
0	300	300	200	200
1	275	268.75	168.75	159.38
2	259.38	254.69	154.69	152.35
3	252.35	251.18	151.18	150.59
4	250.59	250.30	150.30	150.15
5	250.15	250.07	150.07	150.04
6	250.04	250.02	150.02	150.01

讨论：这里为了方便，只取了 4 个内部节点，进行工程数值计算时，节点数的多少原则上应以下述条件为度：再进一步增加节点时对数值计算主要结果的影响已经小到在可允许的范围之内，这时称数值计算的结果基本上已与网格无关，称为网格独立解（grid - independent solution）。只有与网格无关的数值解才能作为数值计算的结果。

例题 4 - 2 ［MATLAB 程序］

```
%%%%%%%%%%%%%%%%%%%%%%%%%%%%%%%%%%%%%
%EXAMPLE 4 - 2
%%%%%%%%%%%%%%%%%%%%%%%%%%%%%%%%%%%%%
%输入
clc,clear
A=[300,300,200,200];eps=1.0e-6;
%%%%%%%%%%%%%%%%%%%%%%%%%%%%%%%%%%%%%
for i=1:2000
    t=A;
    t(1,1)=(1/4)*(500+100+t(1,2)+t(1,3));
    t(1,2)=(1/4)*(500+100+t(1,1)+t(1,4));
    t(1,3)=(1/4)*(100+100+t(1,1)+t(1,4));
    t(1,4)=(1/4)*(100+100+t(1,2)+t(1,3));
    if abs(max(A)-max(t))<=eps
    t,i      %满足迭代收敛,输出解,并且输出迭代次数
    break
    end
    A=t;
end
    程序输出结果:
```

t＝250　250　150　150

i＝15

例题 4 - 3 厚为 $2\delta=0.06$ m 的无限大平板受对称冷却,初始温度 $t_0=100$ ℃。平板突然放置于 $t_\infty=0$ ℃的流体中,已知平板的 $\lambda=40$ W/(m·K),$h=1000$ W/(m²·K),试用数值法求其温度分布。取 $Fo_\Delta=1$。

题解

分析: 取 $\Delta x=0.01$ m,则

$$Bi_\Delta=\frac{h\Delta x}{\lambda}=\frac{1000 \text{ W/(m}^2\cdot\text{K)}\times 0.01 \text{ m}}{40 \text{ W/(m}\cdot\text{K)}}=0.25$$

按教材中式(4-22b),网格 Fo 小于 1/2.50 时格式才稳定,所以 $Fo_\Delta=1$ 的计算结果将会振荡。

根据本例的条件及教材中式(4-17)~式(4-19),可得半个平板 4 个节点的离散方程式如下:

$$t_n^{(i+1)}=t_{n+1}^{(i)}+t_{n-1}^{(i)}-t_n^{(i)}, n=1,2,3 \tag{a}$$

$$t_n^{(i)}=100 \text{ ℃}, n=1\sim 4 \tag{b}$$

$$t_1^{(i)}=t_2^{(i)} \tag{c}$$

$$t_4^{(i+1)}=-1.5t_4^{(i)}+2t_3^{(i)} \tag{d}$$

计算: 计算结果见表 4-2 所列。

表 4 - 2　迭代次数与温度变化

$t/℃$ ＼ i ＼ n	1	2	3	4	5	6	7	8
1	100	100	100	100	0	450	−1325	4937.5
2	100	100	100	50	225	−437.5	1806.3	−5634.4
3	100	100	50	175	−212.5	918.75	−2503.1	7867.2
4	100	50	125	−87.5	481.25	−1146.9	3557.8	−10343

讨论: 从表 4-2 可以看出,从 $i=3$ 这一时刻起出现了这样的情况:各点温度随时间做忽高忽低的波动,并且波动弧度越来越大,某点温度越高反而使其相继时刻的温度越低。这种现象是荒谬的,它违反了热力学第二定律。因为这意味着,在该时间间隔中从某一时刻起热量将自动地由低温点向高温点传递。数值计算中出现这种计算结果忽高忽低的波动现象,数学上称为不稳定性(numerical instability)。在本例中,这是由于式(a)中 $t_n^{(i)}$ 的系数为负及式(d)中 $t_4^{(i)}$ 的系数为负造成的。值得指出的是,从数值上说上表的各个时刻的值确实是式(a)~(d)的解,解的振荡是由于没有满足 $Fo_\Delta=\dfrac{a\Delta\tau}{\Delta x^2}\leqslant\dfrac{1}{2}$ 以及

$Fo_\Delta \leqslant \dfrac{1}{2(1+Bi_\Delta)}$ 所致。显式格式的这种稳定性条件对空间步长及时间步长的取值提出了限制,特别是空间步长的细化必须伴随着时间步长的缩小,否则会得出振荡的解。

例题 4 - 3 〔MATLAB 程序〕

```
%%%%%%%%%%%%%%%%%%%%%%%%%%%%%%%%%%%%%
%EXAMPLE 4 - 3
%%%%%%%%%%%%%%%%%%%%%%%%%%%%%%%%%%%%%
%输入
clc,clear
t_f=0;h=1000;lambda=40;
%x 的范围:
xspan=[0 0.03];
%t 的范围:
tspan=[0 8 100];
%ngrid=[m,n]:网格数量,m 为 x 网格点数量,n 为 t 的网格点数量
ngrid=[4 max(tspan)];
%m 是节点数,n 是秒节点数
m=ngrid(1);
n=ngrid(2);
T=zeros(ngrid);
T(:,1)=100;%初始温度
delta_x=range(xspan)/(m-1);
%Bi 数,Fo 数
Bi=h * delta_x/lambda;
Fo=1;   %0.1,0.2,0.01,1 请读者根据需要调整
if Fo<=1/2 * (1+Bi)   %1/2 * (1+Bi)= 0.4
    fprintf('满足稳定性条件:Bi=%3.2f,Fo=%3.2f',Bi,Fo)
else
    fprintf('不满足稳定性条件:Bi=%3.2f,Fo=%3.2f',Bi,Fo)
end
%%%%%%%%%%%%%%%%%%%%%%%%%%%%%%%%%%%%%
%差分计算
for  j=2:n
for  i=2:m-1
        T(1,j)=(1-2 * Fo) * T(1,j-1)+Fo * (100+T(2,j-1));
        T(i,j)=(1-2 * Fo) * T(i,j-1)+Fo * (T(i+1,j-1)+T(i-1,j-1));
        T(m,j)=T(m,j-1) * (1-2 * Fo * Bi-2 * Fo)+2 * Fo * T(m-1,j-1)+2
```

```
* Fo * Bi * t_f;
end
end
t=vpa(T,5)        %  输出温度值
[A,B]=size(T);
x=[0:1:3];
y=[0.08:0.08:8];
[x,y]=meshgrid(y,x);
z=zeros(A,B);
for a=1:A
for b=1:B
        z(a,b)=T(a,b);
end
end
surf(x,y, z,'EdgeColor','None');%绘制 z 的 3D 图
shadinginterp;
xlabel(' \tau');
ylabel('\fontname{Times New Roman} x')
zlabel('\fontname{Times New Roman} T')
colormap(hsv)
colorbar
```

不满足稳定性条件:$Bi=0.25, Fo=1$.

程序输出结果:

t=

[100.0, 100.0, 100.0, 100.0,   50.0,   275.0, −562.50,   2243.8]

[100.0, 100.0, 100.0,   50.0,   225.0, −387.50, 1581.2,   −4596.9]

[100.0, 100.0, 50.0,   175.0, −212.50, 918.75, −2453.1,   7592.2]

[100.0, 50.0, 125.0, −87.500, 481.25, −1146.9, 3557.8, −10243.0]

考虑稳定条件,$Fo=0.2$、0.1、0.01,图 4 - 4 给出了不同傅里叶数时的温度分布情况。当初始温度为 100 ℃时,可以看到不同傅里叶数平板内部的温度分布迥然不同。

程序输出结果:

t=

[100.0, 100.0, 100.0,   100.0, 99.920, 99.736, 99.458, 99.109]

[100.0, 100.0, 100.0, 99.600, 98.920, 98.084, 97.170, 96.224]

[100.0, 100.0, 98.0,   95.800, 93.740, 91.862, 90.150, 88.581]

[100.0,   90.0, 85.0,   81.700, 79.170, 77.081, 75.285, 73.703]

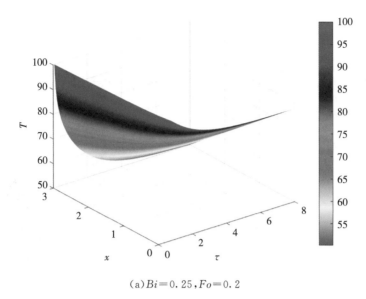

(a)$Bi=0.25,Fo=0.2$

程序输出结果：

t＝

$[100.0,100.0,100.0,100.0,99.995,99.979,99.948,99.898]$

$[100.0,100.0,100.0,99.950,99.832,99.646,99.398,99.097]$

$[100.0,100.0,99.500,98.725,97.809,96.830,95.835,94.849]$

$[100.0,95.0,91.250,88.338,85.998,84.060,82.411,80.975]$

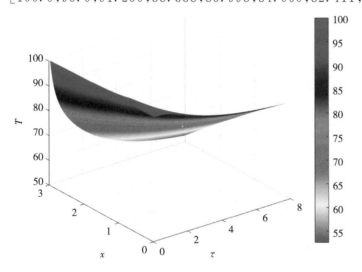

(b)$Bi=0.25,Fo=0.1$

t＝

$[100.0,100.0,100.0,100.0,100.00,100.00,100.00,100.00]$

$[100.0,100.0,100.0,100.00,100.00,100.00,99.999,99.998]$

$[100.0,100.0,99.995,99.985,99.971,99.952,99.929,99.903]$

$[100.0,99.500,99.012,98.537,98.073,97.621,97.179,96.749]$

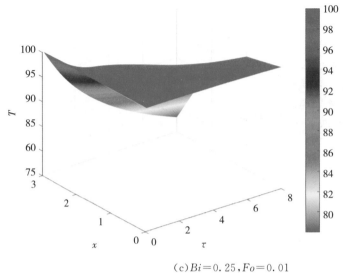

(c)$Bi=0.25,Fo=0.01$

图 4-4 不同傅里叶数时的温度分布情况

例题 4-4 环肋肋效率计算。

用数值方法确定当 $r_2/r_1=2、3、4$ 时环肋肋效率,其中 r_2、r_1 为环肋外半径及根圆半径[图 4-5(a)]。

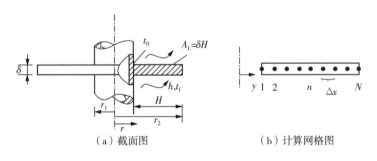

(a)截面图   (b)计算网格图

图 4-5 环肋

题解

假设:(1)流体的表面传热系数为常数;(2)一维稳态导热;(3)肋片物性为常数;(4)环肋顶端绝热。

分析:这是圆柱坐标中常物性一维稳态导热问题,教材中导热微分方程式(2-12)可化简为

$$\frac{1}{r}\frac{d}{dr}\left(r\frac{dt}{dr}\right)+\frac{\dot{\Phi}}{\lambda}=0$$

将肋片上下表面的换热量折算成内热源:

$$\dot{\Phi}=2\frac{(2\pi rdr)h(t-t_f)}{(2\pi rdr)\delta}=2\frac{h(t-t_f)}{\delta}$$

引入无量纲过余温度及无量纲半径：

$$\Theta = \frac{t - t_f}{t_0 - t_f}$$

$$R = \frac{r}{H}$$

可得这一导热问题的数学表达式：

$$\frac{d^2\Theta}{dR^2} + \frac{d\Theta}{R\,dR} - 2m^2\Theta = 0$$

$$R = R_1,\ \Theta = 1$$

$$R = R_2,\ \frac{d\Theta}{dR} = 0$$

式中，$m = \sqrt{\dfrac{h}{\lambda A_c}} H^{3/2}$，$R_1 = r_1/H$，$R_2 = r_2/H$。由此可见，为了计算不同 r_2/r_1 下的肋效率，需以 m 为参数。

计算：教材中式（4-23a）是圆柱坐标中的无量纲一维稳态导热方程，式中的两个导数项分别用相应的中心差分格式代入，可得以下差分方程：

$$\frac{\Theta_{n+1} - 2\Theta_n + \Theta_{n-1}}{\Delta R^2} + \frac{1}{R_n}\frac{\Theta_{n+1} - \Theta_{n-1}}{2\Delta R} - 2m^2\Theta_n = 0 \tag{a}$$

$$n = 2, 3, \cdots, N-1 \tag{b}$$

$$\Theta_1 = 1 \tag{c}$$

$$\Theta_N = \Theta_{N-1} \tag{d}$$

式（d）是肋顶绝热条件的一种数值处理方式。

也可用高斯-赛德尔迭代法求解式（a），获得 Θ_n 后再按定义计算肋效率：

$$\eta = \frac{\sum\limits_i \Delta A_i \Theta_i}{\sum\limits_i \Delta A_i}$$

式中，ΔA_i 为任意节点 i 所代表的微元体的换热表面积，Θ_i 为节点 i 的无量纲过余温度。

表 4-3 列出了节点数对肋效率的影响，由表可见，为使在三位有效数字下的解稳定，应取 $N=36$，此时可以认为已获得与网格无关的解。环肋肋效率随 r_2/r_1 及 m 的变化见表 4-4 所列。

表 4-3　节点数对肋效率的影响（$r_2/r_1 = 2, m = 2$）

N	8	16	20	36	64	100
η	0.289	0.278	0.277	0.274	0.274	0.273

表 4 - 4　环肋肋效率随 r_2/r_1 及 m 的变化

η $\diagdown$ m / r_2/r_1	0.1	0.5	1.0	1.5	2.0	2.5
2	0.991	0.813	0.542	0.370	0.272	0.213
3	0.989	0.781	0.490	0.321	0.230	0.177
4	0.987	0.756	0.454	0.290	0.204	0.154

讨论：表 4-4 的结果是在环肋肋端绝热的条件下得出的。请思考如果采用教材 2.4 节中介绍的近似方法来考虑肋端的散热（即肋高加上半个肋厚作为计算肋高），表 4-4 中的结果是否合适？

例题 4 - 4　[MATLAB 程序]

```
%%%%%%%%%%%%%%%%%%%%%%%%%%%%%%%%%%%%%
%EXAMPLE 4-4-1
%%%%%%%%%%%%%%%%%%%%%%%%%%%%%%%%%%%%%
n=2;m=2;NVec=[8 16 20 36 64 100];
%%%%%%%%%%%%%%%%%%%%%%%%%%%%%%%%%%%%%
for ii=1:6
    N=NVec(ii);
    dr=1/(N-1);
    RV=1/(n-1)+(0:N-1)./(N-1);
    a1=1 + dr./(2.*RV(2:N-2));% 上三角
    a2=1 -dr./(2.*RV(3:N-1));% 下三角
    a=-(2 + 2*m^2.*dr.^2).*ones(N-2,1);
    A=diag(a2,-1)+diag(a)+diag(a1,1);
    A(end)=1+dr/(2*RV(N-1))-(2+2*m^2*dr^2);
    b=zeros(N-2,1);% 右端项
    b(1)=dr/(2*RV(2))-1;% 右端项第一个元素
    tol=1e-6;% GS 精度
    x=gauss_seidel ( A, b, tol );
%   x=A\b;
    theta=[1; x; x(end)];% 加入边界条件
    eta(ii)=dot(RV,theta)./sum(RV);
end
```

```
%  eta＝dot(RV(2:N－1),x)./sum(RV(2:N－1))
%%%%%%%%%%%%%%%%结果显示%%%%%%%%%%%%%%%%%%%%
NVec
eta＝eta

function x＝gauss_seidel（A，b，tol）%
n＝length(b);
x＝zeros（n，1）;
x0＝ones(n,1);
err＝1;
while err＞tol
for i＝1:n
        x(i)＝b(i);
        x(i)＝x(i)－A(i,1:i－1) ＊ x(1:i－1);
        x(i)＝x(i)－A(i,i+1:n) ＊ x0(i+1:n);
        x(i)＝x(i) / A(i,i);
end
    err＝norm(x－x0);
    x0＝x;
end
```

程序输出结果:

NVec＝8   16   20   36   64   100
eta＝0.3035   0.2856   0.2827   0.2779   0.2755   0.2745

```
%%%%%%%%%%%%%%%%%%%%%%%%%%%%%%%%%%%%%%%%%%%
%EXAMPLE 4－4－2
%%%%%%%%%%%%%%%%%%%%%%%%%%%%%%%%%%%%%%%%%%%
nVec＝[2 3 4];m＝2;mVec＝[0.1 0.5 1 1.5 2 2.5];N＝36;
%%%%%%%%%%%%%%%%%%%%%%%%%%%%%%%%%%%%%%%%%%%
for ii＝1:3
    n＝nVec(ii);
for jj＝1:6
        m＝mVec(jj);
        dr＝1/(N－1);
        RV＝1/(n－1)+(0:N－1)./(N－1);
        a1＝1 ＋ dr./(2.＊RV(2:N－2));% 上三角
        a2＝1 －dr./(2.＊RV(3:N－1));% 下三角
        a＝－(2 ＋ 2＊m^2.＊dr.^2).＊ones(N－2,1);% 主对角
```

```matlab
        A=diag(a2,-1)+diag(a)+diag(a1,1);% 系数矩阵
        A(end)=1+dr/(2*RV(N-1))-(2+2*m^2*dr^2);% 最后一个方程 n=
N-1
        b=zeros(N-2,1);% 右端项
        b(1)=dr/(2*RV(2))-1;% 右端项第一个元素
        tol=1e-6;% GS 精度设定
        x=gauss_seidel(A,b,tol);
        theta=[1; x; x(end)];% 加入边界条件
        eta(ii,jj)=dot(RV,theta)./sum(RV);
end
end
%%%%%%%%%%%%%%%%%结果显示%%%%%%%%%%%%%%%%%%%
nVec
mVec
eta=eta(:,:)

function x=gauss_seidel(A,b,tol)%
n=length(b);
x=zeros(n,1);
x0=ones(n,1);
err=1;
while err>tol
for i=1:n
        x(i)=b(i);
        x(i)=x(i)-A(i,1:i-1) * x(1:i-1);
        x(i)=x(i)-A(i,i+1:n) * x0(i+1:n);
        x(i)=x(i)/A(i,i);
end
    err=norm(x-x0);
    x0=x;
end
```

程序输出结果:

nVec=   2   3   4

mVec=   0.1000   0.5000   1.0000   1.5000   2.0000   2.5000

eta=

0.9910	0.8176	0.5482	0.3762	0.2779	0.2187
0.9890	0.7855	0.4960	0.3265	0.2347	0.1812
0.9875	0.7614	0.4603	0.2942	0.2073	0.1578

例题 4-5 判断肋片可以按一维问题处理的主要依据。

如图 4-6 所示,一个粗而短的肋片的 3 个表面与温度为 t_f 的流体换热,且表面传热系数为 h。试计算在表 4-5 所列的两种条件下肋片的效率,并与一维分析解的结果相比较。

表 4-5 肋片节点相关参数

工况	$t_0/℃$	$t_f/℃$	$h/[W/(m^2 \cdot ℃)]$	$\lambda/[W/(m \cdot K)]$	δ/m	H/m
1	100	20	50	100	0.02	0.04
2	100	20	400	8	0.02	0.08

题解

假设:(1)流体的表面传热系数为常数;(2)一维稳态导热;(3)肋片物性为常数;(4)肋片顶端绝热。

分析:由于对称性,取一半区域研究即可,其网格划分示意图如图 4-7 所示。$(M-1) \times N$ 个未知温度节点可以区分为五种类型,其节点离散方程示于表 4-6。这些节点离散方程都是按热平衡法根据教材中式(4-4)~式(4-6)得出的,取 $\Delta x = \Delta y$,取过余温度 θ 作为计算变量。

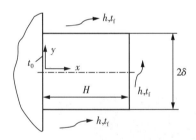

图 4-6 粗面短的肋片的分析

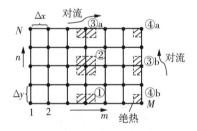

图 4-7 例 4-5 的网格划分示意图

表 4-6 例题 4-5 的节点离散方程

节点类别	下标变化范围	离散方程
①	$m = 2, \cdots, M-1$ $n = 1$	$\theta_{m,1} = \dfrac{1}{4}(\theta_{m-1,1} + \theta_{m+1,1} + 2\theta_{m,2})$
②	$m = 2, \cdots, M-1$ $n = 2, \cdots, N-1$	$\theta_{m,n} = \dfrac{1}{4}(\theta_{m+1,n} + \theta_{m-1,n} + \theta_{m,n+1} + \theta_{m,n-1})$
③ₐ	$m = 2, \cdots, M-1$ $n = N$	$\theta_{m,N} = \dfrac{1}{4+2Bi_\Delta}(\theta_{m-1,N} + \theta_{m+1,N} + 2\theta_{m,N-1})$
③ᵦ	$m = M$ $m = 2, \cdots, N-1$	$\theta_{M,N} = \dfrac{1}{4+2Bi_\Delta}(\theta_{M-1,n} + \theta_{M+1,n} + 2\theta_{M,n-1})$

（续表）

节点类别	下标变化范围	离散方程
④$_a$	$m=M$ $n=N$	$\theta_{M,N}=\dfrac{1}{2+2Bi_\Delta}(\theta_{M,N-1}+\theta_{M-1,N})$
④$_b$	$m=M$ $n=1$	$\theta_{M,N}=\dfrac{1}{2+2Bi_\Delta}(\theta_{M-1,1}+\theta_{M,2})$

在获得了过余温度场的分布后需按定义计算肋效率。对于本例，肋效率的最终计算式为

$$\eta=\frac{0.5(\theta_{1,N}+\theta_{M,1})+\sum_{m=2}^{M}\theta_{m,N}+\sum_{n=2}^{N-1}\theta_{M,n}}{[(M-1)+(N-1)]\theta_0}$$

计算：肋效率的数值计算结果列于表 4－7 中，根据计算结果画出等温线，如图 4－8、图 4－9 所示。

表 4－7　肋效率的数值计算结果

工况	节点 $M\times N$	Bi	二维数值计算的 η 值	按一维数值计算的 η 值	相对偏差
1	9×5	0.01	0.973	0.971	0.21%
2	17×5	1.0	0.186	0.206	10.8%

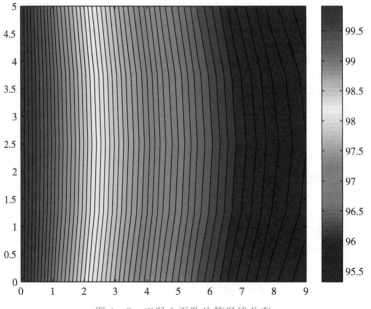

图 4－8　工况 1 下肋片等温线分布

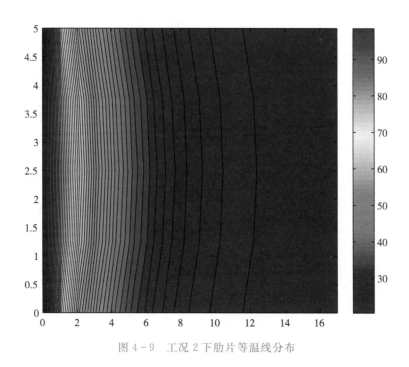

图 4-9 工况 2 下肋片等温线分布

例题 4-5 ［MATLAB 程序］

```
%%%%%%%%%%%%%%%%%%%%%%%%%%%%%%%%%%%%
%EXAMPLE 4-5-1
%%%%%%%%%%%%%%%%%%%%%%%%%%%%%%%%%%%%
function ONE
h=50;%对流换热系数
lamda=100;%导热系数
delta=0.005;%输入网格间距,单位 mm
xnum=0.04/delta;%x 轴划分数
ynum=0.02/delta;%y 轴划分数
tf=20;%流体温度
t0=100;%肋根温度
x=zeros(ynum+1,xnum+1);t=zeros(ynum+1,xnum+1);w=zeros(ynum+1,
xnum+1);c=0;
e=10^-6;%输入允许误差
for i=1:ynum+1;j=1:xnum+1;t(i,j)=80;end;%任意假定一组初始温度值
y=1;
while y==1
for j=2:xnum;x(1,j)=(2*t(2,j)+t(1,j+1)+t(1,j-1)+2*h*delta*tf/lamda)/
(4+2*h*delta/lamda);end;%上边界内部节点方程
```

```
for j=2:xnum;x(ynum+1,j)=(2*t(ynum,j)+t(ynum+1,j+1)+t(ynum+1,j-1)
+2*h*delta*tf/lamda)/(4+2*h*delta/lamda);end;%下边界内部节点方程
for i=1:ynum+1;x(i,1)=t0;end;%左边界节点方程
for i=2:ynum;x(i,xnum+1)=(2*t(i,xnum)+t(i+1,xnum+1)+t(i-1,xnum+1)
+2*h*delta*tf/lamda)/(4+2*h*delta/lamda);end%下部节点方程
for i=2:ynum;j=2:xnum;x(i,j)=(t(i,j-1)+t(i,j+1)+t(i-1,j)+t(i+1,j))/4;
end;%内部节点方程
            x(1,xnum+1)=(2*h*delta*tf/lamda+t(1,xnum)+t(2,xnum+
1))/(2+2*h*delta/lamda);%4a 节点方程
            x(ynum+1,xnum+1)=(2*h*delta*tf/lamda+t(ynum,xnum+1)+t
(ynum+1,xnum))/(2+2*h*delta/lamda);%4b 节点方程
for i=1:ynum+1;j=1:xnum+1;w(i,j)=abs(x(i,j)-t(i,j));end
if (max(max(w))<=e)%判断两次迭代的误差是否小于允许值
        y=0;
end
    t=x;c=c+1;
end
a=linspace(0,9,xnum+1);
b=linspace(0,5,ynum+1);
figure
contourf(a,b,t,50);
end


%%%%%%%%%%%%%%%%%%%%%%%%%%%%%%%%%%%%%%
%EXAMPLE 4-5-2
%%%%%%%%%%%%%%%%%%%%%%%%%%%%%%%%%%%%%%
function TWO
h=400;%对流换热系数
lamda=8;%导热系数
delta=0.005;%输入网格间距,单位 mm
xnum=0.08/delta;%x 轴划分数
ynum=0.02/delta;%y 轴划分数
tf=20;%流体温度
t0=100;%肋根温度
x=zeros(ynum+1,xnum+1);t=zeros(ynum+1,xnum+1);w=zeros(ynum+1,
xnum+1);c=0;
e=10^-6;%输入允许误差
for i=1:ynum+1;j=1:xnum+1;t(i,j)=80;end;%任意假定一组初始温度值
```

```
y=1;
while y==1
for j=2:xnum;x(1,j)=(2*t(2,j)+t(1,j+1)+t(1,j-1)+2*h*delta*tf/lamda)/
(4+2*h*delta/lamda);end;%上边界内部节点方程
for j=2:xnum;x(ynum+1,j)=(2*t(ynum,j)+t(ynum+1,j+1)+t(ynum+1,j-1)
+2*h*delta*tf/lamda)/(4+2*h*delta/lamda);end;%下边界内部节点方程
for i=1:ynum+1;x(i,1)=t0;end;%左边界节点方程
for i=2:ynum;x(i,xnum+1)=(2*t(i,xnum)+t(i+1,xnum+1)+t(i-1,xnum+1)
+2*h*delta*tf/lamda)/(4+2*h*delta/lamda);end%下部节点方程
for i=2:ynum;j=2:xnum;x(i,j)=(t(i,j-1)+t(i,j+1)+t(i-1,j)+t(i+1,j))/4;
end;%内部节点方程
        x(1,xnum+1)=(2*h*delta*tf/lamda+t(1,xnum)+t(2,xnum+
1))/(2+2*h*delta/lamda);%4a节点方程
        x(ynum+1,xnum+1)=(2*h*delta*tf/lamda+t(ynum,xnum+1)+t
(ynum+1,xnum))/(2+2*h*delta/lamda);%4b节点方程
for i=1:ynum+1;j=1:xnum+1;w(i,j)=abs(x(i,j)-t(i,j));end
if (max(max(w))<=e)%判断两次迭代的误差是否小于允许值
        y=0;
end
    t=x;c=c+1;
end
a=linspace(0,17,xnum+1);
b=linspace(0,5,ynum+1);
figure
contourf(a,b,t,50);
end
```

讨论：由图 4-8 可见，对于第一种情形，虽然 $H/(2\delta)=1$，但因为 $Bi=0.01$，所以肋片中的温度分布要比第二种情形 [$H/(2\delta)=2$，但 $Bi=1.0$] 更接近于一维分布。由表 4-7 可以更清楚地看到，对于 $Bi=0.01$ 的短肋片，用二维数值计算得出的肋效率与一维公式计算结果的差别完全可以忽略；而对于 $Bi=1.0$ 的长肋片，这一差别较明显。由此可见，判断肋片中的导热可否按一维问题处理的综合指标应当是 Bi 数而不是 H/δ。

例题 4-6 平板非稳态导热过程中的温度分布。

用数值方法计算单侧受热的无限大平板的瞬态温度场。平板厚 $\delta=0.1$ m，初始温度 $t_0=80$ ℃，平板一侧被温度 $t_\infty=300$ ℃的流体加热，另一侧绝热。设表面传热系数 $h=1163$ W/(m² · K)，$\lambda=50$ W/(m · K)，$a=1.39\times10^{-5}$ m²/s。

题解

分析：这一问题可看作厚度为 2δ 的平板两侧同时受流体加热的第三类边界条件下的非稳态导热问题，其控制方程式为教材中式(3-14)～式(3-16)。将平板 10 等分，共 11 个节点，节点离散方程如教材中式(4-17)～式(4-20)所示(节点编号方法见图 4-10)。

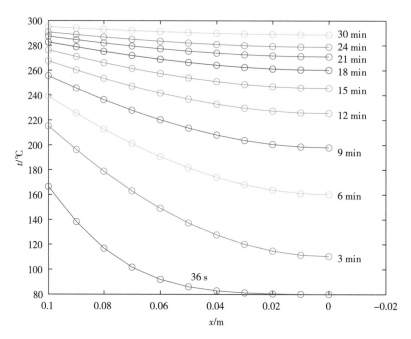

图 4-10 平板中温度的瞬态分布

计算：计算结果采用等温线来表示。几个不同时刻平板中的温度分布示于图 4-10。时间步长对计算结果的影响示于图 4-11。图 4-10 的结果是按 $\Delta\tau=0.18$ s 计算得到的。

讨论：(1)由图 4-10 可见，在 $\tau \leqslant 36$ s 的时间范围内，虽然平板受热侧已发生了显著的温度变化，但其绝热侧尚未受到界面上发生的热扰动的影响，因而在这一段时间内把厚 $2\delta=0.2$ m 的平板当作半无限大物体来处理应是一种合理的处理方法。实际上，对于 $a=1.39\times10^{-5}$ m²/s，半厚度为 0.1 m 的半个平板，根据教材中 3.5 节的讨论得其惰性时间为 45 s。

(2)当 $\tau \geqslant 3$ min 后可以发现，平板中各点的温度有规则地随时间而上升，这就是非稳态导热的正规状况阶段。实际上，当 $\tau=3$ min 时已有

$$Fo=\frac{a\tau}{\delta^2}=\frac{1.39\times10^{-5}\ \text{m}^2/\text{s}\times180\ \text{s}}{(0.1\ \text{m})^2}\approx0.25$$

(3)图 4-11 表明，非稳态导热计算中的瞬时温度分布与时间步长的取值有关，但 3 种不同时间步长下解的差别在不断缩小。兼顾到计算的准确度与计算的工作量两方面的因素，本题以 $\Delta\tau=0.18$ s 作为计算步长。

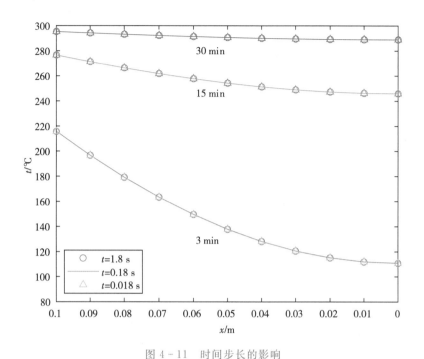

图 4 - 11　时间步长的影响

```
％％％％％％％％％％％％％％％％％％％％％％％％％％％％％％％％％％％％％
％EXAMPLE 4 - 6
％％％％％％％％％％％％％％％％％％％％％％％％％％％％％％％％％％％％％
lambda＝50;％导热系数
a＝0.139e－6;％热扩散率
h＝1163;％边界对流换热系数
t0＝80;％初始温度
tf＝300;％初始流体温度
delta＝0.1;％总距离长度(无限大平板厚度)
T＝180000;％总时间长度(在 T 时间内考虑本问题)
dtao1＝0.018;％定义时间步长
dtao2＝0.18;
dtao3＝1.8;
dx＝0.01;％定义距离步长
M1＝floor(T/dtao1);％时间份数＝总时间/时间步长(向下取整)
M2＝floor(T/dtao2);
M3＝floor(T/dtao3);
N＝floor(delta/dx);％距离份数＝总厚度/距离步长(向下取整)
tao1＝0:dtao1:T;％定义时间划分单元(以 0 为首项,以 dtao 为公差的等差数列,尾项为
T),共有 M＋1 项
```

```
tao2=0:dtao1:T;
tao3=0:dtao1:T;
x=0:dx:delta;%定义距离划分单元(以 0 为首项,以 dx 为公差的等差数列,尾项为
delta),共有 N+1 项
Bi=h*dx/lambda;%边界节点网格毕渥数
Fo1=a*dtao1/dx^2;%傅里叶数
Fo2=a*dtao2/dx^2;
Fo3=a*dtao3/dx^2;
if Fo1>1/(2*Bi+2)&&Fo2>1/(2*Bi+2)&&Fo3>1/(2*Bi+2)%判断稳定性,不
稳定则显示毕渥数、傅里叶数
    disp('不稳定');
    disp(Bi);
    disp(Fo1);
    disp(Fo2);
    disp(Fo3);
    disp(1/(2*Bi+2));
else%若稳定,则进行迭代计算
    t1=zeros(M1+1,N+1);t2=zeros(M2+1,N+1);t3=zeros(M3+1,N+1);%建
立一个(M+1)*(N+1)的温度矩阵,M+1 为时间节点个数,N+1 为空间节点个数,以
便进行迭代计算
    t1(1,:)=t0;t2(1,:)=t0;t3(1,:)=t0;%初始温度均为 t0=80℃
for m=2:M1+1%m=1 时是初值上一行已计算出,则从 m=2 一直计算到 m=M+1,
m 对应的时刻是 tao=(m-1)dtao
        t1(m,1)=2*Fo1*t1(m-1,2)+(1-2*Fo1)*t1(m-1,1);%首先计算
一边界这个时刻温度,绝热边界
        t1(m,N+1)=2*Fo1*(t1(m-1,N)+Bi*tf)+(1-2*Bi*Fo1-2*
Fo1)*t1(m-1,N+1);
for n=2:N%然后计算内部,n=1 和 n=N+1 时是边界节点温度,上面两行已经计算出,
n 对应的坐标是 x=(n-1)*dx
            t1(m,n)=Fo1*(t1(m-1,n-1)+t1(m-1,n+1))+(1-2*Fo1)*t1
(m-1,n);
end
end
for m=2:M2+1%m=1 时是初值上一行已计算出,则从 m=2 一直计算到 m=M+1,
m 对应的时刻是 tao=(m-1)dtao
        t2(m,1)=2*Fo2*t2(m-1,2)+(1-2*Fo2)*t2(m-1,1);%首先计算
一边界这个时刻温度,绝热边界
        t2(m,N+1)=2*Fo2*(t2(m-1,N)+Bi*tf)+(1-2*Bi*Fo2-2*
```

Fo2) * t2(m−1,N+1);

for n=2:N%然后计算内部,n=1 和 n=N+1 时是边界节点温度,上面两行已经计算出,
n 对应的坐标是 x=(n−1) * dx

t2(m,n)=Fo2 * (t2(m−1,n−1)+t2(m−1,n+1))+(1−2 * Fo2) * t2
(m−1,n);

end

end

for m=2:M3+1%m=1 时是初值上一行已计算出,则从 m=2 一直计算到 m=M+1,
m 对应的时刻是 tao=(m−1)dtao

t3(m,1)=2 * Fo3 * t3(m−1,2)+(1−2 * Fo3) * t3(m−1,1);%首先计算
一边界这个时刻温度,绝热边界

t3(m,N+1)=2 * Fo3 * (t3(m−1,N)+Bi * tf)+(1−2 * Bi * Fo3−2 *
Fo3) * t3(m−1,N+1);

for n=2:N%然后计算内部,n=1 和 n=N+1 时是边界节点温度,上面两行已经计算出,
n 对应的坐标是 x=(n−1) * dx

t3(m,n)=Fo3 * (t3(m−1,n−1)+t3(m−1,n+1))+(1−2 * Fo3) * t3
(m−1,n);

end

end

%以下是画图
figure
plot (x, t2 (20001, :), '−o', x, t2 (100001, :), '−o', x, t2 (200001, :), '−o', x, t2
(300001, :),'−o',x,t2(400001, :),'−o',x,t2(500001, :),'−o',x,t2(600001, :),'−o',x,
t2(700001, :),'−o',x,t2(800001, :),'−o',x,t2(1000001, :),'−o ');
%title('平板中温度的瞬态分布','fontsize',12,'fontweight','bold','fontname','楷体');
xlabel('\fontname{Times New Roman} x/m')
ylabel('\fontname{Times New Roman} t/℃')
axis([−0.02,0.1,80,300]);
text(−0.002,290,'\fontname{Times New Roman} 30 min');
text(−0.002,280,'\fontname{Times New Roman} 24 min');
text(−0.002,270,'\fontname{Times New Roman} 21 min');
text(−0.002,260,'\fontname{Times New Roman} 18 min');
text(−0.002,245,'\fontname{Times New Roman} 15 min');
text(−0.002,225,'\fontname{Times New Roman} 12 min');
text(−0.002,195,'\fontname{Times New Roman} 9 min');
text(−0.002,160,'\fontname{Times New Roman} 6 min');

```
text(-0.002,110,'\fontname{Times New Roman} 3 min');
text(0.05,95,'\fontname{Times New Roman} 36 s');

    set(gca,'XDir','reverse')
%    grid on

figure
    plot(x,t1(1000001,:),'o',x,t2(100001,:),'-',x,t3(10001,:),'~',x,t1(5000001,:),'o
',x,t2(500001,:),'-',x,t3(50001,:),'~',x,t1(10000001,:),'o',x,t2(1000001,:),'-',x,
t3(100001,:),'~')
    legend('\fontname{Times New Roman} t=1.8 s','\fontname{Times New Roman} t
=0.18 s','\fontname{Times New Roman} t=0.018 s','location','SouthWest');
%title('时间步长的影响','fontsize',12,'fontweight','bold','fontname','楷体');
xlabel('\fontname{Times New Roman} x/m')
ylabel('\fontname{Times New Roman} t/ ℃')
text(0.06,281,'\fontname{Times New Roman} 30 min');
text(0.06,247,'\fontname{Times New Roman} 15 min');
text(0.06,130,'\fontname{Times New Roman} 3 min ');
    axis([0,0.1,80,300]);
    set(gca,'XDir','reverse')
%    grid on
end
```

第五章　对流传热的理论分析与实验研究基础

一、基本知识

1. 对流换热：对流换热是流体流过固体时，如果流体温度与固体表面温度不同，则存在着热量的交换现象。

2. 影响对流换热的因素：流体流动的起因（强迫对流、自然对流）；流体有无相变、流体流动的状态（层流、过渡、湍流）；流体表面的几何因素（换热壁表面的形状、大小以及相对于流动方向的位置）；流体的物理性质（导热系数 λ、比热容 c、动力黏度 μ、密度 ρ 等）。

3. 对流换热系数：对流换热系数不是一个物性参数，其是一个含有多个参量的函数：

$$h = f(\rho, c_p, \eta, \lambda, r, u, l, t_{\mathrm{m}}, \Phi)$$

式中，Φ 表示几何因素的影响，r 表示汽化潜热。对流换热正是研究对流传热系数与影响它的有关物理量之间的内在联系，单位为 $W/(m^2 \cdot K)$。

4. 对流传热的研究方法：分析法、实验法、比拟法和数值法。

5. 牛顿冷却公式：

对单位面积：$q = h\Delta t$；对于面积为 A 的接触面：$\Phi = Ah\Delta t_{\mathrm{m}}$。$\Delta t_{\mathrm{m}}$ 为换热面 A 上流体与固体表面的平均温差。

6. 分析法求解对流换热问题：在获得流体内温度分布后，可利用以下方程求得局部表面换热系数：$h_x = -\dfrac{\lambda}{\Delta t}\dfrac{\partial t}{\partial y}\Big|_{y=0,x}$，$\lambda$ 为流体的导热系数，$\dfrac{\partial t}{\partial y}$ 为近壁处流体温度梯度。

7. 流动边界层：在固体表面附近流体速度发生剧烈变化的薄层称为流动边界层。在壁面上流体掠过时分为层流区，过渡区及紊流区。

8. 层流：流体做有秩序的分层流动，各层互不干扰。

9. 紊流：流体在流动时做不规则的脉动。

10. 热边界层：在固体表面附近温度发生剧烈变化的薄层称为温度边界层或热边界层。

11. 流动边界层的厚度：通常规定达到主流速度的 99 ％ 处的距离为流动边界层的厚度，记为 δ。

12. 热边界层的厚度：当壁面与流体之间的温差达到壁面与来流流体之间的温差的 0.99 倍时，此位置就是热边界层的外边缘，而该点到壁面之间的距离则是热边界层的厚度，记为 $\delta_t(x)$。

13. 数量级分析法:数量级分析法是指通过比较方程式中各项数量级的大小,把数量级较大的项保留下来,而舍去数量级较小的项,实现方程式的合理简化。

14. Re:雷诺数,$Re = \dfrac{ul}{v}$,表示惯性力和黏性力的相对大小。对于外掠平板,$Re > 5 \times 10^5$ 时为湍流。

15. Pr:普朗特数,$Pr = \dfrac{v}{a}$,表示动量扩散厚度和热量扩散厚度的相对大小。

16. Nu:努赛尔数,$Nu = \dfrac{hl}{\lambda}$,表示壁面上无量纲温度梯度的大小,它的大小表示换热的强弱。

17. 比拟理论:指利用两个不同物理现象之间在控制方程方面的类似性,通过测定其中一种现象的规律而获得另一种现象基本关系的方法。

二、基本公式

1. 对流传热问题完整数学描述的控制方程

质量守恒方程:

$$\frac{\partial u}{\partial x} + \frac{\partial v}{\partial y} = 0$$

动量守恒方程:

$$\rho\left(\frac{\partial u}{\partial \tau} + u\frac{\partial u}{\partial x} + v\frac{\partial u}{\partial y}\right) = F_x - \frac{\partial p}{\partial x} + \eta\left(\frac{\partial^2 u}{\partial x^2} + \frac{\partial^2 u}{\partial y^2}\right)$$

$$\rho\left(\frac{\partial v}{\partial \tau} + u\frac{\partial v}{\partial x} + v\frac{\partial v}{\partial y}\right) = F_y - \frac{\partial p}{\partial y} + \eta\left(\frac{\partial^2 v}{\partial x^2} + \frac{\partial^2 v}{\partial y^2}\right)$$

能量守恒方程:

$$\frac{\partial t}{\partial \tau} + u\frac{\partial t}{\partial x} + v\frac{\partial t}{\partial y} = \frac{\lambda}{\rho c_p}\left(\frac{\partial^2 t}{\partial x^2} + \frac{\partial^2 t}{\partial y^2}\right)$$

2. 二维、稳态边界层型对流传热问题的数学描述的控制方程

质量守恒方程:

$$\frac{\partial u}{\partial x} + \frac{\partial v}{\partial y} = 0$$

动量守恒方程:

$$u\frac{\partial u}{\partial x} + v\frac{\partial u}{\partial y} = -\frac{1}{\rho}\frac{\partial p}{\partial x} + v\frac{\partial^2 u}{\partial y^2}$$

能量守恒方程:

$$u\frac{\partial t}{\partial x} + v\frac{\partial t}{\partial y} = a\frac{\partial^2 t}{\partial y^2}$$

表 5-1　流体外掠平板流动与换热计算关联式

计算内容	关联式	使用条件
层流边界层厚度	$\delta = 5x\,Re_x^{-1/2}$	层流, $Re_x \leqslant 5 \times 10^5$
层流局部阻力系数	$c_f = 0.646\,Re_x^{-1/2}$	层流, $Re_x \leqslant 5 \times 10^5$
热边界层厚度	$\delta_t = Pr^{1/3}\delta$	层流, $Re_x \leqslant 5 \times 10^5$ $0.6 \leqslant Pr \leqslant 50$
层流局部 Nu 数	$Nu_x = 0.332\,Re_x^{1/2}Pr^{1/3}$	层流, $Re_x \leqslant 5 \times 10^5$ $0.6 \leqslant Pr \leqslant 50$
层流全板长平均阻力系数	$c_{f,m} = 1.328\,Re_l^{1/2}$	层流, $Re_l \leqslant 5 \times 10^5$
层流全板长平均 Nu 数	$Nu_l = 0.664\,Re^{1/2}Pr^{1/3}$	层流, $Re_l \leqslant 5 \times 10^5$ $0.6 \leqslant Pr \leqslant 50$
湍流边界层厚度	$\delta = 0.37x\,Re_x^{-1/5}$	$Re_x \leqslant 10^7$
湍流局部阻力系数	$c_f = 0.0592\,Re_x^{-1/5}$	$5 \times 10^5 \leqslant Re_x \leqslant 10^7$
湍流局部 Nu 数	$Nu_x = 0.0296\,Re_x^{4/5}Pr^{1/3}$	$5 \times 10^5 \leqslant Re_x \leqslant 10^7, 0.6 \leqslant Pr \leqslant 60$
层流-湍流平均阻力系数	$c_f = 0.074\,Re_l^{-1/5} - 1724\,Re_l^{-1}$	$Re_l \leqslant 5 \times 10^5, Re_x \leqslant 10^7$
层流-湍流平均 Nu 数	$Nu_x = (0.037\,Re_l^{4/5} - 871)Pr^{1/3}$	$Re_l \leqslant 5 \times 10^5, Re_x \leqslant 10^7$ $0.6 \leqslant Pr \leqslant 50$

三、MATLAB 在本章例题中的应用

例题 5-1　压力为大气压的 20 ℃的空气,纵向流过一块长 320 mm,温度为 40 ℃ 的平板,流速为 10 m/s。求离平板前端 50 mm、100 mm、150 mm、200 mm、250 mm、300 mm、320 mm 处流动边界层和热边界层的厚度。

题解

假设:流动处于稳态。

计算:空气的物性参数按板表面温度和空气温度的平均值 30 ℃确定。30 ℃时空气 的物性参数 $\nu = 16 \times 10^{-6}$ m²/s, $Pr = 0.701$。对长 320 mm 平板而言:

$$Re = \frac{ul}{\nu} = \frac{10 \text{ m/s} \times 0.32 \text{ m}}{16 \times 10^{-6} \text{ m}^2/\text{s}} = 2 \times 10^5$$

这一 Re 数位于层流范围内。其流动边界层厚度按教材中式(5-19)计算为

$$\delta = 5.0\sqrt{\frac{\nu x}{u_\infty}} = 5.0\sqrt{\frac{16 \times 10^{-6} \text{ m}^2/\text{s}}{10 \text{ m/s}}}\sqrt{x}$$

$$\approx 6.32 \times 10^{-3} \text{ m}^{1/2} \times \sqrt{x} \quad (x \text{ 和 } \delta \text{ 的单位都为 m})$$

$$= 0.0632 \text{ cm}^{1/2} \times \sqrt{x} \quad (x \text{ 和 } \delta \text{ 的单位都为 cm})$$

热边界层厚度可按教材中式(5-21)计算：

$$\delta_t = \frac{\delta}{\sqrt[3]{Pr}} = \frac{\delta}{\sqrt[3]{0.701}} = 1.13\delta$$

计算结果示于图 5-1。

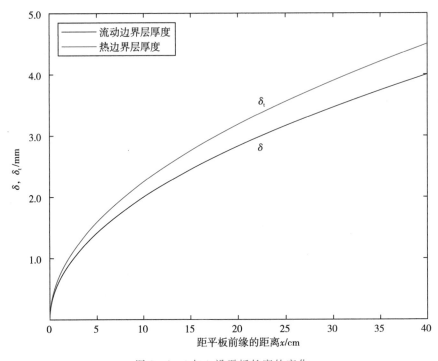

图 5-1 δ 与 δ_t 沿平板长度的变化

讨论：流动边界层的厚度 δ 只与 Re_x 有关，因此只要 Re_x 相同，无论是空气还是水，图 5-1 中的各曲线都适用。但 δ_t 还与 Pr 数有关，因此在相同的 Re_x 下，水的热边界层厚度 δ_t 比空气要小得多（20 ℃时水的 $Pr = 7.02$）。

例题 5-1 [MATLAB 程序]

```
%%%%%%%%%%%%%%%%%%%%%%%%%%%%%%%%%%%%%%%%%%
%EXAMPLE 5-1
%%%%%%%%%%%%%%%%%%%%%%%%%%%%%%%%%%%%%%%%%%
%输入
clc,clear
u=10;l=0.32;nu=16*10^-6;u_inf=10;Pr=0.701
%%%%%%%%%%%%%%%%%%%%%%%%%%%%%%%%%%%%%%%%%%
Re=u*l/nu
if Re>=5e+5
    fprintf('非层流无法计算')
```

```
else
    x=0:0.01:40;
  delta=5.0 * sqrt(nu * x/u_inf);
  delta_t=delta/((Pr)^(1/3));
end
%%%%%%%%%%%%%%%%%%%%%%%%%%%%%%%%%%%%%
plot(x,delta,'b',x,delta_t,'r')
xlabel('\fontname{Times New Roman} 距平板前缘的距离 x/cm');
ylabel('\fontname{Times New Roman} \delta,\delta_t /mm');
%grid on
yticklabel={'1.0','2.0','3.0','4.0','5.0'};
set(gca,'ytick',[0.01,0.02,0.03,0.04,0.05],'yticklabel',yticklabel,'tickdir','in');
legend('流动边界层厚度','热边界层厚度','location','northwest')
text(22,0.028284,'\delta');
text(22,0.03584,'\delta_t');
```

　　程序输出结果:
　　Pr=0.701
　　Re=2e+05

　　考虑流速影响,计算得到了不同流速下流动边界层、热边界层厚度分布情况,如图5-2所示,可见,流速越大,两个厚度越薄。

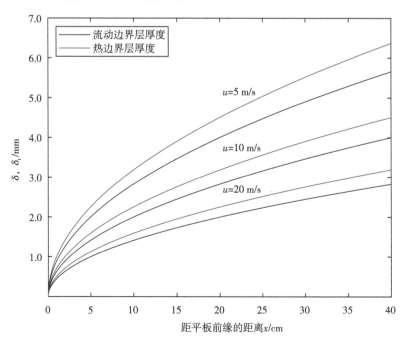

图 5-2　不同流速下流动边界层、热边界层厚度分布

```
%%%%%%%%%%%%%%%%%%%%%%%%%%%%%%%%%%%%
%EXAMPLE 5 - 1 拓展
%%%%%%%%%%%%%%%%%%%%%%%%%%%%%%%%%%%%
%输入
clc,clear
u1=20；u2=10；u3=5;l=0.32;nu=16*10^-6;u_inf=10;Pr=0.701
%%%%%%%%%%%%%%%%%%%%%%%%%%%%%%%%%%%%
Re1=u1*l/nu；
Re2=u2*l/nu；
Re3=u3*l/nu；
if Re1>=5e+5
    fprintf('非层流无法计算')
else
    x=0:0.01:40；
    delta1=5.0*sqrt(nu*x/u1)；
    delta_t1=delta1/((Pr)^(1/3))；
end
if Re2>=5e+5
    fprintf('非层流无法计算')
else
    x=0:0.01:40；
    delta2=5.0*sqrt(nu*x/u2)；
    delta_t2=delta2/((Pr)^(1/3))；
end
if Re3>=5e+5
    fprintf('非层流无法计算')
else
    x=0:0.01:40；
    delta=5.0*sqrt(nu*x/u3)；
    delta_t=delta/((Pr)^(1/3))；
end
%%%%%%%%%%%%%%%%%%%%%%%%%%%%%%%%%%%%
plot(x,delta1,'b',x,delta_t1,'r',x,delta2,'b',x,delta_t2,'r',x,delta,'b',x,delta_t,'r')
xlabel('\fontname{Times New Roman} 距平板前缘的距离 x/cm');
ylabel('\fontname{Times New Roman} \delta,\delta_t /mm');
%grid on
yticklabel={'1.0','2.0','3.0','4.0','5.0','6.0','7.0'};
set(gca,'ytick',[0.01,0.02,0.03,0.04,0.05,0.06,0.07],'yticklabel',yticklabel,'tickdir','in');
```

legend('流动边界层厚度','热边界层厚度','location','northwest')

text(20,0.027284,'\fontname{Times New Roman} u=20 m/s');

text(20,0.03784,'\fontname{Times New Roman} u=10 m/s');

text(20,0.05184,'\fontname{Times New Roman} u=5 m/s');

例题 5-2 上例中,如平板的宽度为 1 m,求平板与空气的换热量。

题解

假设:(1)稳态;(2)不计平板的辐射散热。

计算:先求平板的表面传热系数:

$$Nu=0.664Re^{1/2}Pr^{1/3}=0.664(2.0\times10^5)^{1/2}\times0.701^{1/3}\approx263.7$$

$$h=\frac{\lambda}{l}Nu=\frac{2.67\times10^{-2}\ \text{W/(m}\cdot\text{K)}}{0.32\ \text{m}}\times263.7\approx22.0\ \text{W/(m}^2\cdot\text{K)}$$

式中,$\lambda=2.67\times10^{-2}$ W/(m·K)是 30 ℃时空气的导热系数。平板与空气的换热量为

$$\Phi=hA\Delta t=22.0\ \text{W/(m}^2\cdot\text{K)}\times1\ \text{m}\times0.32\ \text{m}\times(40-20)\text{K}=140.8\ \text{W}$$

讨论:在计算整个平板与流体的换热量时,首先要计算按整个平板长度的 Re 数,以确认是否整个平板均在层流范围之内。由上面的计算可知 $Re=2.0\times10^5$,因而可以按层流公式计算。如果 $Re>5.0\times10^5$,则应分别按层流段及湍流段加以计算。

还应说明的是,由图 5-9 可见,教材中式(5-22)只在 $Re\leqslant2.0\times10^5$ 时与空气的实验结果符合良好。当 $Re\geqslant5.0\times10^5$ 后换热已处于充分发展的湍流,而当 $2.0\times10^5\leqslant Re\leqslant5.0\times10^5$ 时,流动处于从层流向湍流的过渡区,在这一范围内没有专门的特征数方程,可近似地采用教材中式(5-22)来计算。

例题 5-2 [MATLAB 程序]

```
%%%%%%%%%%%%%%%%%%%%%%%%%%%%%%%%%%%%%%%%%%
%EXAMPLE 5-2
%%%%%%%%%%%%%%%%%%%%%%%%%%%%%%%%%%%%%%%%%%
%输入
clc,clear
t=40-20;
Re=2*10^5;Pr=0.701;lambda=2.67*10^-2;l=0.32;A=1*0.32;
%%%%%%%%%%%%%%%%%%%%%%%%%%%%%%%%%%%%
%%%%%%%%%
Nu=0.664*(Re)^(1/2)*(Pr)^(1/3)
h=lambda/l*Nu
phi=h*A*t
```

程序输出结果：

Nu＝263.79

H＝22.01

phi＝140.86

例题 5 - 3 离心力场作用下多孔介质物料层中的强制对流传热。

解答过程略。

例题 5 - 4 滚珠轴承中润滑油摩擦生热量的估算。

如图 5 - 3(a)所示，一个滚珠轴承用高黏度的油来润滑，其中内圈运动，外圈静止。已知内外圈的速度差为 1 m/s，内外圈的间距为 1 mm。润滑油的动力黏度 $\eta=0.366$ Pa·s。试估算润滑油中由于摩擦而产生的热量。

题解

假设：(1)润滑油为牛顿流体；(2)轴承环形间隙中的流动可以按平行板间隙中的流动来近似处理，如图 5 - 3(b)所示；(3)稳态过程。

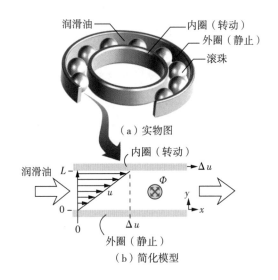

（a）实物图

（b）简化模型

图 5 - 3 滚珠轴承中流体运动的简化模型

计算：

$$\dot{\Phi}=\eta\left(\frac{\partial u}{\partial y}\right)^2=\eta\left(\frac{\Delta u}{L}\right)^2=0.366 \text{ Pa·s}\left(\frac{1 \text{ m/s}}{0.001 \text{ m}}\right)^2$$

$$=3.66\times10^5 \text{ W/m}^3$$

讨论：润滑油中产生的热量必须及时排走，否则油温会不断上升，而使润滑油变质，润滑失效。

例题 5-4　[MATLAB 程序]

```
%%%%%%%%%%%%%%%%%%%%%%%%%%%%%%%%%%%%%
%EXAMPLE 5-4
%%%%%%%%%%%%%%%%%%%%%%%%%%%%%%%%%%
%%%%%%%%
%输入
clc,clear
eta=0.366;u=1;l=0.001;
%%%%%%%%%%%%%%%%%%%%%%%%%%%%%%%%%%%%
phi=eta*(u/l)^2
```

　　程序输出结果：
　　phi=366000

　　例题 5-5　一个换热设备的工作条件：壁温 $t_w = 120\ ℃$，加热 $t_f = 80\ ℃$ 的空气，空气流速 $u = 0.5\ \text{m/s}$。采用一个全盘缩小成原设备 1/5 的模型来研究它的换热状况。在模型中亦对空气加热，空气温度 $t'_f = 10\ ℃$，壁面温度 $t'_w = 30\ ℃$。试问模型中流速 u' 应多大才能保证与原设备中的换热现象相似。

　　题解

　　假设：（1）稳态过程；（2）被加热气体以 100 ℃ 计算其物性，模拟气体以 20 ℃ 计算其物性。

　　分析：模型与原设备中研究的是同类现象，单值性条件亦相似，所以只要已定准则数 Re、Pr 彼此相等即可实现相似。因空气的 Pr 数随温度变化不大，可认为 $Pr' = Pr$。于是需要保证的是 $Re' = Re$。

　　计算：

$$\frac{u'l'}{\nu'} = \frac{ul}{\nu}$$

从而

$$u' = u\,\frac{\nu'}{\nu}\,\frac{l}{l'}$$

据给定的定性温度，查附录得

$$\nu = 23.13 \times 10^{-6}\ \text{m}^2/\text{s},\ \nu' = 15.06 \times 10^{-6}\ \text{m}^2/\text{s}$$

已知 $l/l' = 5$。于是，模型中要求的流体流速 u' 为

$$u' = u\,\frac{\nu'}{\nu}\,\frac{l}{l'} = \frac{0.5\ \text{m/s} \times 15.06 \times 10^{-6}\ \text{m}^2/\text{s} \times 5}{23.13 \times 10^{-6}\ \text{m}^2/\text{s}} \approx 1.63\ \text{m/s}$$

　　讨论：模型是实物的 1/5，如果不按照相似原理的思想来考虑，据此以为模型中的速

度也应是实物中实物 1/5 就错了。实际上恰恰相反，模型中的流速应该是实物中流速的 5 倍左右。至于不是严格的 5 倍，那是由流动的物性随温度的变化而引起的。按照本例计算所得的条件进行试验，模型与实物中的过程就属于同一相似组。模型中的实验结果就可以代表整个相似组。

例题 5-5　[MATLAB 程序]

```
%%%%%%%%%%%%%%%%%%%%%%%%%%%%%%%%%%%%%
%EXAMPLE 5-5
%%%%%%%%%%%%%%%%%%%%%%%%%%%%%%%%%%%%%
%输入
clc,clear
u0=0.5;l0=5;l=1;nu0=23.13*10^-6;nu=15.06*
10^-6;
%%%%%%%%%%%%%%%%%%%%%%%%%%
%%%%%%%%%%%%%%%
u=u0*(nu/nu0)*(l0/l)
```

程序输出结果：

u=1.6278

例题 5-6　用平均温度为 50 ℃的空气来模拟平均温度为 400 ℃的烟气外掠管束的对流传热，模型中烟气流速在 10～15 m/s 范围内变化。模型采用与实物一样的管径，问模型中空气的流速应在多大范围内变化。

题解

假设：(1)稳态过程；(2)以 50 ℃计算模拟气体(空气)的物性，以 400 ℃确定实际工作气体(烟气)的物性。

计算：由附录知 400 ℃的烟气的 $\nu=60.38\times10^{-6}$ m²/s，50 ℃的空气的 $\nu=17.95\times10^{-6}$ m²/s。为使模型与实物中的 Re 数的变化范围相同，模型中的空气流速应为

$$u'=\frac{17.95\times10^{-6}\ \text{m}^2/\text{s}}{60.38\times10^{-6}\ \text{m}^2/\text{s}}\times(10\sim15)\ \text{m/s}\approx(2.94\sim4.46)\ \text{m/s}$$

安排实验时模型中的空气流速应在这一范围之内。

讨论：400 ℃烟气的 $Pr=0.64$，50 ℃空气的 $Pr=0.698$，两者并不相等。但考虑到 Pr 数不是影响换热的主要因素，且两个数值相差也不大，故而模化实验的结果仍有工程实用价值。

例题 5-6　[MATLAB 程序]：

```
%%%%%%%%%%%%%%%%%%%%%%%%%%%%%%%%%%%%%
%EXAMPLE 5-6
```

```
%%%%%%%%%%%%%%%%%%%%%%%%%%%%%%%%%%%%%%%
%输入
clc,clear
u01=10; u02=15; nu0=60.38*10^-6; nu=17.95*10^-6;
%%%%%%%%%%%%%%%%%%%%%%%%%%%%%%%%%%%%%%%
%%%%%%%%%%
u1=u01*(nu/nu0)
u2=u02*(nu/nu0)
```

程序输出结果：

u1=2.97

u2=4.46

进一步,图 5-4 给出了烟气流速为 $10\sim15$ m/s 范围内对应的空气速度变化关系,可见二者呈线性关系。

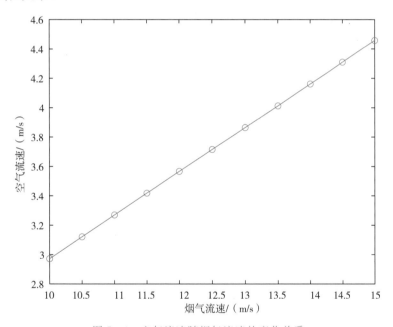

图 5-4　空气流速随烟气流速的变化关系

```
%%%%%%%%%%%%%%%%%%%%%%%%%%%%%%%%%%%%%%%
%EXAMPLE 5-6 拓展
%%%%%%%%%%%%%%%%%%%%%%%%%%%%%%%%%%%%%%%
%输入
clc,clear
nu0=60.38*10^-6; nu=17.95*10^-6;
%%%%%%%%%%%%%%%%%%%%%%%%%%%%%%%%%%%%%%%
```

```
%%%%%%%%%
u0=[10:0.5:15];
u=u0*(nu/nu0);
plot(u0,u,'-o')
xlabel('\fontname{Times New Roman}烟气流速/(m/s)')
ylabel('\fontname{Times New Roman}空气流速/(m/s)')
```

第六章　单相对流传热的实验关联式

一、基本知识

1. 相似原理。

(1)同名相似,特征数相等。

(2)同一类现象中相似特征数的数量及其间的关系由 π 定理来描述,即一个表示 n 个物理量间关系的量纲一致的方程式,一定可以转换成 $n-r$ 个独立的无量纲物理量群间的关系式。

(3)两个相似的物理现象相似的充要条件:①同名的已定特征数相等,②单值性条件相似,所谓的单值条件,是指研究的问题被唯一确定下来的条件,它包括初始条件、边界条件、几何条件和物理条件。

2. 相似准则数的获得方法:①相似分析法;②量纲分析法。

3. 管槽内强制对流换热判断依据:临界 Re 数为 2300。一般认为临界雷诺数以下是层流区,$Re>10^4$ 时为旺盛湍流区,$2300<Re<10^4$ 时为过渡区。

4. 入口段与充分发展段:当流动边界层及热边界层汇合于管子中心线后称为充分发展段,其换热强度将保持不变。进口到充分发展段之间的区域称为入口段。

5. 管内流动的换热边界条件:即均匀壁温和均匀热流条件,两者的平均温差确定方法如下:

(1)均匀热流:如果其中充分发展段足够长,则可取充分发展段的温差 t_w-t_f 作为 Δt_m;

(2)均匀壁温:

$$\Delta t_m = \frac{t_f'' - t_f'}{\ln \dfrac{t_w - t_f'}{t_w - t_f''}}$$

式中,t_f''、t_f' 分别为出口、进口截面上的平均温度;Δt_m 为对数平均温差。

6. 管槽内湍流强制对流传热关联式:

$$Nu_f = 0.023\, Re_f^{0.8}\, Pr_f^n$$

Dittus-Boelter 公式是历史上应用时间最长也最普遍的关系式,加热流体时,$n=0.4$;冷却流体时,$n=0.3$。应用范围:$Re_f = 10^4 \sim 1.2 \times 10^5$,$Pr_f = 0.7 \sim 120$,$l/d \geqslant 60$,取圆管内径 d 为特征长度,非圆截面时特征长度取 $4A/P$,A 是横截面积,P 是截面周长。使用时温度为进出口的平均温度。

当流体平均温度和固体表面温度的差值大于上述数值时,需要在上式右端乘上系数 c_t 方可使用,c_t 计算式如下:

(1)对气体

$$
\begin{cases}
c_t = \left(\dfrac{T_f}{T_w}\right)^{0.5}, & \text{被加热时} \\[2mm]
c_t = 1.0, & \text{被冷却时}
\end{cases}
$$

(2)对液体:

$$
\begin{cases}
c_t = \left(\dfrac{\eta_f}{\eta_w}\right)^{0.11}, & \text{被加热时} \\[2mm]
c_t = \left(\dfrac{\eta_f}{\eta_w}\right)^{0.25}, & \text{被冷却时}
\end{cases}
$$

式中,T 为热力学温度,单位为 K;η 为动力黏度,单位为 Pa·s;下标 f,w 分别表示以流体平均温度及壁面温度来计算流体的动力黏度。

7. 管内液态金属湍流实验关联式。

(1)对均匀热流边界条件:$Nu_f = 4.82 + 0.0185 Pe_f^{0.8}$。

其中,特征长度为内径,定性温度为流体平均温度,Re_f 为 $3.6 \times 10^3 \sim 9.05 \times 10^5$,$Pe_f$ 为 $10^2 \sim 10^4$。

(2)对均匀壁温边界条件:$Nu_f = 5.0 + 0.025 Pe_f^{0.8}$。

其中,特征长度及特性温度取法同上,$Pe_f > 100$。

8. 管槽内层流强制对流传热关联式。

工程换热中用下式计算:$Nu_f = 1.86 \left(\dfrac{Re_f Pr_f}{1/d}\right)^{1/3} \left(\dfrac{\eta_f}{\eta_w}\right)^{0.14}$。

使用条件:Pr 为 $0.48 \sim 16700$,$\dfrac{\eta_f}{\eta_w}$ 为 $0.0044 \sim 9.75$,$\left(\dfrac{Re_f Pr_f}{1/d}\right)^{1/3} \left(\dfrac{\eta_f}{\eta_w}\right)^{0.14} \geqslant 2$,且管子处于均匀壁温。

9. 流体横掠单管平均表面传热系数实验关联式:

$$
Nu = C Re^n Pr^{1/3}
$$

式中,C 和 n 的值参考《传热学》第五版(陶文铨编著)第 241 页表 6-4,特征长度为管外径。

$$
Nu = 0.3 + \frac{0.62 Re^{1/2} Pr^{1/3}}{[1 + (0.4/Pr)^{2/3}]^{1/4}} \left[\left(\frac{Re}{282000}\right)^{5/8}\right]^{4/5}
$$

此式的定性温度为 $(t_w - t_f)/2$,并适用于 $Re \cdot Pr > 0.2$ 的情形。

10. 流体外掠球体的实验关联式:

$$
Nu = 2 + (0.4 Re^{1/2} + 0.06 Re^{2/3}) Pr^{0.4} \left(\frac{\eta_\infty}{\eta_w}\right)^{1/4}
$$

定性温度为来流温度 t_∞，特征长度为球体直径，适用范围为 $0.71 < Pr < 380, 3.5 < Re < 7.6 \times 10^4$。

11. 大空间自然对流：所谓大空间自然对流，是指边界层的发展不受到干扰或阻碍的自然对流，而不拘泥于几何上的很大或无限大。

12. Gr：格拉晓夫数，它是自然对流现象中的作用，与雷诺数在强制对流现象中的作用相当。是浮升力和黏性力之比的一种量度。

13. 均匀壁温边界条件的大空间自然对流实验关联式：

$$Nu_m = C(GrPr)_m^n$$

其中，下角标表示定性温度采用边界层的算数平均温度。Gr 数中的体胀系数 $\alpha_V = 1/T$。特征长度的选择：竖壁和竖圆柱区高度，横圆柱取外径。C 与 n 的值参考《传热学》第五版（陶文铨编著）第 255 页表 6-9。

14. 混合对流简介：

$$\frac{g\alpha_V \Delta t l^3}{v^2} \frac{v^2}{u^2 l^2} = \frac{Gr}{Re^2}$$

这就是判断自然对流影响程度的判据。一般认为，当 $Gr/Re^2 \geq 0.01$ 时自然对流的影响不能忽略，而 $Gr/Re^2 \geq 10$ 时强制对流的影响相对于自然对流可以忽略不计。当 $0.1 \leq Gr/Re^2 \leq 10$ 时称混合对流，此式两种对流传热的作用都应加以考虑。

二、基本公式

1. 管槽内湍流强制对流传热关联式：$Nu_f = 0.023 Re_f^{0.8} Pr_f^n$。

2. 管内液态金属湍流实验关联式：

(1) 对均匀热流边界条件：$Nu_f = 4.82 + 0.0185 Pe_f^{0.8}$；

(2) 对均匀壁温边界条件：$Nu_f = 5.0 + 0.025 Pe_f^{0.8}$。

3. 管槽内层流强制对流传热关联式：$Nu_f = 1.86 \left(\dfrac{Re_f Pr_f}{1/d}\right)^{1/3} \left(\dfrac{\eta_f}{\eta_w}\right)^{0.14}$。

4. 流体横掠单管平均表面传热系数实验关联式：$Nu = CRe^n Pr^{1/3}$。

5. 流体外掠球体的实验关联式：$Nu = 2 + (0.4Re^{1/2} + 0.06Re^{2/3})Pr^{0.4}\left(\dfrac{\eta_\infty}{\eta_w}\right)^{1/4}$。

6. 流体横掠管束的实验传热——茹卡乌斯卡斯（Zhukauskas）关联式，具体见表 6-1、6-2 所列。

表 6-1　流体横掠顺排管束平均表面传热系数计算关联式（≥16 排）

关联式	适用 Re 数范围
$Nu_f = 0.9 Re_f^{0.4} Pr_f^{0.36} (Pr_f/Pr_w)^{0.25}$	$1 \sim 10^2$
$Nu_f = 0.52 Re_f^{0.5} Pr_f^{0.36} (Pr_f/Pr_w)^{0.25}$	$10^2 \sim 10^3$
$Nu_f = 0.27 Re_f^{0.63} Pr_f^{0.36} (Pr_f/Pr_w)^{0.25}$	$10^3 \sim 2 \times 10^5$
$Nu_f = 0.033 Re_f^{0.8} Pr_f^{0.36} (Pr_f/Pr_w)^{0.25}$	$2 \times 10^5 \sim 2 \times 10^6$

表 6-2 流体横掠叉排管束平均表面传热系数计算关联式(≥16 排)

关联式	适用 Re 数范围
$Nu_f = 1.04 Re_f^{0.4} Pr_f^{0.36} (Pr_f/Pr_w)^{0.25}$	$1 \sim 5 \times 10^2$
$Nu_f = 0.71 Re_f^{0.5} Pr_f^{0.36} (Pr_f/Pr_w)^{0.25}$	$5 \times 10^2 \sim 10^3$
$Nu_f = 0.35 \left(\dfrac{s_1}{s_2}\right)^{0.2} Re_f^{0.6} Pr_f^{0.36} (Pr_f/Pr_w)^{0.25}, \dfrac{s_1}{s_2} \leqslant 2$	$10^3 \sim 2 \times 10^5$
$Nu_f = 0.4 Re_f^{0.6} Pr_f^{0.36} (Pr_f/Pr_w)^{0.25}$	$10^3 \sim 2 \times 10^5$
$Nu_f = 0.031 \left(\dfrac{s_1}{s_2}\right)^{0.2} Re_f^{0.8} Pr_f^{0.36} (Pr_f/Pr_w)^{0.25}, \dfrac{s_1}{s_2} > 2$	$2 \times 10^5 \sim 2 \times 10^6$

7. 格拉晓夫数:$Gr = \dfrac{g a_v \Delta t l^2}{v^2}$。

8. 瑞利数:$Ra = Gr Pr = \dfrac{g a_v \Delta t l^3}{a v}$。

9. 均匀壁温边界条件的大空间自然对流实验关联式:$Nu_m = C (Gr Pr)_m^n$。

对于平板对流传热,分以下两种情形:

(1)对于水平热面向上(冷面向下)的情形,实验关联式为

$$Nu = 0.54 (Gr Pr)^{1/4}, 10^4 \leqslant Gr Pr \leqslant 10^7$$

$$Nu = 0.15 (Gr Pr)^{1/3}, 10^7 \leqslant Gr Pr \leqslant 10^{11}$$

(2)对于水平热面向下(冷面向上)的情形,实验关联式为

$$Nu = 0.27 (Gr Pr)^{1/4}, 10^5 \leqslant Gr Pr \leqslant 10^{10}$$

上式中,定性温度为平均温度,特征长度为 $L = \dfrac{A_p}{P}$,A_p 为平板的换热面积,P 为平板的周界长度。

10. 有限空间自然对流传热的实验关联式。

对于空气在夹层内的自然对流传热:

(1)竖夹层

$$Nu = 0.197 (Gr_\delta Pr)^{1/4} \left(\dfrac{H}{\delta}\right)^{-1/9}, 8.6 \times 10^3 \leqslant Gr_\delta \leqslant 2.9 \times 10^5$$

$$Nu = 0.073 (Gr_\delta Pr)^{1/4} \left(\dfrac{H}{\delta}\right)^{-1/9}, 2.9 \times 10^5 \leqslant Gr_\delta \leqslant 1.6 \times 10^7$$

上式实验范围:$11 \leqslant \dfrac{H}{\delta} \leqslant 42$。

(2)水平夹层:

$$Nu = 0.212 (Gr_\delta Pr)^{1/4}, 1.0 \times 10^4 \leqslant Gr_\delta \leqslant 4.6 \times 10^5$$

$$Nu=0.061(Gr_\delta Pr)^{1/3}, 4.6\times10^5<Gr_\delta$$

11. 单个圆喷嘴射流平均传热特性的实验关联式:

$$(Nu_r)_m=2Re_D^{0.5}Pr^{0.42}(1+0.005Re_D^{0.55})^{0.5}\frac{1-1.1D/r}{1+0.1(H/D-6)D/r}\frac{D}{r}$$

实验验证范围:$2\times10^3\leqslant Re_D\leqslant4\times10^5, 2\leqslant\dfrac{H}{D}\leqslant12, 2.5\leqslant\dfrac{r}{D}\leqslant7.5$。

三、MATLAB 在本章例题中的应用

例题 6-1 水流过长 $l=5$ m、壁温均匀的直管时,从 $t_f'=25.3$ ℃被加热到 $t_f''=34.6$ ℃,管子的内径 $d=20$ mm,水在管内的流速为 2 m/s,求表面传热系数。

题解

分析:本题先采用教材中式(6-5)计算。为此先假定:换热处于小温差的范围。待计算得出表面传热系数以后再推算平均壁温,并且校核假定条件是否成立。如果不成立,则在第一次计算得到的初步结果的基础上再进行计算。

计算:水的平均温度为

$$t_f=\frac{t_f'+t_f''}{2}\approx\frac{25.3\ ℃+34.6\ ℃}{2}\approx30\ ℃$$

以此为定性温度,从教材中附录查得

$$\lambda_f=0.618\ \text{W/(m·K)}, \nu_f=0.805\times10^{-6}\ \text{m}^2/\text{s}, Pr_f=5.42$$

由此得

$$Re_f=\frac{ud}{\nu_f}=\frac{2\ \text{m/s}\times0.02\ \text{m}}{0.805\times10^{-6}\ \text{m}^2/\text{s}}\approx4.97\times10^4>10^4$$

流动处于旺盛湍流区。

采用教材中式(6-5)求得

$$Nu=0.023Re_f^{0.8}Pr_f^{0.4}=0.023\times(4.97\times10^4)^{0.8}\times5.42^{0.4}\approx258.5$$

$$h_m=\frac{\lambda_f}{d}Nu=\frac{0.618\ \text{W/(m·K)}}{0.02\ \text{m}}\times258.5\approx7988\ \text{W/(m}^2\text{·K)}$$

从教材中附录查得 30 ℃时,水的 $\rho=995.7$ kg/m³,$c_p=4.174$ kJ/(kg·K),则被加热水每秒钟内的吸热量为

$$\Phi=\rho u\frac{\pi d^2}{4}c_p(t_f''-t_f')$$

$$=995.7\ \text{kg/m}^3\times2\ \text{m/s}\times\frac{3.14\times(0.02\ \text{m})^2}{4}\times4174\ \text{J/(kg·K)}\times(34.6-25.3)\ \text{K}$$

$$\approx2.43\times10^4\ \text{W}$$

先计算壁温：

$$t_w = t_f + \frac{\varPhi}{h_m A} = 30\ ℃ + \frac{2.43 \times 10^4\ \text{W}}{7988\ \text{W/(m}^2 \cdot ℃) \times 0.02\ \text{m} \times 3.14 \times 5\ \text{m}} \approx 39.7\ ℃$$

温差 $t_w - t_f = 9.7\ ℃$，远小于 $20\ ℃$，在教材中式（6-5）的适用范围，故所求的 h_m 即为本题答案。

讨论：（1）按 Gnielinski 公式计算，并近似地取 $t_w = 40\ ℃$。

由教材附录得

$$Pr_w = 4.31, \eta_w = 653.3 \times 10^{-6}\ \text{kg/(m} \cdot \text{s)}, \eta_f = 801.5 \times 10^{-6}\ \text{kg/(m} \cdot \text{s)}$$

于是有

$$f = (1.82 \times \lg 49700 - 1.5)^{-2} \approx 0.02013$$

$$Nu_f = \frac{0.02013/8 \times (4.97 \times 10^3 - 1000) \times 5.42}{1 + 12.7 \times \sqrt{0.02013/8} \times (5.42^{2/3} - 1)} \times \left[1 + \left(\frac{1}{250}\right)^{2/3}\right] \times \left(\frac{5.42}{4.31}\right)^{0.11} \approx 299.9$$

由此可见，按两个关联式计算同一问题的结果相差约 13.8%。对于一般工程计算，10% 左右的偏差是可以接受的，但 Gnielinski 公式计算结果的准确性更高，可以认为本题按 Dittus-Boelter 公式的计算结果约偏低 13.8% 左右。

（2）本题上面计算 t_w 时采用了算术平均温差的方法。实际上，如本节前面所述，对均匀壁温的情形，对于整个换热面应用牛顿冷却公式时应该采用对数平均温差。按对数平均温差的表达式

$$\Delta t_m = \frac{t_f'' - t_f'}{\ln \dfrac{t_w - t_f'}{t_w - t_f''}} = \frac{\varPhi}{h_m A}$$

代入数据得

$$\frac{(34.6 - 25.3)\ ℃}{\ln \dfrac{t_w - 25.3\ ℃}{t_w - 34.6\ ℃}} = \frac{2.43 \times 10^4\ \text{W}}{9267.3\ \text{W/(m}^2 \cdot ℃) \times 0.02\ \text{m} \times 3.14 \times 5\ \text{m}}$$

由此得 $t_w = 39.1\ ℃$。这一修正的计算结果并不影响本题的计算有效性，也说明当流体进出口温差较小时，算术温差与对数温差的区别不大。

例题 6-1 ［MATLAB 程序］

```
%%%%%%%%%%%%%%%%%%%%%%%%%%%%%%%%%%%%%%%%%%
%EXAMPLE 6-1
%%%%%%%%%%%%%%%%%%%%%%%%%%%%%%%%%%%%%%%%%%
%输入
clc,clear
format short g
t__f=25.3;t___f=34.6;u=2;d=0.02;
```

%查表可知 lambda_f＝0.618;v_f＝0.805＊10^−6;Pr_f＝5.42;

lambda_f＝0.618;mu_f＝0.805＊10^−6;Pr_f＝5.42;

%查表可知 30℃时水 rho＝995.7;c_p＝4177;

rho＝995.7;c_p＝4177;A＝0.02＊3.14＊5;

%%

t_f＝(t__f+t___f)/2;

Re_f＝u＊d/mu_f;　　　　　%判断是否大于10^4

Nu_f＝0.023＊(Re_f^0.8)＊(Pr_f^0.4);

h_m＝lambda_f＊Nu_f/d

phi＝rho＊u＊pi＊(d^2)＊c_p＊(t___f−t__f)/4;

t_w＝t_f+phi/(h_m＊A);

delat_t＝phi/(h_m＊A)

if　delat_t＜20

　fprintf('所求 h_m 为本题答案')

else fprintf('所求 h_m 非本题答案,请重新计算')

end

　　程序输出结果:

　　h_m＝7985.4

　　delat_t＝9.6923

　　所求 h_m 为本题答案。

　　如图 6-1,改变管子的内径,表面传热系数也随之改变,管子内径增大,其表面传热系数也随着减小。

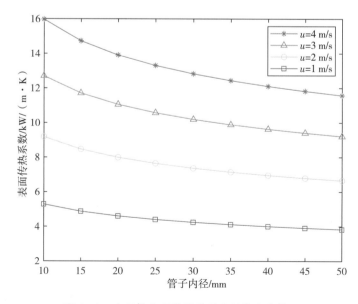

图 6-1　表面传热系数随管子内径的变化情况

```
%%%%%%%%%%%%%%%%%%%%%%%%%%%%%%%%%%%%%%%%%%
%EXAMPLE 6-1 拓展
%%%%%%%%%%%%%%%%%%%%%%%%%%%%%%%%%%%%%%%%%%
%输入
clc,clear
formatshort g
t__f=25.3;t___f=34.6;
%查表可知 lambda_f=0.618;v_f=0.805*10^-6;Pr_f=5.42;
lambda_f=0.618;mu_f=0.805*10^-6;Pr_f=5.42;
%查表可知 30℃时水 rho=995.7;c_p=4177;
rho=995.7;c_p=4177;A=0.02*3.14*5;
%%%%%%%%%%%%%%%%%%%%%%%%%%%%%%%%%%%%%%%%%%
%u=1m/s
for i=1:9
u_0=1;
d=0.01+0.005*(i-1);
t_f=(t__f+t___f)/2;
Re_f0=u_0*d/mu_f;          %判断是否大于 10^4
Nu_f0=0.023*(Re_f0^0.8)*(Pr_f^0.4);
h_m0(1,i)=lambda_f*Nu_f0/d;
phi=rho*u_0*pi*(d^2)*c_p*(t___f-t__f)/4;
t_w0=t_f+phi/(h_m0(1,i)*A);
end

%u=2m/s
for i=1:9
u_1=2;
d=0.01+0.005*(i-1);
t_f=(t__f+t___f)/2;
Re_f1=u_1*d/mu_f;%判断是否大于 10^4
Nu_f1=0.023*(Re_f1^0.8)*(Pr_f^0.4);
h_m1(1,i)=lambda_f*Nu_f1/d;
phi=rho*u_1*pi*(d^2)*c_p*(t___f-t__f)/4;
t_w1=t_f+phi/(h_m1(1,i)*A);
end
%u=3m/s
for i=1:9
u_2=3;
```

```
d=0.01+0.005*(i-1);
t_f=(t__f+t___f)/2;
Re_f2=u_2*d/mu_f;%判断是否大于10^4
Nu_f2=0.023*(Re_f2^0.8)*(Pr_f^0.4);
h_m2(1,i)=lambda_f*Nu_f2/d;
phi=rho*u_2*pi*(d^2)*c_p*(t___f-t__f)/4;
t_w2=t_f+phi/(h_m2(1,i)*A);
end


%u=4m/s
for i=1:9
u_3=4;
d=0.01+0.005*(i-1);
t_f=(t__f+t___f)/2;
Re_f3=u_3*d/mu_f;%判断是否大于10^4
Nu_f3=0.023*(Re_f3^0.8)*(Pr_f^0.4);
h_m3(1,i)=lambda_f*Nu_f3/d;
phi=rho*u_3*pi*(d^2)*c_p*(t___f-t__f)/4;
t_w3=t_f+phi/(h_m3(1,i)*A);
end
%画图
figure
d=[0.01:0.005:0.05];
%u=1m/s
z_0=[0.01,h_m0(1,1),0.015,h_m0(1,2),0.02,h_m0(1,3),0.025,h_m0(1,4),0.03,h_
m0(1,5),0.035,h_m0(1,6),0.04,h_m0(1,7),0.045,h_m0(1,8),0.05,h_m0(1,9)];
x_0=z_0(1:2:end-1);
y_0=z_0(2:2:end);


%u=2m/s
z_1=[0.01,h_m1(1,1),0.015,h_m1(1,2),0.02,h_m1(1,3),0.025,h_m1(1,4),
0.03,h_m1(1,5),0.035,h_m1(1,6),0.04,h_m1(1,7),0.045,h_m1(1,8),0.05,h_m1
(1,9)];
x_1=z_1(1:2:end-1);
y_1=z_1(2:2:end);


%u=3m/s
z_2=[0.01,h_m2(1,1),0.015,h_m2(1,2),0.02,h_m2(1,3),0.025,h_m2(1,4),0.03,h_
```

m2(1,5) ,0.035,h_m2(1,6),0.04,h_m2(1,7),0.045,h_m2(1,8),0.05,h_m2(1,9)];
x_2＝z_2(1:2:end-1);
y_2＝z_2(2:2:end);

%u＝4m/s
z_3＝[0.01,h_m3(1,1) ,0.015,h_m3(1,2),0.02,h_m3(1,3),0.025,h_m3(1,4),
0.03,h_m3(1,5) ,0.035,h_m3(1,6),0.04,h_m3(1,7),0.045,h_m3(1,8),0.05,h_m3
(1,9)];
x_3＝z_3(1:2:end-1);
y_3＝z_3(2:2:end);

plot(x_3 * 1000,y_3/1000,'- *',x_2 * 1000,y_2/1000,'-~',x_1 * 1000,y_1/1000,'-o',
x_0 * 1000,y_0/1000,'-s');
legend('\fontname{Times New Roman} u＝4 m/s','\fontname{Times New Roman} u＝
3 m/s','\fontname{Times New Roman} u＝2 m/s','\fontname{Times New Roman} u＝
1 m/s','location','NorthEast');
xlabel('\fontname{Times New Roman}管子内径/mm')
ylabel('\fontname{Times New Roman}表面传热系数/kW/(m . K)')

例题 6-2 在低速风洞中用电加热圆管的方法来进行空气横掠水平放置圆管的对流换热实验。试验管置于风洞的两个侧壁上,暴露在空气中的部分长 100 mm,外径为 12 mm。实验测得来流的 $t_\infty=15$ ℃换热表面平均温度 $t_w=125$ ℃,功率 $P=40.5$ W。由于换热管表面的辐射及换热管两端通过风洞侧壁的导热,估计有 15% 的功率损失掉,试计算此时对流传热的表面传热系数。

题解

分析:这是用实验方法测定横掠单管对流换热表面传热系数的例子。按牛顿冷却公式,整个换热管的平均表面传热系数为

$$h=\frac{\Phi}{A(t_w-t_\infty)}$$

计算:由已知得

$$\Phi=0.85P=0.85\times40.5 \text{ W}\approx34.43 \text{ W}$$

又因为

$$A=\pi dl=3.14\times0.012 \text{ m}\times0.1 \text{ m}=3.768\times10^{-3} \text{ m}^2$$

代入上式得

$$h=\frac{34.43 \text{ W}}{3.768\times10^{-3} \text{ m}^2\times(125-15) \text{ K}}\approx83.1 \text{ W/(m}^2\cdot\text{K)}$$

讨论：为了提高表面传热系数测定的准确度，在本实验中，尽量降低换热管的辐射与两端导热损失具有重要意义。为了减少辐射传热，可在换热表面镀铬，可使表面发射率下降到 0.05～0.1。为了减少两端导热损失，在换热管穿过风洞壁面处应该用绝热材料隔开。在进行自然对流实验时，减少辐射与端部导热损失对提高测试结果的准确度具有更重要的意义。

例题 6 - 2　[MATLAB 程序]

```
%%%%%%%%%%%%%%%%%%%%%%%%%%%%%%%%%%%%%%%
%EXAMPLE 6 - 2
%%%%%%%%%%%%%%%%%%%%%%%%%%%%%%%%%%%%%%%
%输入
clc,clear
p=40.5;d=0.012;l=0.1;t_w=125;t_inf=15;
%%%%%%%%%%%%%%%%%%%%%%%%%%%%%%%%%%%%%%%
phi=0.85 * p;
A=pi * d * l;
h=phi/(A * (t_w－t_inf))
```

　　程序输出结果：
　　h＝83.014

进一步，考虑不同暴露长度，可得到不同的对流传热的表面传热系数，如图 6 - 2 所示。在长度小于 100 mm 时，对流传热的表面传热系数变化较大，随后趋于平缓。功率越大，同样长度下传热系数越大。

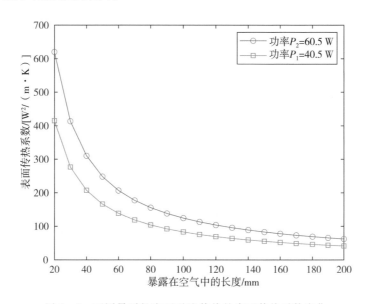

图 6 - 2　不同暴露长度下对流传热的表面传热系数变化

```
%%%%%%%%%%%%%%%%%%%%%%%%%%%%%%%%%%%%%%%%
%EXAMPLE 6-2 拓展
%%%%%%%%%%%%%%%%%%%%%%%%%%%%%%%%%%%%%%%%
%输入
clc,clear
d=0.012;t_w=125;t_inf=15;
%P1=40.5
for i=1:19
C_l1=0.02+0.01*(i-1);
P1=40.5;
phi=0.85*P1;
A_1=pi*d*C_l1;
h(1,i)=phi/(A_1*(t_w-t_inf));
end
%P2=60.5
for i=1:19
P2=60.5;
C_l2=0.02+0.01*(i-1);
phi=0.85*P2;
A_2=pi*d*C_l2;
h(2,i)=phi/(A_2*(t_w-t_inf));
end

%绘图
figure
x=[0.02:0.01:0.2];
plot(x*1000,h(2,:),'-o',x*1000,h(1,:),'-s')
axis([20,200,0,700]);
legend('\fontname{Times New Roman}功率 P_2=60.5 W','\fontname{Times New
Roman}功率 P_1=40.5 W','location','NorthEast');
xlabel('\fontname{Times New Roman}暴露在空气中的长度/mm')
ylabel('\fontname{Times New Roman}表面传热系数/W/(m^2 . K)')
```

例题 6-3 在一个锅炉中,烟气横掠 4 排管组成的顺排管束。已知管外径 $d=60$ mm,$s_1/d=2$,$s_2/d=2$,烟气平均温度 $t_f=600$ ℃,$t_w=120$ ℃。烟气通道最窄处平均流速 $u=8$ m/s。试求管束平均表面传热系数。

题解

分析:本题直接给出了采用茹卡乌斯卡斯公式所需的一切参数,可采用教材附表中平均烟气成分的物性进行计算。

计算： 由附表查得

$$Pr_f = 0.62, Pr_w = 0.686, \nu = 93.61 \times 10^{-6} \ \text{m}^2/\text{s}, \lambda = 7.42 \times 10^{-2} \ \text{W}/(\text{m} \cdot \text{K})$$

又因为

$$Re = \frac{8 \ \text{m/s} \times 0.06 \ \text{m}}{93.61 \times 10^{-6} \ \text{m}^2/\text{s}} \approx 5128$$

按教材中表 6-6 的关联式(6-19c)

$$Nu_f = 0.27 Re_f^{0.63} Pr_f^{0.36} (Pr_f/Pr_w)^{0.25}$$

$$= 0.27 \times 5128^{0.63} \times 0.62^{0.36} \times (0.62/0.686)^{0.25} \approx 48.2$$

$$h = Nu \frac{\lambda}{d} = 48.2 \times 7.42 \times 10^{-2} \ \text{W}/(\text{m} \cdot \text{K})/0.06 \ \text{mm} \approx 59.6 \ \text{W}/(\text{m}^2 \cdot \text{K})$$

按教材中表 6-8 管排修正系数 $\varepsilon_n = 0.90$，故平均表面传热系数为

$$h' = Nu \frac{\lambda}{d} = 59.6 \ \text{W}/(\text{m}^2 \cdot \text{K}) \times 0.90 \approx 53.6 \ \text{W}/(\text{m}^2 \cdot \text{K})$$

讨论：(1)与管内对流传热存在多个关联式的情形相类似，流体外掠管束也有不同的关联式。茹卡乌斯卡斯公式是国际公认准确度较好的公式，因此本书不再介绍其他计算式。

(2)作为例题，直接给出了采用关联式所需要的条件。但在工程实际中，测定换热管子表面的平均温度是很困难的。比较接近实际应用条件的计算模型：测定了流体进出管排处的平均温度，流体的流量，给出管排的几何条件。试分析在这种条件下如何应用教材中表 6-6 至表 6-8 的结果来确定管束的平均表面传热系数。

例题 6-3　〔MATLAB 程序〕

```
%%%%%%%%%%%%%%%%%%%%%%%%%%%%%%%%%%%%
%EXAMPLE 6-3
%%%%%%%%%%%%%%%%%%%%%%%%%%%%%%%%%%%%
%输入
clc,clear
u=8;d=0.06;mu=93.61*10^-6;Pr_f=0.62;Pr_w=0.686;lambda=7.42*10^-2;
%%%%%%%%%%%%%%%%%%%%%%%%%%%%%%%%%%%
Re=u*d/mu;
Nu_f=0.27*(Re^0.63)*(Pr_f^0.36)*((Pr_f/Pr_w)^0.25);
h=Nu_f*lambda/d;
epsilon=0.9;
h_=h*epsilon
```

程序输出结果：

h_＝53.6273

例题 6 - 4 温度为 25 ℃的空气从直径为 2.5 cm 的圆形喷嘴中以 25 m/s 的速度垂直冲击到温度为 95 ℃的壁面上，喷口距离壁面 10 cm。试计算从滞止点到 15 cm 远的范围内的平均传热系数。

题解

计算：这是用空气冷却受热表面的例子。取空气定性温度为$(25 + 95)$ ℃$/2=$60 ℃，教材中从附录查得：

$$\lambda=0.029 \text{ W/(m · K)}, \nu=18.97\times10^{-6} \text{ m}^2/\text{s}, Pr=0.696$$

$$Re_{\text{D}}=\frac{vl}{\nu}=\frac{25 \text{ m/s}\times0.025 \text{ m}}{18.97\times10^{-6} \text{ m}^2/\text{s}}\approx32947$$

代入教材中公式(6 - 23)，即

$$(Nu_{\text{D}})_{\text{m}}=2\times32947^{0.5}\times0.696^{0.42}\times[1+0.005(32947)^{0.55}]^{0.5}\times$$

$$\frac{1-1.1\times(0.025/0.1)}{1+0.1\times(0.1/0.025-6)\times(0.025/0.1)}\times\frac{2.5}{5}$$

$$\approx189.1$$

$$h_{\text{m}}=\frac{189.1\times0.029 \text{ W/(m · K)}}{0.025 \text{ m}}\approx219.4 \text{ W/(m}^2 \text{ · K)}$$

讨论：如果改为空气外掠平板的对流换热，即 25 ℃的空气平行地流过温度为 95 ℃、长为 15 cm 的壁面，则有

$$Re=\frac{25 \text{ m/s}\times0.15 \text{ m}}{18.97\times10^{-6} \text{ m}^2/\text{s}}\approx1.977\times10^5$$

流动为层流，按照教材中式(5 - 22d)，有

$$Nu_1=0.664\times(1.977\times10^5)^{1/2}\times(0.696)^{1/3}\approx261.6$$

$$h_1=261.6\times\frac{0.029 \text{ W/(m · K)}}{0.1 \text{ m}}\approx75.9 \text{ W/(m}^2 \text{ · K)}$$

可见在几乎相同的条件下，冲击射流的对流传热系数是外掠平板的近 3 倍。

例题 6 - 4 ［MATLAB 程序］

```
%%%%%%%%%%%%%%%%%%%%%%%%%%%%%%%%%%%%%%%%%%%%%%%%
%EXAMPLE 6 - 4
%%%%%%%%%%%%%%%%%%%%%%%%%%%%%%%%%%%%%%%%%%%%%%%%
```

％输入

```
clc,clear
lambda=2.9*10^-2;mu=18.97*10^-6;Pr=0.696;u=25;d=0.025;l=0.1;l_d
=0.15;
％％％％％％％％％％％％％％％％％％％％％％％％％％％％％％％％％％％％％％％
Red=u*d/mu
Nu_mm=(1-1.1*d/l)/(1+0.1*(l/d-6)*d/l)*2.5/5;
Nu_m=2*Red^0.5*Pr^0.42*(1+0.005*Red^0.55)^0.5*Nu_mm
h_m=Nu_m*lambda/d
％％％％％％％％％％％％％％％％％％％％％％％％％％％％％％％％％％％％％％％
％讨论
Redl=u*l_d/mu
if  Redl<5*10^5
   fprintf('满足平板层流流动')
   Nu_ml=0.664*Redl^0.5*Pr^(1/3)   ％教材中结果有误
h_l=Nu_ml*lambda/l   ％为了比较这里取l值,未采用l_d的值
else
end
fprintf('冲击射流与外掠平板传热系数之比')
Ratio=h_m/h_l
```

程序输出结果:

Red=32947   Redl=19768

                       满足平板层流流动

Nu_m=189.1   Nu_ml=261.63

h_m=219.36   h_l=75.8725

冲击射流与外掠平板传热系数之比 Ratio=2.8912

例题 6-5 室温为 10 ℃ 的大房间中有一个直径为 15 cm 的烟筒,其竖直部分高 1.5 m,水平部分长 15 m。求烟筒的平均壁温为 110 ℃ 时每小时的对流散热量。

题解

假设:整个烟筒由水平段与竖直段构成,不考虑相交部分的互相影响,分别按水平段与竖直段单独计算。

计算:平均温度

$$t_m=\frac{1}{2}(t_\infty+t_w)=\frac{1}{2}(10+110)\ ℃=60\ ℃$$

由教材中附录查得,60 ℃时空气的物性 $\rho=1.060\ \text{kg/m}^3$, $c_p=1.005\ \text{kJ/(kg·K)}$, $\lambda=0.029\ \text{W/(m·K)}$, $\nu=18.97\times10^{-6}\ \text{m}^2/\text{s}$。

(1)烟筒竖直部分的散热

$$Gr=\frac{g\alpha_V\Delta tl^3}{\nu^2}=\frac{9.8\ \text{m}^2/\text{s}\times(1.5\ \text{m})^3\times(110-10)\ \text{K}}{(18.97\times10^{-6}\ \text{m}^2/\text{s})^2\times(273+60)\ \text{K}}\approx2.76\times10^{10}$$

由教材中表 6-9 知液膜为湍流,于是

$$Nu=0.11\ (GrPr)^{1/3}=0.11\times(2.76\times10^{10}\times0.696)^{1/3}\approx295$$

$$h=Nu\frac{\lambda}{l}=295\times\frac{0.029\ \text{W}/(\text{m}\cdot\text{K})}{1.5\ \text{m}}\approx5.70\ \text{W}/(\text{m}^2\cdot\text{K})$$

所以

$$\Phi_1=\pi dlh(t_w-t_\infty)=3.14\times0.15\ \text{m}\times1.5\ \text{m}\times5.70\ \text{W}/(\text{m}^2\cdot\text{K})\times100\ \text{K}\approx403\ \text{W}$$

(2)烟筒水平部分的散热

$$Gr=\frac{g\alpha_V\Delta tl^3}{\nu^2}=\frac{9.8\ \text{m}/\text{s}^2\times(0.15\ \text{m})^3\times100\ \text{K}}{(18.97\times10^{-6}\ \text{m}^2/\text{s})^2\times(273+60)\ \text{K}}\approx2.76\times10^7$$

由教材中表 6-9 知液膜为层流,于是

$$GrPr=2.76\times10^7\times0.696\approx1.92\times10^7$$

$$Nu=0.48\times(2.76\times10^7)^{1/4}\approx31.8$$

$$h=31.8\times\frac{0.029\ \text{W}/(\text{m}\cdot\text{K})}{0.15\ \text{m}}\approx6.15\ \text{W}/(\text{m}^2\cdot\text{K})$$

$$\Phi_2=3.14\times0.15\ \text{m}\times15\ \text{m}\times6.15\text{W}/(\text{m}^2\cdot\text{K})\times100\ \text{K}\approx4345\ \text{W}$$

烟筒的总散热量

$$\Phi_c=\Phi_1+\Phi_2=(403+4345)\text{W}=4748\ \text{W}$$

讨论:烟筒的总散热量还应包括辐射换热。取烟筒的发射率为 0.85,周围环境温度为 10 ℃,则烟筒的辐射换热量可近似地按教材中式(1-9)估算:

$$\Phi_r=A\varepsilon\sigma(T_1^4-T_2^4)$$

$$=(0.707+7.065)\ \text{m}^2\times0.85\times5.67\ \text{W}/(\text{m}^2\cdot\text{K}^4)\times(3.83^4-2.83^4)\ \text{K}^4$$

$$\approx5660\ \text{W}$$

这里又一次看到,对这类表面温度并非很高的物体,辐射换热量与自然对流换热量在数量级上是相当的。

例题 6-5 [MATLAB 程序]

```
%%%%%%%%%%%%%%%%%%%%%%%%%%%%%%%%%%%%%%%%%
%EXAMPLE 6-5
%%%%%%%%%%%%%%%%%%%%%%%%%%%%%%%%%%%%%%%%%
```

％输入
clc，clear
t_inf＝10；t_w＝110；
g＝9.8；alpha_v＝1/(273＋60)；mu＝18.97 * 10^−6；Pr＝0.696；lambda＝0.029；d＝0.15；
％％％％％％％％％％％％％％％％％％％％％％％％％％％％％％％％％％％％％％％
t_m＝(t_inf＋t_w)/2；
％(1)烟筒竖直部分散热
t＝110−10；l＝1.5；
Gr＝g * alpha_v * t * l^3/mu^2；
Nu＝0.11 * (Gr * Pr)^(1/3)；
h＝Nu * lambda/l；
phi1＝pi * d * l * h * (t_w−t_inf)
％(2)烟筒水平部分散热
t＝100；l＝0.15；
Gr＝g * alpha_v * t * l^3/mu^2；
Nu＝0.48 * (Gr * Pr)^(1/4)；
h＝Nu * lambda/l；
l＝15；
phi2＝pi * d * l * h * (t_w−t_inf)
phi_c＝phi1＋phi2
％辐射散热
l＝1.5；ll＝15；epsilon＝0.85；
A＝pi * d * (l＋ll)；
phi_r＝A * epsilon * 5.67 * 10^(−8) * ((t_w＋273)^4−(t_inf＋273)^4)

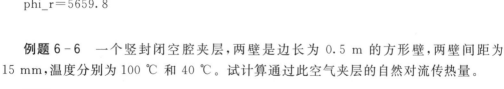

　　程序输出结果：
　　phi1＝402.6
　　phi2＝4342.7
　　phi_c＝4745.3
　　phi_r＝5659.8

　　例题 6−6　一个竖封闭空腔夹层，两壁是边长为 0.5 m 的方形壁，两壁间距为 15 mm，温度分别为 100 ℃ 和 40 ℃。试计算通过此空气夹层的自然对流传热量。

　　题解
　　分析：先计算 Gr_δ，据此可以确定选用哪一个关联式。
　　计算：定性温度为两壁的平均温度

$$t_m＝\frac{t_{w1}+t_{w2}}{2}＝\frac{100\ ℃＋40\ ℃}{2}＝70\ ℃$$

从教材中附录查得空气物性：$\rho = 1.029 \ \mathrm{kg/m^3}$，$\nu = 20.02 \times 10^{-6} \ \mathrm{m^2/s}$，$\lambda = 0.0296 \ \mathrm{W/(m \cdot K)}$，$Pr = 0.694$。对于空气

$$\alpha_V = \frac{1}{T_m} = \frac{1}{343 \ \mathrm{K}} \approx 2.915 \times 10^{-3} \ \mathrm{K^{-1}}$$

计算 Gr_δ：

$$Gr_\delta = \frac{9.8 \ \mathrm{m/s^2} \times 2.915 \times 10^{-3} \mathrm{K^{-1}} \times 60 \ \mathrm{K} \times (15 \times 10^{-3} \ \mathrm{m})^3}{(20.02 \times 10^{-6} \ \mathrm{m^2/s})^2} \approx 1.444 \times 10^4$$

而 $H/\delta = 0.5 \ \mathrm{m}/0.015 \ \mathrm{m} = 33.3$，可按教材中式(6-38a)计算 Nu，即

$$Nu = 0.197 \times (1.444 \times 10^4 \times 0.694)^{1/4} \times \left(\frac{0.5}{0.015}\right)^{-1/9} \approx 1.335$$

所以

$$h = 1.335 \times \frac{0.0296 \ \mathrm{W/(m \cdot K)}}{0.015} \approx 2.63 \ \mathrm{W/(m^2 \cdot K)}$$

自然对流传热量按牛顿冷却公式计算：

$$\Phi_c = hA\Delta t = 2.63 \ \mathrm{W/(m^2 \cdot K)} \times 0.25 \ \mathrm{m^2} \times 60 \ \mathrm{K} \approx 39.5 \ \mathrm{W}$$

讨论：由于夹层厚度远小于平板的边长，可以把封闭腔夹层近似按两个互相平行的无限大平板处理。于是，冷、热平板间的辐射传热量可按教材中式(1-9)估计为

$$\Phi_r = A\sigma\varepsilon(T_1^4 - T_2^4) = (0.5 \ \mathrm{m})^2 \times 5.67 \ \mathrm{W/(m^2 \cdot K^4)} \times \varepsilon(3.73^4 - 3.13^4) \ \mathrm{K^4} \approx 138.3\varepsilon \ \mathrm{W}$$

取冷、热表面发射率为 0.8，则 $\Phi_r = 110.7 \ \mathrm{W}$。当要用实验方法来获得夹层中自然对流传热规律时，这样大的辐射传热量是不合适的。为了减少由于估算辐射传热的误差而对测定结果的影响，应减少表面的发射率。如果表面镀铬，设 $\varepsilon = 0.05$，则 $\Phi_r = 6.92 \ \mathrm{W}$，将使计算值的准确度显著提高。

例题 6-6 ［MATLAB 程序］

```
%%%%%%%%%%%%%%%%%%%%%%%%%%%%%%%%%%%%%%%%%%%%%
%EXAMPLE 6-6
%%%%%%%%%%%%%%%%%%%%%%%%%%%%%%%%%%%%%%%%%%%%%
%输入
clc,clear
t=60;t_w1=100;t_w2=40;
g=9.8;H=0.5;delta=0.015;l=15*10^-3;A=0.5*0.5;
%查附表可知
rho=1.029;mu=20.02*10^-6;lambda=0.0296;Pr=0.694;
%%%%%%%%%%%%%%%%%%%%%%%%%%%%%%%%%%%%%%%%%%%%%
t_m=(t_w1+t_w2)/2;
```

alpha_v＝1/343；
Gr＝g * alpha_v * t * l^3/mu^2；
Nu＝0.197 * (Gr * Pr)^(1/4) * ((H/delta)^(−1/9))；
h＝Nu * lambda/l
phi_c＝h * A * t
％辐射部分
epsilon1＝0.8；epsilon2＝0.05；C_o＝5.67 * 10^(−8)；
phr_1＝A * C_o * epsilon1 * ((t_w1＋273)^4−(t_w2＋273)^4)
phr_2＝A * C_o * epsilon2 * ((t_w1＋273)^4−(t_w2＋273)^4)

程序输出结果：

h＝2.6342

phi_c＝39.514

phr_1＝110.67

phr_2＝6.9167

例题 6-7 热线风速仪测速原理。

热线风速仪探头的大致结构示于图 6-3 中。被测定速度的气流流经钨丝的流动属于横掠单管的形式。测定时对钨丝通电，设法使钨丝的平均温度保持不变，电流所产生的热量通过对流传热等散失。流速越大，保持钨丝为某个恒定温度所需的电流强度越大，通过预先的标定，就可以从电流强度获得被测定的流体速度。现在利用图中所示的数据从传热学计算角度来确定被测定的流速。钨丝的温度是通过测定其电阻而得出的，其值为 0.4164 Ω。

题解

假设：电流所产生的热量全部通过对流散失，不计辐射和热丝端部导热的影响。

分析：这是流体外掠单管的强制对流，可选用教材中式（6-16）及表 6-4 进行计算。但是，对本例流速是被求的量，因此需要根据牛顿冷却公式计算出表面传热系数，再据选定的关联式推算相应的流速。

计算：定性温度 $t_{ref}＝(40＋20)$ ℃$/2＝30$ ℃，相应的物性参数为

$$\lambda＝0.0267 \ W/(m \cdot K)$$

$$\nu＝16\times10^{-6} \ m^2/s，Pr＝0.701$$

电流的发热量为

$$\Phi＝I^2R＝(0.150 \ A)^2\times0.4164 \ \Omega\approx9.37\times10^{-3} \ W$$

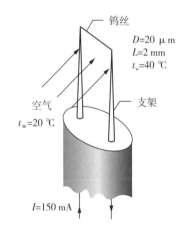

图 6-3 热线风速仪示意图

按牛顿冷却公式有

$$h = \frac{\Phi}{A(t_w - t_\infty)} = \frac{9.37 \times 10^{-3}\ \text{W}}{3.14 \times 20 \times 10^{-6}\ \text{m} \times 2 \times 10^{-3}\ \text{m} \times (40-20)\ \text{K}} \approx 3730\ \text{W/(m}^2 \cdot \text{K)}$$

$$Nu = \frac{hd}{\lambda} = \frac{3730\ \text{W/(m}^2 \cdot \text{K)} \times 20 \times 10^{-6}\ \text{m}}{0.0267\ \text{W/(m} \cdot \text{K)}} \approx 2.794$$

于是有 $2.794 = CRe^n Pr^{1/3}$。由于出现两个待定常数，需要采用试凑法。先假设 Re 数小于 4，则由教材中表 6-4 得 $C = 0.989$，$n = 0.33$，由此推得 $Re = 33.3$，可见假设不正确。再设 Re 数处于 4 至 40 之间，则 $C = 0.911$，$n = 0.385$，得

$$Re^{0.385} = \frac{2.794}{0.911 \times 0.701^{0.333}} \approx 3.452$$

$$Re = 3.452^{1/0.385} \approx 25$$

这一数值与假定范围吻合，由此得气流速度为

$$u_\infty = \frac{Rev}{d} = \frac{25 \times 16 \times 10^{-6}\ \text{m}^2/\text{s}}{20 \times 10^{-6}\ \text{m}} = 20\ \text{m/s}$$

讨论：在热线风速仪测定技术中，一般采用 $Nu = A + BRe^n$ 这类形式的经验关联式。热线的 Re 数范围一般为 $2 \sim 40$。

例题 6-7　［MATLAB 程序］

```
%%%%%%%%%%%%%%%%%%%%%%%%%%%%%%%%%%%%%%%%%%%
%EXAMPLE 6-7
%%%%%%%%%%%%%%%%%%%%%%%%%%%%%%%%%%%%%%%%%%%
%输入
clc,clear
t_w=40;t_inf=20;
lambda=0.0267;v=16*10^-6;Pr=0.701;i=0.150;r
=0.4164;
d=20*10^-6;A=pi*20*10^-6*(2*10^-3);
t_ref=(t_w+t_inf)/2;
phi=i^2*r;
%%%%%%%%%%%%%%%%%%%%%%%%%%%%%%%%%%%%%%%%%%%
%牛顿冷却公式
h=phi/(A*(t_w-t_inf));
Nu=h*d/lambda
%%%%%%%%%%%%%%%%%%%%%%%%%%%%%%%%%%%%%%%%%%%
%由于 2.794=C*Re^n,假设 Re 小于 4,发现假设错误,于是 Re 在 4 至 40 之间,C=
0.911;n=0.385;
```

C＝0.911;n＝0.385;

Re＝(Nu/(C＊(Pr^0.333)))^(1/0.385);

％与假设范围吻合,由此气流速度为:

u_inf＝Re＊v/d

　　程序输出结果:

　　Nu＝2.7924

　　u_inf＝19.955

例题 6 - 8 地源冷量的利用。

　　夏天一种节能型家用空调的方法是利用地下一定深处的温度低于环境温度的特点,将热空气送入地下深处的管道内冷却,然后送入房间循环使用,如图 6 - 4 所示。已知,送风管道内径 $D＝400$ mm,风量 $q_V＝0.558$ m^3/s,地下管道维持在壁温 $t_w＝18$ ℃,房间出风温度 $t_o＝25$ ℃,要求进风温度 $t_i＝20$ ℃,管道的绝对粗糙度 $\Delta＝2.5$ mm。试确定所需管道的长度。

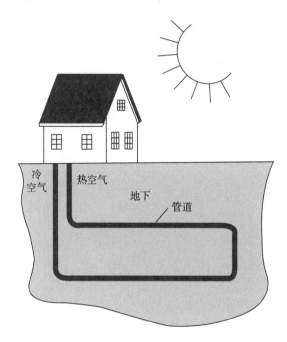

图 6 - 4　夏天利用地源冷量的示意图

题解

　　假设:(1)地源的热容量很大,管壁温度可以维持恒定;(2)对流传热处于充分发展的湍流阶段;(3)管道的转弯等不予考虑,均按直管计算。

　　计算:定性温度为 $t_{ref}＝(20＋25)$ ℃$/2＝22.5$ ℃,查得物性参数为

$$\lambda＝0.0261 \text{ W/(m·K)}, \nu＝15.3×10^{-6} \text{ m}^2/\text{s}, Pr＝0.701$$

$$\rho＝1.195 \text{ kg/m}^3, c_p＝1005 \text{ J/(kg·K)}$$

截面平均流速

$$u = \frac{4q_V}{\pi D^2} = \frac{4 \times 0.558 \text{ m}^3/\text{s}}{3.14 \times (0.4 \text{ m})^2} \approx 4.44 \text{ m/s}$$

$$Re = \frac{4.44 \text{ m/s} \times 0.4 \text{ m}}{15.3 \times 10^{-6} \text{ m}^2/\text{s}} \approx 1.16 \times 10^5$$

相对粗糙度为 $\frac{\Delta}{D} = \frac{2.5}{400} = \frac{1}{160}$，流动阻力 Moody 图上的阻力平方区要求 Re 数大于 4160（$0.5D / 2\Delta$）$^{0.85}$ = 4160 × （160 × 0.5 / 2）$^{0.85}$ ≈ 4160 × 23 = 95680。显然，流动已经处于该区域，于是可以采用 Nikurads 公式计算阻力：

$$f = \frac{1}{\left(1.74 + 2\lg \dfrac{D}{2\Delta}\right)^2} = \frac{1}{\left(1.74 + 2\lg \dfrac{160}{2}\right)^2} \approx 0.0325$$

由 Gnielinski 公式得

$$Nu = \frac{(f/8)(Re_f - 1000)Pr_f}{1 + 12.7\,(f/8)^{0.5}(Pr_f^{2/3} - 1)} = \frac{(0.0325/8) \times (1.16 \times 10^5 - 1000) \times 0.701}{1 + 12.7 \times (0.0325/8)^{0.5} \times (0.701^{2/3} - 1)} \approx 395$$

$$h_m = \frac{Nu_f\lambda}{D} = \frac{395 \times 0.0261 \text{ W/(m · K)}}{0.40 \text{ m}} \approx 25.8 \text{ W/(m}^2 \text{ · K)}$$

由空气侧的热平衡关系得总换热量为

$$\Phi = \rho q_V c_p (t_o - t_i) = 1.195 \text{ kg/m}^3 \times 0.558 \text{ m}^3/\text{s} \times 1005 \text{ J/(kg · K)} \times (25 - 20) \text{ K} \approx 3350 \text{ W}$$

本题由于壁温为常壁温且与流体温度比较接近，应该采用对数平均温差：

$$\Delta t_m = \frac{(25 - 20) \text{ K}}{\ln \dfrac{25 - 18}{20 - 18}} = 3.99 \text{ K}$$

$$\Phi = hA\Delta t_m \approx \pi DLh\Delta t_m$$

$$L = \frac{\Phi}{\pi Dh\Delta t_m} = \frac{3350 \text{ W}}{3.14 \times 0.4 \text{ m} \times 25.8 \text{ W/(m}^2 \text{ · K)} \times 3.99 \text{ K}} \approx 25.9 \text{ m}$$

讨论： 在空调工程中习惯采用冷冻吨来表示空调负荷，1 冷冻吨的制冷量为 3518 W，所以上述空调负荷相当于 1 个冷冻吨，大概可供 40 m² 的房间空调用。

例题 6-8 ［MATLAB 程序］

```
%%%%%%%%%%%%%%%%%%%%%%%%%%%%%%%%%%%%%%%
%EXAMPLE 6-8
%%%%%%%%%%%%%%%%%%%%%%%%%%%%%%%%%%%%%%%
%输入
clc,clear
lambda=0.0261;mu=15.3*10^-6;Pr=0.701;r=0.4164;        %物性参数
```

```
t_ref=(20+25)/2;
rho=1.195;c_p=1005;q=0.558;D=0.4;t_o=25;t_i=20;t_w=18;
%%%%%%%%%%%%%%%%%%%%%%%%%%%%%%%%%%%%
u=q/(pi*D^2/4);          %截面平均流速
Re=u*D/mu;
D=400;Delta=2.5;
f=1/((1.74+2*log10(D/(2*Delta)))^2);          %采用 Nikurads 公式计算阻力
%由 Gnielinski 公式得：
Nu=(f/8)*(Re-1000)*Pr/(1+12.7*(f/8)^(1/2)*(Pr^
(2/3)-1));
D=0.4;
h=Nu*lambda/D;
%由空气侧的热平衡关系得的总换热量
phi=rho*q*c_p*(t_o-t_i)
%本题由于壁温为常壁温而且与流体温度比较接近,应该采用对数平均温差
Deltat_m=(t_o-t_i)/log((t_o-t_w)/(t_i-t_w));
l=phi/(pi*D*h*Deltat_m)
```

程序输出结果：

phi=3350.7

l=25.898

例题 6-9　开缝翅片效率讨论（课堂／课外讨论用）。

解答过程略。

第七章 相变对流传热的计算

一、基本知识

1. 凝结传热的模式:包括膜状凝结和珠状凝结。

(1)膜状凝结:如果凝结液体能很好地润湿壁面,在壁面上铺展成膜,这种形式叫作膜状凝结。

(2)珠状凝结:当凝结液体不能很好地润湿壁面时,凝结液体在壁面上形成一个个的小液珠,这种形式叫作珠状凝结。

2. 凝结液构成了蒸汽与壁面间的主要热阻,膜状凝结是工程设计的依据。

3. 膜状凝结的影响因素:①不凝结气体;②管子排数;③管内冷凝;④蒸汽流速;⑤蒸汽过热度;⑥液膜过冷度及温度分布的非线性。

4. 雅各布(Jakob)数:是衡量液膜过冷度相对大小的一个无量纲数。

5. 优化膜状凝结的基本原则:第一是减薄蒸汽凝结时直接黏滞在固体表面上的液膜;第二是及时地排走凝结液体,使其不能进一步加厚。

6. 沸腾换热:是指在液体内部固液界面上形成气泡从而实现热量由固体传给液体的过程。

7. 大容器饱和沸腾的 3 个区域:

(1)自然对流区:壁面过热度较小时,壁面上没有气泡,传热属于自然对流工况。

(2)核态沸腾区:超过沸腾起始温度后,壁面上个别点开始产生气泡,汽化核心随着过热度的增加而增加,在这个区域中,传热系数和热流密度都急剧增大。由于汽化核心对传热起着决定性影响,称为核态沸腾。

(3)过渡沸腾区:在峰值点进一步提高过热度,热流密度不仅不随过热度的升高而提高,反而越来越低,最后达到最低热流密度为止,这一过程是很不稳定的过程。

(4)膜态沸腾区:从最低热流密度再发生转折,此时加热面上已经形成了稳定的蒸汽膜层,产生的蒸汽规则地排离膜层,热流密度小幅度上升,这一区域传热系数比凝结小得多。

8. 临界热流密度:对于核态沸腾区域中热流密度的峰值,我们将它叫作临界热流密度。

9. 汽化核心:即气泡产生的源泉。要使气泡得以存在和长大,气泡外的液体必须过热,过热度为 $\Delta T = T_1 - T_s$。

10. 沸腾传热影响因素:①不凝结气体;②过冷度;③液位高度;④重力加速度;⑤管内沸腾。

11. 强化沸腾传热的原则：①强化大容器沸腾的表面结构；②强化管内沸腾的表面结构。

12. 热管：热管是具有特别高的导热性能的传热元件。

二、基本公式

1. 膜状凝结的实验关联式

（1）竖壁

$$h_V = 0.943 \left[\frac{g r \rho_l^2 \lambda_l^3}{\eta_l l (t_s - t_w)} \right]^{1/4}$$

（2）水平管：

$$h_H = 0.729 \left[\frac{g r \rho_l^2 \lambda_l^3}{\eta_l d (t_s - t_w)} \right]^{1/4}$$

（3）球表面

$$h_S = 0.826 \left[\frac{g r \rho_l^2 \lambda_l^3}{\eta_l d (t_s - t_w)} \right]^{1/4}$$

2. 雅各布（Jakob）数

$$Ja = \frac{c_p (t_s - t_w)}{r}$$

3. 大容器饱和核态沸腾的无量纲关联式

$$\frac{c_{pl} \Delta t}{r Pr_l^s} = C_{wl} \left[\frac{q}{\eta_l r} \sqrt{\frac{\sigma}{g(\rho_l - \rho_v)}} \right]^{0.33}$$

式中：c_{pl}——饱和液体的比定压热容，J/(kg·K)；

$\quad$ C_{wl}——取决于加热表面-液体组合情况的经验常数；

$\quad$ r——汽化潜热，J/kg；

$\quad$ g——重力加速度，m/s²；

$\quad$ Pr_l——饱和液体的普朗特数，$Pr_l = \dfrac{c_{pl} \eta_l}{\lambda_l}$；

$\quad$ q——沸腾换热密度，W/m²；

$\quad$ Δt——壁面过热度，℃；

$\quad$ η_l——饱和液体的动力黏度，Pa·s；

$\quad$ ρ_l, ρ_v——相应于饱和液体和饱和蒸汽的密度，kg/m³；

$\quad$ σ——液体-蒸汽界面的表面张力，N/m；

$\quad$ s——经验指数，对于水，$s=1$，对于其他液体，$s=1.7$。

4. 大容器饱和核态沸腾临界热负荷关联式

$$q_{max} = \frac{\pi}{24} r \rho_v \left[\frac{\sigma g (\rho_l - \rho_v)}{\rho_v^2} \right]^{1/4} \left(\frac{\rho_l + \rho_v}{\rho_l} \right)$$

该式理论上只适用于加热面为无限大的水平壁的情形。

5. 大容器饱和液体膜态沸腾传热计算式

$$h = 0.62 \left[\frac{g r \rho_v (\rho_1 - \rho_v) \lambda_v^3}{\eta_v d (t_w - t_s)} \right]^{1/4}$$

如果加热表面为球面,则式中的系数为 0.67,其余相同。

三、MATLAB 在本章例题中的应用

例题 7 - 1 压力为 1.013×10^5 Pa 的水蒸气在方形竖壁上凝结,壁的尺寸为 30 cm×30 cm,壁温保持 98 ℃。试计算每小时的传热量及凝结蒸汽量。

题解

分析:应首先计算 Re 数,判断液膜是层流还是湍流,然后选取相应的公式计算。由教材中式(7-10)可知,Re 本身取决于平均表面传热系数 h,因此不能简单地直接求解。可先假设液膜的流态,根据假设的流态选取相应的公式计算出 h,然后用求得的 h 重新核算 Re 数,直到与初始假设相比认为满意为止。

假设:液膜为层流。

计算:根据 $t_s = 100$ ℃,从教材中附录查得 $r = 2257$ kJ/kg。其他物性按液膜平均温度 $t_m = (100 ℃ + 98 ℃)/2 = 99$ ℃从教材中附录查得 $\rho = 958.4$ kg/m³,$\eta = 2.825 \times 10^{-4}$ Pa·S,$\lambda = 0.68$ W/(m·K)。

选用层流液膜平均表面传热系数计算公式[教材中式(7-7)]得

$$h = 1.13 \left[\frac{g \rho^2 \lambda^3 r}{\eta l (t_s - t_w)} \right]^{1/4}$$

$$= 1.13 \times \left\{ \frac{9.8 \text{ m/s} \times 2257 \times 10^3 \text{ J/kg} \times (958.4 \text{ kg/m}^3)^2 \times [0.68 \text{ W/(m·K)}]^3}{2.825 \times 10^{-4} \text{ Pa·s} \times 0.3 \text{ m} \times 2 \text{ K}} \right\}^{1/4}$$

$$\approx 1.57 \times 10^4 \text{ W/(m}^2 \cdot \text{K)}$$

核算 Re 准则。按教材中式(7-10)有

$$Re = \frac{4 h l (t_s - t_w)}{\eta r}$$

$$= \frac{4 \times 1.57 \times 10^4 \text{ W/(m}^2 \cdot \text{K)} \times 0.3 \text{ m} \times 2 \text{ K}}{2.257 \times 10^6 \text{ J/kg} \times 2.825 \times 10^{-4} \text{ Pa·s}} \approx 59.1$$

说明原来假设液膜为层流成立。传热量按牛顿冷却公式计算:

$$\Phi = h A (t_s - t_w) = 1.57 \times 10^4 \text{ W/(m}^2 \cdot \text{K)} \times (0.3 \text{ m})^2 \times 2 \text{ K}$$

$$\approx 2.83 \times 10^3 \text{ W}$$

凝结蒸汽量为

$$q_m = \frac{\Phi}{r} = \frac{2.83 \times 10^3 \text{ W}}{2.257 \times 10^6 \text{ J/kg}} \approx 1.25 \times 10^{-3} \text{ kg/s} = 4.50 \text{ kg/h}$$

讨论：在已学习过的热量传递方式中，自然对流与凝结传热这两种方式的表面传热系数计算式含有传热温差，自然对流层流时 $h \sim \Delta t^{-1/4}$，而凝结液膜为层流时 $h \sim \Delta t^{-1/4}$。又由于凝结传热表面传热系数一般都很大，因而传热温差比较小，因此，尽可能准确地确定温差对提高实验或计算结果的准确度都有重要意义。本例中如果 t_w 改为 99 ℃，则传热强度要提高 41%。

例题 7 - 1 ［MATLAB 程序］

```
%%%%%%%%%%%%%%%%%%%%%%%%%%%%%%%%%%%%%%%
%EXAMPLE 7 - 1
%%%%%%%%%%%%%%%%%%%%%%%%%%%%%%%%%%%%%%%
%输入
clc,clear
t_s=100;t_w=98;
g=9.8;rho=958.4;lambda=0.68;r=2257*10^3;eta=2.825*10^-4;l=0.3;
%%%%%%%%%%%%%%%%%%%%%%%%%%%%%%%%%%%%%%%
%假设液膜为层流
%采用层流液膜平均表面传热系数计算
h=1.13*(g*rho^2*lambda^3*r/(eta*l*(t_s-t_w)))^(1/4);
r=2.257*10^6;
%核算 Re 准则
Re=4*h*l*(t_s-t_w)/(eta*r);      %Re 大于 20,说明原来假设液膜为层流
成立
A=0.3^2;
%传热量按牛顿冷却公式计算
phi=h*A*(t_s-t_w)
%凝结蒸发量
q_m=phi/r
q_mh=phi/r*3600
```

程序输出结果：

phi=2834

q_m=0.0012557

q_mh=4.5204

例题 7 - 2 教材图 7 - 15 给出了压力为 1.013×10^5 Pa 的饱和水的沸腾曲线，试据图估计实验表面与水间的 C_{wl} 之值。

题解

分析:由压力为 1.013×10^5 Pa 的饱和水的条件可以得出教材中式(7-17)中的物性值,于是从教材中图 7-15 上每一对 $\Delta t \sim q$ 数据就可以得出一个 C_{wl} 值。由于实验测定以及读取数据时不可避免的偏差,相应的不同 $\Delta t \sim q$ 的 C_{wl} 值会有所波动,取其平均作为代表值。这里仅对一个数据进行计算。

计算:已知 $s=1$,饱和温度 $t_s = 100$ ℃。饱和水的物性从教材中附录查得为

$$c_p = 4.22 \text{ kJ/(kg} \cdot \text{K)}, Pr = 1.75, \rho_l = 958.4 \text{ kg/m}^3, \gamma = 0.0589 \text{ N/m}$$

$$\eta = 0.000283 \text{ Pa} \cdot \text{s}, \rho_v = 0.589 \text{ kg/m}^3, r = 2257 \text{ kJ/kg}$$

于是

$$\frac{q}{\Delta t^3} C_{wl}^3 = \frac{[4220 \text{ J/(kg} \cdot \text{K)}]^3 \times 0.000283 \text{ Pa} \cdot \text{s}}{(2257 \times 10^3 \text{ J/kg})^2 \times 1.75^3} \times \sqrt{\frac{9.8 \text{ m/s}^2 \times 958.4 \text{ kg/m}^3}{0.589 \text{ kg/m}^3}}$$

$$\approx 9.84 \times 10^{-5} \text{ W/(m}^2 \cdot \text{K)}$$

$q = 4 \times 10^5$ W/m^2 时,$\Delta t = 10$ ℃,于是

$$C_{wl} = \left[\frac{9.84 \times 10^{-5} \text{ W/(m}^2 \cdot \text{K)} \times (10 \text{ K})^3}{4 \times 10^5 \text{ W/m}^2} \right]^{1/3} \approx 0.0063$$

讨论:该例题给出了如何由实验测定结果来确定不同固-液配对时系数 C_{wl} 的方法。由于是从图中读取数值,因此仅能作为一种估算,实际确定 C_{wl} 值时,应该以实验测定值为依据。幸好,计算得出的数值落在教材中表 7-1 所列出的数值范围内。

例题 7-2 [MATLAB 程序]

```
%%%%%%%%%%%%%%%%%%%%%%%%%%%%%%%%%%%%%%%%%
%EXAMPLE 7-2
%%%%%%%%%%%%%%%%%%%%%%%%%%%%%%%%%%%%%%%%%
%输入
clc,clear
c_p=4220;eta=0.000283;r=2257 * 10^3;Pr=1.75;rho_l=958.4;rho_v=0.589;g
=9.8;
%%%%%%%%%%%%%%%%%%%%%%%%%%%%%%%%%
%%%%%%%%%
qc_t=c_p^3 * eta/(r^2 * Pr^3) * sqrt(g * rho_l/rho_v);
q=4 * 10^5;t=10;
c_wl=(qc_t * t^3/q)^(1/3)
```

程序输出结果:

c_wl=0.0062653

例题 7-3 由于 R12(氟利昂 12)及 R22 对大气臭氧层有破坏作用,已被国际社会规定禁止生产、使用或即将停止生产或使用。R134a 是用以替代它们的一种新制冷剂。为查明其传热性能,进行了大容器水平光管沸腾传热实验,并测得了表 7-1 所列的数据。试验条件是 $t_s = 5$ ℃ ($p_s = 0.349$ MPa)。R134a 的相对分子质量 $M_r = 102$,临界压力 $p_s = 4.06$ MPa,试将库珀公式简化为 $h = Cq^{0.67}$ 的形式,并对计算值 h_c 及 h_e 的差别进行比较。

表 7-1 例题 7-3 的实验数据

$q/(W/m^2)$	2.09×10^4	2.51×10^4	2.93×10^4	3.35×10^4	3.76×10^4	4.11×10^4	4.19×10^4	4.61×10^4
$h_e/[W/(m^2 \cdot K)]$	4058	4456	5262	5669	6059	6463	7084	6950

题解

分析:应用教材中式(7-18)时的一个不确定因素是 R_p 的选取。定性上,这个量与教材中式(7-17)中的 C_{wl} 相类似,取决于表面的条件。在没有实验测定值可以依据时,对商用管,R_p 可取 0.3~0.4 μm。

计算:教材中式(7-18)可转化为

$$h = [CM_r^{-0.5} p_r^m (-\lg p_r)^{-0.55}] q^{0.67} = C_1 q^{0.67}$$

取 $R_p = 0.3$ μm,则 $m = 0.2246$。于是有

$$C_1 = 90 \text{ W}^{0.33}/(\text{m}^{0.66} \cdot \text{K}) \times 102^{-0.5} \times \left(\frac{0.349}{4.06}\right)^{0.2246} \times \left(-\lg\frac{0.349}{4.06}\right)$$

$$\approx 4.96 \text{ W}^{0.33}/(\text{m}^{0.66} \cdot \text{K})$$

表面传热系数的计算值 h_c 及其偏离值实测值 h_e 的百分数列于表 7-2 中。

表 7-2 例题 7-3 的实验数据

$q/(W/m^2)$	2.09×10^4	2.51×10^4	2.93×10^4	3.35×10^4	3.76×10^4	4.11×10^4	4.19×10^4	4.61×10^4
$h_c/[W/(m^2 \cdot K)]$	3890	4398	4878	5337	5766	6120	6170	6609
$\frac{h_e - h_c}{h_c}/\%$	4.3	1.3	7.8	6.2	5.1	5.6	14.8	5.2

例题 7-3 [MATLAB 程序]

```
%%%%%%%%%%%%%%%%%%%%%%%%%%%%%%%%%%%%%%%%%%%%%
%EXAMPLE 7-3
%%%%%%%%%%%%%%%%%%%%%%%%%%%%%%%%%%%%%%%%%%%%%
```

```
%输入
clc,clear
Mr=102;Pr=0.349/4.06;
%%%%%%%%%%%%%%%%%%%%%%%%%%%%%%%%%%%%%%
%取 R_p=0.3;则 m=0.2246
q=[2.09*10^4 2.51*10^4 2.93*10^4 3.35*10^4 3.76*10^4 4.11*10^4 4.19*10^4
4.61*10^4];
C_1=90*Mr^(-0.5)*Pr^0.2246*((-log10(Pr))^(-0.55));
h_cc=[3890 4398 4878 5337 5766 6120 6170 6609]  %用于核算
h_c=C_1*q.^0.67
h_e=[4058 4456 5262 5669 6059 6463 7084 6950]       %实验
数据
epsilon_ec=(h_e-h_cc)./h_cc*100        %%用于核算
epsilon=(h_e-h_c)./h_c*100        %差别大小
```

程序输出结果：

h_cc=3890 4398 4878 5337 5766　6120　6170 6609

h_c=3889.4 4397.1 4877.4 5335.4 5764.5 6118.7 6198.3 6607.9

h_e=4058 4456 5262 5669 6059 6463 7084　6950

epsilon_ec=4.3188　1.3188　7.8721 6.2207 5.0815　5.6046　14.814　5.1596

epsilon=4.3344 1.3391　7.8854　6.2526　5.1086 5.6266 14.29　5.1764

例题 7-4 在 $1.013×10^5$ Pa 的绝对压力下，水在 $t_w=113.9$ ℃的铂质加热面上作大容器沸腾，试求单位加热面积的汽化率。

题解

分析：液体的沸腾传热严格地说是一个非稳态过程：汽泡不断地在加热面上个别地点产生、长大、脱离，然后周围的液体又来填补汽泡的位置，如此反复。教材中式（7-17）、式（7-18）实际上给出了一个准稳态过程的时间平均值。从本例下面的计算结果可以看出，由于汽泡的脱离，相当于在加热面上形成了一股连续的上升气流运动。

计算：壁面过热度 $\Delta t=(113.9-100)$ ℃ $=13.9$ ℃，从教材中图 7-15 可知，其处于核态沸腾，因而可按教材中式（7-17）求取 q。

从教材中表 7-1 查得，对于水-铂组合，$C_{wl}=0.013$。从教材中附录查得，$t_s=100$ ℃时水和水蒸气的物性为

$$c_{pl}=4.22 \text{ kJ/(kg·K)}, \rho_l=958.4 \text{ kg/m}^3, r=2257 \text{ kJ/kg}, \rho_v=0.598 \text{ kg/m}^3$$

$$\sigma=58.9×10^{-3} \text{ N/m}, Pr_l=1.75, \eta=0.2825×10^{-3} \text{ Pa·s}$$

代入教材中式（7-17）得

$$q=0.0002825\ \mathrm{Pa \cdot s}\times2257\times10^{3}\ \mathrm{J/kg}\times\left[\frac{9.8\ \mathrm{m/s^2}\times(958.4\ \mathrm{kg/m^3}-0.598\ \mathrm{kg/m^3})}{0.0589\ \mathrm{N/m}}\right]^{1/2}\times$$

$$\left(\frac{4220\ \mathrm{J/(kg \cdot K)}\times13.9\ \mathrm{K}}{0.013\times2257\times10^{3}\ \mathrm{J/kg}\times1.75}\right)^{3}=3.79\times10^{5}\ \mathrm{W/m^2}$$

单位加热面的汽化率为

$$\frac{q}{r}=\frac{3.79\times10^{5}\ \mathrm{W/m^2}}{2257\times10^{3}\ \mathrm{J/kg}}\approx0.168\ \mathrm{kg/(m^2 \cdot s)}$$

讨论:这是由汽泡的上升运动而形成的一股当量蒸汽流。由这股气流所引起的对加热面附近液体的剧烈扰动,是使沸腾传热的强烈程度远高于无相变的对流的主要原因之一。如果以饱和蒸汽的密度来计算,这股质量流速相当于蒸汽以 0.282 m/s 的流速离开壁面向上流动。

例题 7-4　〔MATLAB 程序〕

```
%%%%%%%%%%%%%%%%%%%%%%%%%%%%%%%%%%%%%%%%%
%EXAMPLE 7-4
%%%%%%%%%%%%%%%%%%%%%%%%%%%%%%%%%%%%%%%%%
%输入
clc,clear
%处于核态沸腾区
t_w=113.9;t_s=100;g=9.8;
C_wl=0.013;      %从表7-1查的,水铂组合
c_pl=4220;rho_l=958.4;r=2257*10^3;rho_v=0.598;delta
=58.9*10^(-3);...
Pr_l=1.75;eta=0.2825*10^(-3);      %100℃水和水蒸气的物性
%%%%%%%%%%%%%%%%%%%%%%%%%%%%%%%%%%%%%%%%%
Deltat=t_w-t_s;
q=eta*r*(g*(rho_l-rho_v)/delta)^0.5*((c_pl*Deltat/(C_wl*r*Pr_l))^3)
q_r=q/r
```

程序输出结果:

q=3.7948e+005

q_r=0.1681

例题 7-5　试计算水在 1.01×10^{5} Pa 压力下沸腾时的临界热流密度,并与教材中的图 7-15 进行比较。

题解

假设:加热面足够大,满足教材中式(7-20)的应用条件。

计算:水及水蒸气的物性数值与例 7-4 相同。由教材中式(7-20)得

$$q_{max} = 0.149 \times 2257 \times 10^3 \text{ J/kg} \times (0.598 \text{ kg/m}^3)^{1/2} [9.8 \text{ m/s}^2 \times$$

$$(958.4 - 0.598) \text{ kg/m}^3 \times 0.0589 \text{ N/m}]^{1/4}$$

$$\approx 1.26 \times 10^6 \text{ W/m}^2$$

讨论:从教材中的图 7-15 读得 $q_{max} \approx 11.7 \times 10^5$ W/m^2,与上述计算值的偏差为 7.7%。在沸腾传热的计算中,这样的数值偏差已经算是很小了。

例题 7-5 [MATLAB 程序]

```
%%%%%%%%%%%%%%%%%%%%%%%%%%%%%%%%%%%%%%%%
%EXAMPLE 7-5
%%%%%%%%%%%%%%%%%%%%%%%%%%%%%%%%%%%%%%%%
%输入
clc,clear
g=9.8;
%100℃水和水蒸气的物性;
r=2257000;rho_v=0.598;delta=58.9*10^(-3);rho_l=958.4;rho_v=0.598;g
=9.8;
%%%%%%%%%%%%%%%%%%%%%%%%%%%%%%%%%%%%%%%%
q_max=0.149*r*(rho_v^0.5)*((delta*g*(rho_l-rho_v))^(1/4))
q_read=1.17*10^6 %教材中读图得到
Error=(q_max-q_read)/q_read
fprintf('数值偏差较小,满足要求')
```

程序输出结果:

q_max=1.261e+06

q_read=1.17 e+06

Error=0.077797

数值偏差较小,满足要求

例题 7-6 水平铂线通电加热,在 1.013×10^5 Pa 的水中产生稳定膜态沸腾。已知 $t_w - t_s = 654$ ℃,导线直径为 1.27 mm,求沸腾传热表面传热系数。

题解

分析:在稳定的膜态沸腾中,加热表面的总的表面传热系数由沸腾及辐射两部分组成。为确定辐射部分的大小,假定铂丝表面的发射率为 0.9。

计算:λ_v、ρ_v、η 由 $t_m = (t_w + t_s)/2 = 427$ ℃ 确定。从教材中附录查得:$\lambda_v = 0.0505$ W/(m·K),$\rho_v = 0.314$ kg/m^3,$\eta = 0.0243 \times 10^{-3}$ Pa·s。ρ_l、r、Pr_l、c_{pl}、σ 按 $t_s = 100$ ℃ 从教材中附录查得:$\rho_l = 958.4$ kg/m^3,$r = 2257 \times 10^3$ J/kg,$Pr_l = 1.75$,$c_{pl} = 4220$ J/(kg·K),$\sigma = 588.6 \times 10^{-4}$ N/m。

膜态沸腾传热表面传热系数按教材中式(7-21)计算,得

$$h_c = 0.62 \left[\frac{g r \rho_v (\rho_l - \rho_v) \lambda_v^3}{\eta_v d (t_w - t_s)} \right]^{1/4}$$

$$= 0.62 \times \{ 9.8 \text{ m/s}^2 \times 2257 \times 10^3 \text{ J/kg} \times 0.314 \text{ kg/m}^3 \times (958.4 \text{ kg/m}^3 - 0.314 \text{ kg/m}^3) \times$$

$$[0.0505 \text{ W/(m}^2 \cdot \text{K)}]^3 \}^{1/4} \times [0.0243 \times 10^{-3} \text{ Pa} \cdot \text{s} \times 0.00127 \text{ m} \times 654 \text{ K}]^{-1/4}$$

$$\approx 281 \text{ W/(m}^2 \cdot \text{K)}$$

据壁面发射率 $\varepsilon = 0.9$,则由教材中式(7-23)可得

$$h_r = \frac{\varepsilon \sigma (T_w^4 - T_s^4)}{T_w - T_s} = \frac{0.9 \times 5.67 \text{ W/(m}^2 \cdot \text{K}^4) [(10.27 \text{ K})^4 - (3.73 \text{ K})^4]}{654 \text{ K}}$$

$$\approx 85.3 \text{ W/(m}^2 \cdot \text{K)}$$

由教材中式(7-22)得

$$h^{4/3} = h_c^{4/3} + h_r^{4/3} = (281^{4/3} + 85.3^{4/3}) \text{ W}^{4/3}/(\text{m}^2 \cdot \text{K})^{4/3}$$

由此解得

$$h = 322.9 \text{ W/(m}^2 \cdot \text{K)}$$

此值小于简单叠加之值 366.3 W/(m² · K)。

讨论:此时热流密度为

$$q = 322.9 \text{ W/(m}^2 \cdot \text{K)} \times 654 \text{ ℃} \approx 2.11 \times 10^5 \text{ W/m}^2$$

在同样的热流密度下,如果不发生膜态沸腾,而是处在旺盛沸腾区域内,则可据式(7-17)计算相应的表面传热系数。为此将该式转换成计算表面传热系数的显示形式:

$$h = \left\{ \frac{c_{pl}/r}{C_{wl} \left[\frac{1}{\eta_l r} \sqrt{\frac{\sigma}{g(\rho_l - \rho_v)}} \right]^{0.33} Pr_l^s} \right\} q^{0.67}$$

将有关物性数值代入教材中式(7-24),据教材中表 7-1 取 $C_{wl} = 0.013$,得

$$h = \frac{4220 \text{ J/(kg} \cdot \text{K)}}{2257 \times 10^3 \text{ J/kg}} \times$$

$$\frac{q^{0.67}}{0.013 \times \left[\frac{1}{282.5 \times 10^{-6} \text{ kg/(m} \cdot \text{s)} \times 2257 \times 10^3 \text{ J/kg}} \times \sqrt{\frac{588.6 \times 10^{-4} \text{ N/m}}{9.8 \text{ m/s}^2 \times (958.4 - 0.958) \text{ kg/m}^3}} \right]^{0.33} \times 1.75}$$

$$\approx 5.0 \text{ W}^{0.33}/(\text{m}^{0.66} \cdot \text{K}) q^{0.67}$$

$$=5.0 W^{0.33}/(m^{0.66} \cdot K) \times (2.11 \times 10^5 W/m^2)^{0.67}$$

$$\approx 1.85 \times 10^4 W/(m^2 \cdot K)$$

可见,此时膜态沸腾的传热强度已经降低到旺盛核态沸腾的 1/57。

例题 7-6 [MATLAB 程序]

```
%%%%%%%%%%%%%%%%%%%%%%%%%%%%%%%%%%%%%%%
%EXAMPLE 7-6
%%%%%%%%%%%%%%%%%%%%%%%%%%%%%%%%%%%%%%%
%输入
clc,clear
%处于核态沸腾区
t_w=10.27;t_s=3.73;g=9.8;
Deltat=654;
C_wl=0.013;        %从表7-1查的,水铂组合
c_pl=4220;rho_l=958.4;r=2257000;rho_v=0.314;delta=588.6*10^-4;...
Pr_l=1.75;lambda_v=0.0505;d=0.00127;...
eta_v=0.0243*10^-3;eta_l=282.5*10^-6;        %100℃水和水蒸气的物性
epsilon=0.9;
%%%%%%%%%%%%%%%%%%%%%%%%%%%%%%%%%%%%%%%
h_c=0.62*(g*r*rho_v*(rho_l-rho_v)*lambda_v^3/(eta_v*d*Deltat))^(1/4);
h_r=epsilon*5.67*(t_w^4-t_s^4)/Deltat;
h_f=(h_c^(4/3)+h_r^(4/3))^(3/4)
%讨论
q_f=h_f*Deltat
%如果没有发生膜态沸腾,而是出于旺盛沸腾区域,则
elr=eta_l*r;sgr=delta/(g*(rho_l-rho_v));
h_b=((c_pl/r)/(C_wl*(1/elr*sqrt(sgr))^0.33*Pr_l))*q_f^0.67
q_b=h_b*Deltat;%旺盛沸腾下热流密度
Ratio=q_b/q_f    %两种情况下的比值
```

程序输出结果:
h_f=323.4
q_f=2.115e+005
h_b=18481
Ratio=57.146

如图 7-1,改变直径的大小,相应的传热系数也随之变小。旺盛沸腾的传热系数远大于膜态沸腾时的传热系数,且二者比例逐渐增大。

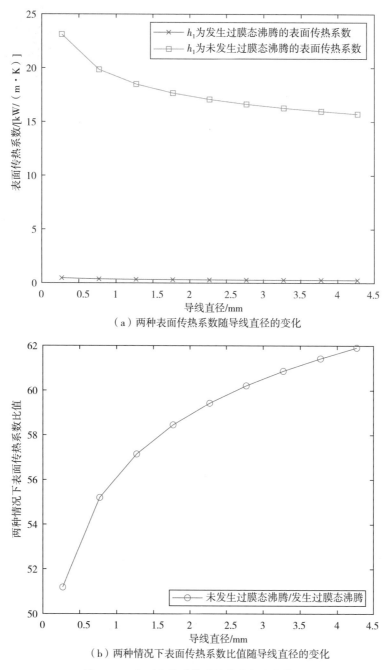

（a）两种表面传热系数随导线直径的变化

（b）两种情况下表面传热系数比值随导线直径的变化

图 7 - 1 表面传热系数随导线直径变化情况

```
%%%%%%%%%%%%%%%%%%%%%%%%%%%%%%%%%%%%%%%%%%%%%
%EXAMPLE 7 - 6 拓展
%%%%%%%%%%%%%%%%%%%%%%%%%%%%%%%%%%%%%%%%%%%%%
%输入
```

```
clc,clear
%处于核态沸腾区
t_w=10.27;t_s=3.73;g=9.8;
Deltat=654;
C_wl=0.013;%从表7-1查的,水铂组合
c_pl=4220;rho_l=958.4;r=2257000;rho_v=0.314;delta=588.6*10^-4;…
Pr_l=1.75;lambda_v=0.0505;…
eta_v=0.0243*10^-3;eta_l=282.5*10^-6;%100℃水和水蒸气的物性
epsilon=0.9;
%%%%%%%%%%%%%%%%%%%%%%%%%%%%%%%%%%%%%%%
for i=1:9
d=0.00027+(i-1)*0.0005;
h_c=0.62*(g*r*rho_v*(rho_l-rho_v)*lambda_v^3/(eta_v*d*Deltat))^(1/4);
h_r=epsilon*5.67*(t_w^4-t_s^4)/Deltat;
h_1(1,i)=(h_c^(4/3)+h_r^(4/3))^(3/4);
%讨论
q(1,i)=h_1(1,i)*Deltat;
%如果没有发生膜态沸腾,而是处于旺盛沸腾区域,则
elr=eta_l*r;sgr=delta/(g*(rho_l-rho_v));
h_2(1,i)=((c_pl/r)/(C_wl*(1/elr*sqrt(sgr))^0.33*Pr_l))*q(1,i)^0.67;
Ratio(1,i)=h_2(1,i)/h_1(1,i);
end
%画图


figure
d=[0.00027:0.0005:0.00427];
plot(d*1000,h_1(1,:)/1000,'-X',d*1000,h_2(1,:)/1000,'-S');
legend('\fontname{Times New Roman} h_1=发生过膜态沸腾的表面传热系数','\
fontname{Times New Roman} h_2=未发生过膜态沸腾的表面传热系数','location','
NorthEast');
text(0.2,21,'\fontname{Times New Roman} (a)')
xlabel('\fontname{Times New Roman} 导线直径/mm')
ylabel('\fontname{Times New Roman} 表面传热系数/kW/(m . K)')


figure
d=[0.00027:0.0005:0.00427];
plot(d*1000,Ratio(1,:),'-o');
legend('\fontname{Times New Roman}未发生过膜态沸腾/发生过膜态沸腾','location','
```

SouthEast');

text(0.2,61,'\fontname{Times New Roman} (b)')

xlabel('\fontname{Times New Roman} 导线直径/mm')

ylabel('\fontname{Times New Roman} 两种情况下表面传热系数比值')

例题 7-7　电热锅炉加热器长度及温壁计算。

一台电热锅炉每小时生产 75 kg、140 ℃的饱和蒸汽。采用外径为 12 mm 的不锈钢管作为安置电热元件的外套。设计中取浸入水中的电热元件表面热流密度为 7.75×10^4 W/m²。试确定需浸入水中的电热元件的总长度以及不锈钢管的平均表面温度。进入锅炉的给水温度为 20 ℃ 。

题解

假设：(1)按教材中表 7-1 所示的机械抛光的不锈钢表面来计算；(2)电加热功率全部用来加热水；(3)水从 20 ℃加热到 140 ℃的过程按 80 ℃时的比热容计算；(4)加热管在水中加热引起的沸腾属于大容器沸腾，但是因工艺上的原因加热管可能需要分层布置，这时上面的加热面将受到下面的加热面所产生汽泡的影响。

计算：140 ℃时饱和水的物性参数为

$$\rho_l = 926.2 \text{ kg/m}^3, \rho_v = 1.965 \text{ kg/m}^3, c_{pl} = 4.287 \text{ kJ/(kg} \cdot \text{K)}$$

$$\eta_l = 201.1 \times 10^6 \text{ Pa} \cdot \text{s}, Pr_l = 1.26, r = 2144.6 \text{ kJ/kg}$$

$$\sigma = 507.2 \times 10^{-4} \text{ N/m}$$

80 ℃ 时的比热容为 4175 J/(kg・K)。

将 75 kg 温度为 20 ℃的水加热成 140 ℃的饱和蒸汽需要的热量为

$$Q = 75 \text{ kg} \times [4175 \text{ J/(kg} \cdot \text{K)} \times (140-20) \text{ K} + 2144.6 \times 10^3 \text{ J/kg}] \approx 1.985 \times 10^8 \text{ J}$$

电热锅炉的热流量为

$$\Phi = \frac{1.985 \times 10^8 \text{ J}}{3600 \text{ s}} \approx 5.513 \times 10^4 \text{ W}$$

按设计的热流密度所需加热面积为

$$A = \frac{\Phi}{q} = \frac{5.513 \times 10^4 \text{ W}}{7.75 \times 10^4 \text{ W/m}^2} \approx 0.711 \text{ m}^2$$

所需浸入水中的长度为

$$L = \frac{A}{\pi d} = \frac{0.711 \text{ m}^2}{3.14 \times 0.012 \text{ m}} \approx 18.7 \text{ m}$$

这样长的加热段必须分成几个弯头来布置，而弯头的多少取决于锅炉容器的长度。应用教材中式(7-17)来计算加热面的平均壁温。该式写成温差的形式为

$$\Delta t = \frac{C_{\mathrm{wl}} r \, Pr_1^s}{c_{pl}} \left\{ \frac{q\sigma^{1/2}}{\left[g(\rho_1 - \rho_v) \right]^{1/2} \eta_l r} \right\}^{1/3} = \frac{0.013 \times 2144.6 \times 10^3 \ \mathrm{J/kg} \times 1.26}{4287 \ \mathrm{J/(kg \cdot K)}} \times$$

$$\left\{ \frac{7.75 \times 10^4 \ \mathrm{W/m^2} \times (507.2 \times 10^{-4} \ \mathrm{N/m})^{1/2}}{\left[9.8 \ \mathrm{m/s^2} \times (926.2 - 1.965) \ \mathrm{kg/m^3} \right]^{1/2} \times 201.1 \times 10^{-6} \ \mathrm{Pa \cdot s} \times 2144.6 \times 10^3 \ \mathrm{J/kg}} \right\}^{1/3}$$

$$\approx 6.17 \ ℃$$

不锈钢管表面的平均温度为

$$t_{\mathrm{w}} = t_{\mathrm{s}} + \Delta t = (140 + 6.17)℃ \approx 146.2℃$$

讨论:加热管长需达到 18 m,受到锅炉长度的限制以及工艺上的需要,要分层布置。这时上面的加热面将受到下面的加热面所产生的汽泡的影响。这里略去这种影响不计。由于 6 ℃ 左右的加热温差使沸腾传热刚处于核态沸腾的开始阶段,汽泡不会很密集,这样的简化处理是可以接受的。

例题 7-7 〔MATLAB 程序〕

```
%%%%%%%%%%%%%%%%%%%%%%%%%%%%%%%%%%%%%%
%EXAMPLE 7-7
%%%%%%%%%%%%%%%%%%%%%%%%%%%%%%%%%%%%%%
%输入
clc,clear
rho_l=926.2;rho_v=1.965;c_pl=4.287*10^3;eta_l=201.1*10^-6;
Pr=1.26;r=2144.6*10^3;delta=507.2*10^-4;        %140℃饱和水的物性
t_s=140;t_o=20;g=9.8;t=3600;m=75;q=7.75*10^4;d=0.012;c=4175; c_wl
=0.013;
%%%%%%%%%%%%%%%%%%%%%%%%%%%%%%%%%%%%%%
Deltat=t_s-t_o;
Q=m*(c*Deltat+r);
phi=Q/t;          %电热锅炉的热流量
A=phi/q;          %按设计的热流密度所需的加热面积
L=A/(pi*d);       %所需浸入水中的长度
Deltat=(q*sqrt(delta)/(sqrt(g*(rho_l-rho_v))*eta_l*r))^(1/3);
Delta_t=Deltat*c_wl*r*Pr/c_pl
t_w=t_s+Delta_t       %平均温度
```

程序输出结果:

Delta_t=6.1619

t_w=146.1619

如图 7-2,热流密度增大,不锈钢管的平均表面温度随之增大,而需要浸入水中的电热元件的总长度随之减小。

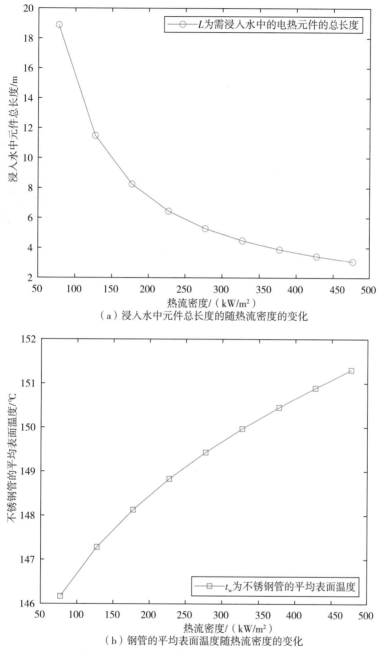

（a）浸入水中元件总长度的随热流密度的变化

（b）钢管的平均表面温度随热流密度的变化

图 7-2　表面温度和长度随热流密度变化情况

%%
%EXAMPLE 7-7 拓展
%%
%输入
clc,clear

```
rho_l=926.2;rho_v=1.965;c_pl=4.287*10^-3;eta_l=201.1*10^-6;
Pr=1.26;r=2144.6*10^-3;delta=507.2*10^-4;        %140℃饱和水的物性
t_s=140;t_o=20;g=9.8;t=3600;m=75;d=0.012;c=4175;
c_wl=0.013;
%%%%%%%%%%%%%%%%%%%%%%%%%%%%%%%%%%%%%%%%%%%
for i=1:9
q=(7.75+(i-1)*5)*10^4;
Deltat1=t_s-t_o;
Q=m*(c*Deltat1+r);
phi=Q/t;            %电热锅炉的热流量
A=phi/q;            %按设计的热流密度所需的加热面积
L(1,i)=A/(pi*d);        %所需浸入水中的长度
Deltat(1,i)=(q*sqrt(delta)/(sqrt(g*(rho_l-rho_v))*eta_l*r))^(1/3);
Delta_t(1,i)=Deltat(1,i)*c_wl*r*Pr/c_pl;
t_w(1,i)=t_s+Delta_t(1,i);
end


figure
q=[7.75*10^4:5*10^4:47.75*10^4];
plot(q/1000,L(1,:),'-o');
legend('\fontname{Times New Roman} L=需浸入水中的电热元件的总长度','location','
NorthEast');
text(55,19,'\fontname{Times New Roman}（a)')
xlabel('\fontname{Times New Roman} 热流密度/(kW/m^2)')
ylabel('\fontname{Times New Roman} 浸入水中元件总长度/m')
figure
q=[7.75*10^4:5*10^4:47.75*10^4];
plot(q/1000,t_w(1,:),'-s');
legend('\fontname{Times New Roman} t_w=不锈钢管的平均表面温度','location','
SouthEast');
text(55,151.8,'\fontname{Times New Roman}（b)')
xlabel('\fontname{Times New Roman} 热流密度/(kW/m^2)');
ylabel('\fontname{Times New Roman} 不锈钢管的平均表面温度/℃')
```

例题 7-8 竖直水平管排上平均凝结传热系数的保守估计。

解答过程略。

第八章　热辐射基本定律和物体的辐射特性

一、基本知识

1. 热辐射：由于热的原因而产生的电磁波辐射称为热辐射。

(1)辐射传热：辐射传热就是指物体之间相互辐射和吸收辐射热的总效果。

(2)热辐射的特点：

① 热辐射的能量传递不需要其他介质存在，而且在真空中传递的效率最高；

② 在物体发射与吸收辐射能量的过程中发生了电磁能与热能两种能量形式的转换；

③ 任何高于"绝对零度"的物体，都会不断地向外发射电磁波。

2. 吸收比：α，物体表面吸收的能量与外界投射到物体表面的总能量的比。值为 1 时，称为黑体。

3. 反射比：ρ，物体表面反射的能量与外界投射到物体表面的总能量的比值。值为 1 时，称为白体。

4. 穿透比：τ，被物体穿透的能量与外界投射到物体表面的总能量的比值。值为 1 时，称为透明体。

5. 吸收比、反射比、穿透比的数量关系：$\alpha + \rho + \tau = 1$。

6. 黑体：吸收比 $\alpha = 1$ 的物体。

7. 斯特潘-波尔兹曼定律：此定律是针对黑体发射的能量对半球空间所有方向及全部波长范围而言的，它描述的是黑体辐射力随温度的变化规律。

8. 辐射力：单位时间内单位表面积向其上的半球空间的所有方向辐射出去的全部波长范围内的能量，记为 E，单位为 W/m^2。

9. 光谱辐射力：单位时间内单位表面积向其上的半球空间的所有方向辐射出去的包含波长 λ 在内的单位波长内的能量称为光谱辐射力，记为 $E_{b\lambda}$，单位为 $W/(m^2 \cdot m)$，m 表示单位波长的宽度。

10. 普朗克定律：普朗克定律解释了黑体辐射能按波长分布的规律。

11. 维恩位移定律：波长 λ_m 与温度 T 成反比的规律称为维恩位移定律。

12. 立体角：平面几何中用平面角来表示某一方向的空间所占的大小，其单位为弧度。

13. 定向辐射强度：从黑体单位可见面积发射出去的落到空间任意方向的单位立体角中的能量，称为定向辐射强度。

14. 兰贝特定律：兰贝特定律给出了黑体辐射能按空间方向的分布规律。表明黑体的定向辐射强度是个常量，与空间方向无关。但黑体单位面积辐射出去的能量在空间的不同方向分布是不均匀的，按空间纬度角的余弦规律变化，在垂直于该表面的方向最大，而与表面平行的方向为零。

兰贝特定律与斯忒藩-波尔兹曼定律的关系：

$$E_b = I_b \pi$$

遵守兰贝特定律的辐射,数值上其辐射力等于定向辐射强度的 π 倍。

15. 实际物体的发射率:实际物体的辐射力 E 总是小于同温度下黑体的辐射力 E_b,两者的比值称为实际物体的发射率,记为 ε。

16. 实际物体的光谱发射率:实际物体的光谱辐射力与同温度下黑体光谱辐射力的比值。

17. 实际物体的定向发射率:实际物体的定向辐射强度与同温度下黑体辐射在该方向的辐射强度的比值。

18. 投入辐射:单位时间内从外界投入到物体的单位表面积上的辐射能称为投入辐射。

19. 光谱吸收比:物体吸收某一特定波长辐射能的百分数称为光谱吸收比。

20. 灰体:光谱吸收比与波长无关的物体称为灰体,即 $\alpha(\lambda)$ 为常数。

21. 基尔霍夫定律:描述实际物体的发射与吸收之间的关系,$\alpha = \dfrac{E}{E_b} = \varepsilon$,该式表示:热平衡时,任何物体对黑体投入辐射的吸收比等于同温度下该物体的发射率。

22. 太阳常数:大气层外缘与太阳射线相垂直的单位表面积所接收到的太阳辐射能为 $(1370 \pm 6)\ W/m^2$;此值称为太阳常数,记为 S_c。

23. 环境辐射:环境辐射是指地球以及大气层中某些具有辐射能力成分的辐射。

二、基本公式

1. 电磁波的速率与波长、频率间的关系:

$$c = f\lambda$$

式中:c ——电磁波的传播速率,在真空中 $c = 3 \times 10^8\ m/s$,在大气中的传播速率略低于此值;

f ——频率,s^{-1};

λ ——波长,单位为 m,常用单位为 μm,$1\ \mu m = 10^{-6}\ m$。

2. 斯忒藩-波尔兹曼定律:

$$E_b = \sigma T^4 = C_0 \left(\frac{T}{100}\right)^4$$

式中:σ ——黑体常数,值为 $5.67 \times 10^{-8}\ W/(m^2 \cdot K^4)$;

C_0 ——黑体辐射系数,值为 $5.67\ W/(m^2 \cdot K^4)$,下角 b 表示黑体。

3. 普朗克定律:黑体的光谱辐射力随波长的变化由下式描述:

$$E_{b\lambda} = \frac{c_1 \lambda^{-5}}{e^{c_2/\lambda T} - 1}$$

式中:c_1 ——第一辐射常量,值为 $3.7419 \times 10^{-16}\ W \cdot m^2$;

c_2 ——第二辐射常量,值为 $1.4388 \times 10^{-2}\ m \cdot K$。

4. 维恩位移定律:$\lambda_m T = 2.8976 \times 10^{-3}\ m \cdot K \approx 2.9 \times 10^{-3}\ m \cdot K$。

5. 定向辐射强度基本表达式：

$$\frac{\mathrm{d}\Phi(\theta)}{\mathrm{d}A\mathrm{d}\Omega\cos\theta}=I$$

6. 黑体辐射的百分数：

$$F_{b(0-\lambda)}=\frac{\int_0^\lambda E_{b\lambda}\,\mathrm{d}\lambda}{\int_0^\infty E_{b\lambda}\,\mathrm{d}\lambda}=\int_0^{\lambda T}\frac{E_{b\lambda}}{\sigma T^5}\mathrm{d}(\lambda T)=f(\lambda T)$$

其中，$f(\lambda T)$ 为黑体辐射函数，$F_{b(\lambda_1-\lambda_2)}=F_{b(0-\lambda_2)}-F_{b(0-\lambda_1)}$。

7. 兰贝特定律与斯忒藩-波尔兹曼定律的关系：

$$E_b=I_b\pi$$

遵守兰贝特定律的辐射，数值上其辐射力等于定向辐射强度的 π 倍。

8. 实际物体的辐射力：

$$E=\varepsilon E_b=\varepsilon\sigma T^4=\varepsilon C_0\left(\frac{T}{100}\right)^4$$

9. 实际物体的光谱发射率：

$$\varepsilon(\lambda)=\frac{E_\lambda}{E_{b\lambda}}$$

10. 实际物体的定向发射率：

$$\varepsilon(\theta)=I(\theta)/I_b(\theta)$$

11. 大气层外缘水平面上每单位面积接收到的太阳投入辐射：

$$G_{s,o}=S_c f\cos\theta$$

式中：f—— 日地距离的修正系数；

θ—— 由于太阳和地球距离遥远，所以对地球大气层外缘任一表面得到的太阳辐射可以看成是从与该表面法线成 θ 角的一股平行辐射线。

三、MATLAB 在本章例题中的应用

例题 8-1 试分别计算温度为 2000 K 和 5800 K 的黑体的最大单色辐射力所对应的波长 λ_m。

题解

分析：此题可直接应用 Wien 定律表示式即教材中式(8-7)计算。

计算：

$$T=2000\text{ K 时}, \lambda_m=\frac{2.9\times10^{-3}\text{ m}\cdot\text{K}}{2000\text{ K}}=1.45\times10^{-6}\text{ m}=1.45\ \mu\text{m}$$

$$T=5800 \text{ K 时},\lambda_m=\frac{2.9\times10^{-3} \text{ m}\cdot\text{K}}{5800 \text{ K}}=0.50\times10^{-6} \text{ m}=0.50 \ \mu\text{m}$$

讨论：上例的计算表明，在工业上的一般高温范围内（2000 K），黑体辐射的最大光谱辐射力的波长位于红外线区段，而温度等于太阳表面温度（约 5800 K）的黑体辐射的最大光谱辐射力的波长则位于可见光区段。

例题 8-1 ［MATLAB 程序］

```
%%%%%%%%%%%%%%%%%%%%%%%%%%%%%%%%%%%%%%
%EXAMPLE 8-1
%%%%%%%%%%%%%%%%%%%%%%%%%%%%%%%%%%%%%%
%输入
clc,clear
format short e
T=[2000,5800];
%%%%%%%%%%%%%%%%%%%%%%%%%%%%%%%%%%%%%%
lambda_m=2.9*10^-3./T
```

程序输出结果：

lambda_m=1.4500e-06　　5.0000e-07

进一步扩大温度范围，可以得到最大单色辐射力所对应的波长随温度变化分布，如图 8-1 所示。可见，温度越高，最大单色辐射力所对应的波长越短；在双对数坐标下，最大单色辐射力所对应的波长与温度间满足线性分布。

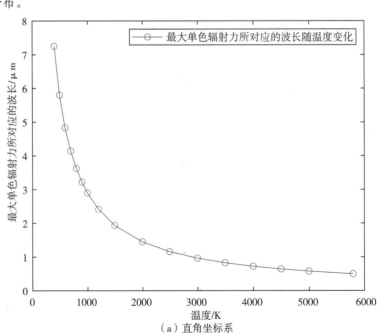

（a）直角坐标系

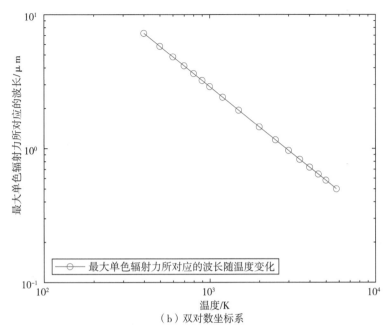

（b）双对数坐标系

图 8 - 1　最大单色辐射力所对应的波长随温度变化

%%%%%%%%%%%%%%%%%%%%%%%%%%%%%%%%%%%%%%
%EXAMPLE 8 - 1 拓展
%%%%%%%%%%%%%%%%%%%%%%%%%%%%%%%%%%%%%%
%输入
clc,clear
format short e
T=[400,500,600,700,800,900,1000,1200,1500,2000,2500,
3000,3500,4000,4500,5000,5800];
%%%%%%%%%%%%%%%%%%%%%%%%%%%%%%%%%%%%%%

lambda_m=2.9 * 10^-3. /T;
figure　%直角坐标系
plot(T,lambda_m * 10^6,'—o')
legend('最大单色辐射力所对应的波长随温度变化','location','NorthEast')
text(10,7.5,'\fontname{Times New Roman} (a)')
xlabel('\fontname{Times New Roman} 温度/K')
ylabel('\fontname{Times New Roman} 最大单色辐射力所对应的波长/\mum')

figure　%对数坐标系
loglog(T,lambda_m * 10^6,'—o')
legend('最大单色辐射力所对应的波长随温度变化','location','SouthWest')

text(110,8,'\fontname{Times New Roman} (b)')
axis([100,10000,0.1,10]);
xlabel('\fontname{Times New Roman} 温度/K')
ylabel('\fontname{Times New Roman} 最大单色辐射力所对应的波长/\mum')

例题 8 - 2　一个黑体表面置于室温为 27 ℃ 的厂房中。试求在热平衡条件下黑体表面的辐射力。如将黑体加热到 327 ℃,它的辐射力又是多少?

题解

分析:所谓热平衡就是指黑体表面温度与环境温度相同,即等于 27 ℃。

计算:按教材中式(8 - 5),辐射力为

$$E_b = C_0 \left(\frac{T_1}{100}\right)^4 = 5.67 \ \text{W}/(\text{m}^2 \cdot \text{K}^4) \times \left(\frac{27+273}{100}\right)^4 \text{K}^4 \approx 459 \ \text{W}/\text{m}^2$$

327 ℃黑体的辐射力为

$$E_{b2} = C_0 \left(\frac{T_2}{100}\right)^4 = 5.67 \ \text{W}/(\text{m}^2 \cdot \text{K}^4) \times \left(\frac{327+273}{100}\right)^4 \text{K}^4 \approx 7348 \ \text{W}/\text{m}^2$$

讨论:因为辐射力与热力学温度的四次方成正比,所以随着温度的升高辐射力急剧增大。虽然温度 T_2 仅为 T_1 的两倍,但辐射力之比却高达 16 倍。

例题 8 - 2　[MATLAB 程序]

```
%%%%%%%%%%%%%%%%%%%%%%%%%%%%%%%%%%%%%%%%
%EXAMPLE 8 - 2
%%%%%%%%%%%%%%%%%%%%%%%%%%%%%%%%%%%%%%%%
%输入
clc,clear
format short g
C_o=5.67;
T_1=27+273;
T_2=327+273;
%%%%%%%%%%%%%%%%%%%%%%%%%%%%%%%%%%%%%%%%
E_b1=C_o. * (T_1/100).^4
E_b2=C_o. * (T_2/100).^4
Ratio=E_b2/ E_b1
```

　　程序输出结果:
　　E_b1=459.27
　　E_b2=7348.3
　　Ratio=16

如果进一步改变温度和发射率，可以得到辐射力随温度和发射率变化分布，如图 8-2所示。同温度下，发射率越大，辐射力越强；同一发射率下，辐射力随温度 4 次方增加。

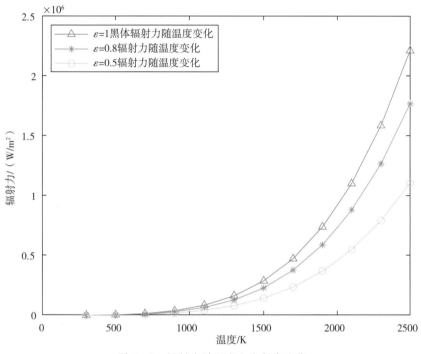

图 8-2　辐射力随温度和发射率变化

```
%%%%%%%%%%%%%%%%%%%%%%%%%%%%%%%%%%%%%
%EXAMPLE 8-2 拓展
%%%%%%%%%%%%%%%%%%%%%%%%%%%%%%%%%%%%%
%输入
clc,clear
format short g
C_o=5.67;epsilon_1=0.5;epsilon_2=0.8
T=[300,500,700,900,1100,1300,1500,1700,1900,2100,2300,2500];
%%%%%%%%%%%%%%%%%%%%%%%%%%%%%%%%%%%%%
E_b=C_o.*(T./100).^4;
E_b2=epsilon_2*C_o.*(T./100).^4;
E_b1=epsilon_1*C_o.*(T./100).^4;
figure
T=[300,500,700,900,1100,1300,1500,1700,1900,2100,
2300,2500];
plot(T,E_b,'-~',T,E_b2,'-*',T,E_b1,'-o')
```

legend('\fontname{Times New Roman} \epsilon＝1 黑体辐射力随温度变化','\fontname {Times New Roman} \epsilon＝0.8 辐射力随温度变化','\fontname{Times New Roman} \epsilon＝0.5 辐射力随温度变化','location','NorthWest')

xlabel('\fontname{Times New Roman} 温度/K')

ylabel('\fontname{Times New Roman} 辐射力/（W/m^2)')

例题 8 - 3 试分别计算温度为 1000 K、1400 K、3000 K 及 6000 K 时可见光和红外线辐射在黑体总辐射中所占的份额。

题解

分析：可见光和红外线的波长范围分别为 $0.38\sim0.76\ \mu m$ 和 $0.76\sim1000\ \mu m$。将给定温度各自乘以 $0.38\ \mu m$、$0.76\ \mu m$、$1000\ \mu m$，从而得到各个 λT 值，然后根据这些 λT 值，在教材中表 8 - 1 上查得各自的能量份额 $F_{b(0-\lambda)}$，再据教材中式(8 - 11)计算出可见光和红外线辐射各自占的份额。

计算：按上述方法计算得到的结果见表 8 - 1 所列。

表 8 - 1 不同温度下可见光和红外线辐射所占份额

	温度/K	1000	1400	3000	6000
$\lambda_1=0.38\ \mu m$	$\lambda T/\mu m\cdot K$	380	532	1140	2280
	$F_{b(0-\lambda_1)}/\%$	≪0.1	≪0.1	0.14	11.3
$\lambda_2=0.76\ \mu m$	$\lambda T/\mu m\cdot K$	760	1064	2280	4560
	$F_{b(0-\lambda_2)}/\%$	≪0.1	0.07	11.7	57.3
$\lambda_3=1000\ \mu m$	$\lambda T/\mu m\cdot K$	1×10^6	1.4×10^6	3×10^6	6×10^6
	$F_{b(0-\lambda_3)}/\%$	100	100	100	100
所占份额%	可见光 $F_{b(\lambda_2-\lambda_1)}$ $=F_{b(0-\lambda_2)}-F_{b(0-\lambda_1)}$	<0.1	0.07	11.6	46.0
	红外线 $F_{b(\lambda_3-\lambda_2)}$ $=F_{b(0-\lambda_3)}-F_{b(0-\lambda_2)}$	>99.9	99.93	88.3	42.6

讨论：可见，$T<1000$ K 时黑体辐射中可见光所见的比例远不到 $1/1000$，只有温度上升到 3000 K 左右时可见光的比例才可达 10% 以上。这一关于可见光在物体自身辐射中所占的比例，总体上对大多数实际物体的辐射也适用。

例题 8 - 3 ［MATLAB 程序］

```
%%%%%%%%%%%%%%%%%%%%%%%%%%%%%%%%%%%%%%%
%EXAMPLE 8 - 3
%%%%%%%%%%%%%%%%%%%%%%%%%%%%%%%%%%%%%%%
%输入
```

```
clc,clear
T_1=1000;
T_2=1400;
T_3=3000;
T_4=6000;
lambda_1=0.38;
lambda_2=0.76;
lambda_3=1000;
%%%%%%%%%%%%%%%查表%%%%%%%%%%%%%%%%%%%
A=[1000,0.1,99.9;1400,0.07,99.93;3000,11.6,88.3;6000,46.0,42.6];
F=array2table(A,'VariableNames',{'温度','可见光 F','红外线 F'})
```

程序输出结果：

温度	可见光 F	红外线 F
1000	0.1	99.9
1400	0.07	99.93
3000	11.6	88.3
6000	46	42.6

例题 8-4 如图 8-3 所示，有一个微元黑体面积 $dA_b=10^{-3}$ m^2，与该黑体表面相距 0.5 m 处另有 3 个微元面积 dA_1、dA_2、dA_3，面积均为 10^{-3} m^2，这 3 个微元面积的空间方位如图所示。试计算从 dA_b 发出分别落在 dA_1、dA_2 与 dA_3 对 dA_b 所张的立体角中的辐射能量。

题解

分析：先根据 dA_1、dA_2 与 dA_3 的大小与方向确定它们对 dA_b 所张的立体角，然后根据教材中式(8-15a)即可得出所求解的能量。

计算：据教材中式(8-12)有

$$d\Omega_1=\frac{dA_1}{r^2}=\frac{10^{-3}\ m^2\times\cos 30°}{(0.5\ m)^2}\approx 3.46\times 10^{-3}\ sr$$

$$d\Omega_2=\frac{dA_2}{r^2}=\frac{10^{-3}\ m^2\times\cos 0°}{(0.5\ m)^2}=4.00\times 10^{-3}\ sr$$

$$d\Omega_3=\frac{dA_3}{r^2}=\frac{10^{-3}\ m^2\times\cos 0°}{(0.5\ m)^2}=4.00\times 10^{-3}\ sr$$

$$d\Phi(60°)=IdA_b\cos\theta_1 d\Omega_1=7000\ W/(m^2\cdot sr)\times(10^{-3}\ m^2)\times\frac{1}{2}\times 3.46\times 10^{-3}\ sr$$

$$=1.21\times 10^{-2}\ W$$

$$\mathrm{d}\Phi(0°) = I\mathrm{d}A_b\cos\theta_2\mathrm{d}\Omega_2 = 7000 \text{ W/(m}^2 \cdot \text{sr)} \times (10^{-3} \text{ m}^2) \times 4.00 \times 10^{-3} \text{ sr}$$

$$= 2.80 \times 10^{-2} \text{ W}$$

$$\mathrm{d}\Phi(45°) = I\mathrm{d}A_b\cos\theta_3\mathrm{d}\Omega_3 = 7000 \text{ W/(m}^2 \cdot \text{sr)} \times (10^{-3} \text{ m}^2) \times \frac{\sqrt{2}}{2} \times 4.00 \times 10^{-3} \text{ sr}$$

$$\approx 1.98 \times 10^{-2} \text{ W}$$

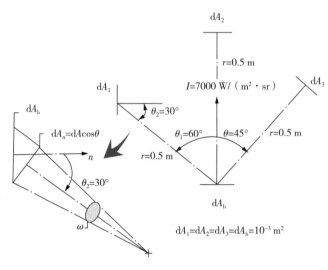

图 8-3 例题 8-4 图示

讨论：正如前面所指出的，黑体的定向辐射强度与方向无关是因为它是以单位可见面积作为度量单位的，实际上黑体辐射能量在空间的分布是不均匀的，法线方向最大，切线方向为零；还应注意，本题得出的是落到该立体角中的能量，但未必是微元面积 $\mathrm{d}A_1$、$\mathrm{d}A_2$ 与 $\mathrm{d}A_3$ 所吸收的来自黑体微元面积的能量，后者还与微元面积 $\mathrm{d}A_1$、$\mathrm{d}A_2$ 与 $\mathrm{d}A_3$ 本身的辐射特性有关。

例题 8-4 ［MATLAB 程序］

```
%%%%%%%%%%%%%%%%%%%%%%%%%%%%%%%%%%%%%%%
%EXAMPLE 8-4
%%%%%%%%%%%%%%%%%%%%%%%%%%%%%%%%%%%%%%%
%输入
clc,clear
r=0.5;I=7000;A_b=10^(-3);
theta=[pi/3,0,pi/4];
%%%%%%%%%%%%%%%%%%%%%%%%%%%%%%%%%%%%%%%
A=10^-3.*[cos(pi/6) cos(0) cos(0)];
Omega=A./(r^2);
```

phi＝I ＊ A_b. ＊ cos(theta). ＊ Omega

程序输出结果：

phi＝0.012124　　　0.0280　　　0.019799

如图 8-4 所示,改变微元面积的大小与黑体相距的大小,
辐射能量随之发生变化。

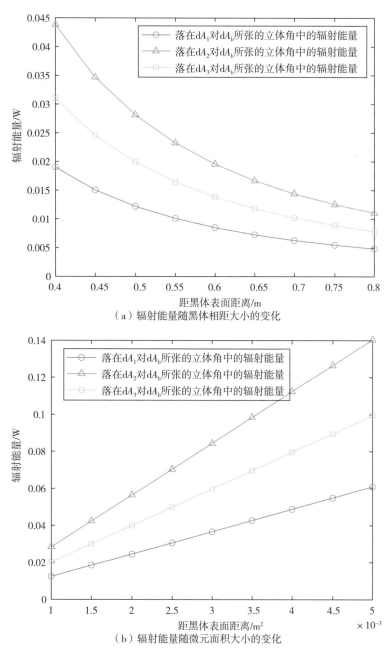

（a）辐射能量随黑体相距大小的变化

（b）辐射能量随微元面积大小的变化

图 8-4　辐射能量随黑体相距大小与微元面积的大小的变化分布

```
%%%%%%%%%%%%%%%%%%%%%%%%%%%%%%%%%%%%%%%%
%EXAMPLE 8-4 拓展
%%%%%%%%%%%%%%%%%%%%%%%%%%%%%%%%%%%%%%%%
%输入
clc,clear
I=7000;
theta=[pi/3,0,pi/4];
%%%%%%%%%%%%%%%%%%%%%%%%%%%%%%%%%%%%%%
for i=1:9
r=0.4+(i-1)*0.05;
A_b=10^(-3);
A=10^-3.*[cos(pi/6) cos(0) cos(0)];
Omega=A./(r^2);
phi_1(i,:)=I*A_b.*cos(theta).*Omega;
end
for i=1:9
r=0.5;
A_b=10^(-3)+5*(i-1)*10^(-4);
A=10^-3.*[cos(pi/6) cos(0) cos(0)];
Omega=A./(r^2);
phi_2(i,:)=I*A_b.*cos(theta).*Omega;
end
%画图
figure
r=[0.4:0.05:0.8];
plot(r,phi_1(:,1),'-o',r,phi_1(:,2),'-~',r,phi_1(:,3),'-S');
legend('\fontname{Times New Roman}落在 dA_1 对 dA_b 所张的立体角中的辐射能量
','\fontname{Times New Roman}落在 dA_2 对 dA_b 所张的立体角中的辐射能量','\
fontname{Times New Roman}落在 dA_3 对 dA_b 所张的立体角中的辐射能量','location
','NorthEast');
text(0.42,0.042,'\fontname{Times New Roman} (a)')
xlabel('\fontname{Times New Roman}距黑体表面距离/m')
ylabel('\fontname{Times New Roman}辐射能量/W')

figure
A_b=[10^(-3):5*10^(-4):5*10^(-3)];
plot(A_b,phi_2(:,1),'-o',A_b,phi_2(:,2),'-~',A_b,phi_2(:,3),'-S');
legend('\fontname{Times New Roman}落在 dA_1 对 dA_b 所张的立体角中的辐射能量
```

',\fontname{Times New Roman}落在 dA_2 对 dA_b 所张的立体角中的辐射能量',\fontname{Times New Roman}落在 dA_3 对 dA_b 所张的立体角中的辐射能量','location','SouthEast');

text(0.0011,0.13,'\fontname{Times New Roman} (b)')

xlabel('\fontname{Times New Roman}微元黑体面积/m^2')

ylabel('\fontname{Times New Roman}辐射能量/W')

例题 8 - 5 试计算温度处于 1400 ℃ 的碳化硅涂料表面的辐射力。

题解

分析： 碳化硅涂料是非导体，可取 $\varepsilon = \varepsilon_n$。

计算： 由教材中表 8 - 2 查得，碳化硅涂料在 1400 ℃ 时的 $\varepsilon_n = 0.92$，亦即 $\varepsilon = 0.92$。按照教材中式(8 - 18)，其辐射力为

$$E = \varepsilon C_0 \left(\frac{T_2}{100}\right)^4$$

$$= 0.92 \times 5.67 \text{ W/(m}^2 \cdot \text{K}^4) \times \left(\frac{1400 + 273}{100}\right)^4 \text{K}^4$$

$$\approx 409 \times 10^3 \text{ W/m}^2$$

$$= 409 \text{ kW/m}^2$$

讨论： 一般工程手册中给出的发射率常为法向发射率，选用时应注意表面类型与状态而作相应修正。对于本例，要注意给定的温度范围是与发射率范围相对应的。

例题 8 - 5 ［MATLAB 程序］

```
%%%%%%%%%%%%%%%%%%%%%%%%%%%%%%%%%%%%%%%%%%%%%%%%%%%%
%EXAMPLE 8 - 5
%%%%%%%%%%%%%%%%%%%%%%%%%%%%%%%%%%%%%%%%%%%%%%%%%%%%
%输入
clc,clear
epsilon=0.92;C_o=5.67;T=1400+273;
%%%%%%%%%%%%%%%%%%%%%%%%%%%%%%%%%%%%%%%%%%%%%%%%%%%%
E=epsilon*C_o*(T/100)^4
```

程序输出结果：

E=4.0865e+05

例题 8 - 6 实验测得 2500 K 钨丝的法向单色发射率如图 8 - 5 所示，试计算其辐射力及发光效率。

题解

分析：设钨丝表面为漫射表面，半球空间内的总辐射力可通过发射率 ε 而确定。ε 之值与光谱发射率间有如下关系：

$$\varepsilon = \frac{\int_0^2 \varepsilon(\lambda) E_{b\lambda} d\lambda + \int_2^\infty \varepsilon(\lambda) E_{b\lambda} d\lambda}{E_b}$$

$$= \varepsilon_{\lambda 1} \frac{\int_0^2 E_{b\lambda} d\lambda}{E_b} + \varepsilon_{\lambda 2} \frac{\int_2^\infty E_{b\lambda} d\lambda}{E_b}$$

$$= \varepsilon_{\lambda 1} F_{b(0-2)} + \varepsilon_{\lambda 2} (1 - F_{b(0-2)})$$

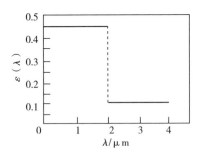

图 8-5 例题 8-6 附图

计算：

$$\lambda_1 T = 2 \times 10^{-6} \ \mu m \times 2500 \ K = 5000 \ \mu m \cdot K, F_{b(0-2)} = 0.6341$$

$$\varepsilon = 0.45 \times 0.6341 + 0.1 \times (1 - 0.6341) \approx 0.322$$

$$E = \varepsilon E_b = 0.322 \times 5.67 \ W/(m^2 \cdot K^4) \times \left(\frac{2500}{100}\right)^4 K^4 \approx 7.13 \times 10^5 \ W/m^2$$

取可见光的波长范围为 $0.38 \sim 0.76 \ \mu m$，则 $\lambda_1 T = 950 \ \mu m \cdot K, \lambda_2 T = 1900 \ \mu m \cdot K$。由教材中表 8-1，近似地取 $F_{b(0-0.38)} = 0.0003, F_{b(0-0.76)} = 0.0521$。于是，在可见光范围内发出的能量 ΔE 为

$$\Delta E = (0.0521 - 0.0003) \times 0.45 \times 5.67 \ W/(m^2 \cdot K^4) \times \left(\frac{2500}{100}\right)^4 K^4 \approx 5.16 \times 10^4 \ W/m^2$$

发光效率为

$$\eta = \frac{\Delta E}{E} = \frac{5.16 \times 10^4 \ W/m^2}{7.13 \times 10^5 \ W/m^2} = 0.0724 \approx 7.24\%$$

讨论：自从爱迪生发明第一只白炽灯以来，已经历了百余年。白炽灯由于灯丝的工作温度相对较低，热辐射中可见光的比例甚少，因此发光效率不高。大部分能量都作为不可见的红外辐射的能量而没有予以利用。发展新的固态光源（如发光二极管，LED）作为白炽灯、荧光灯以后的第三代照明技术是节约能源的重要措施，已经在国内外得到广泛应用。

例题 8-6 ［MATLAB 程序］

```
%%%%%%%%%%%%%%%%%%%%%%%%%%%%%%%%%%%%%%%%
%EXAMPLE 8-6
%%%%%%%%%%%%%%%%%%%%%%%%%%%%%%%%%%%%%%%%
%输入
clc,clear
epsilon_1=0.45;F=0.6341;epsilon_2=0.1;C_o=5.67;T=2500;
```

%%%%%%%%%%%%%%%%%%%%%%%%%%%%%%%%%%%%

epsilon＝epsilon_1＊F＋epsilon_2＊(1－F);
E＝epsilon＊C_o＊(T/100)^4;
F_3＝0.0003;F_4＝0.0521;
DeltaE＝(F_4－F_3)＊epsilon_1＊C_o＊(T/100)^4
eta＝DeltaE/E;
fprintf('发光效率为:%4.2f%%',eta＊100)

程序输出结果:
DeltaE＝51628
发光效率为:7.24%

例题 8-7 在直径为 1 m、长 2 m 的圆形烟道中,有温度为 1027 ℃的烟气通过。若烟气总压力为 10^5 Pa,其中二氧化碳占 10%,水蒸气占 8%,其余为不辐射气体,试计算烟气对整个包壁的平均发射率。

题解

分析:为计算气体对容器整个包壁辐射的平均发射率,首先需要确定相应的平均射线程长,然后按教材中式(8-28)计算。

计算:由教材中表 8-3 查得平均射线程长

$$s＝0.73d＝0.73×1 \text{ m}＝0.73 \text{ m}$$

于是

$$p_{\text{H}_2\text{O}}s＝0.08×10^5 \text{ Pa}×0.73 \text{ m}＝5.84×10^3 \text{ Pa·m}$$

$$p_{\text{CO}_2}s＝0.1×10^5 \text{ Pa}×0.73 \text{ m}＝7.3×10^3 \text{ Pa·m}$$

根据烟气温度 $T_\text{g}＝(1027＋273) \text{ K}＝1300 \text{ K}$ 及值 $p_{\text{H}_2\text{O}}s$、$p_{\text{CO}_2}s$,分别由教材中图 8-21、图 8-23 查得

$$\varepsilon^*_{\text{H}_2\text{O}}＝0.068,\varepsilon^*_{\text{CO}_2}＝0.092$$

计算参量

$$(p＋p_{\text{H}_2\text{O}})/2＝(1＋0.08)×10^5 \text{ Pa}/2＝5.4×10^4 \text{ Pa}$$

$$p_{\text{H}_2\text{O}}/(p_{\text{H}_2\text{O}}＋p_{\text{CO}_2})＝0.08/(0.08＋0.1)≈0.444$$

$$(p_{\text{H}_2\text{O}}＋p_{\text{CO}_2})s＝(0.08＋0.1)×10^5 \text{ Pa}×0.73 \text{ m}≈0.131×10^5 \text{ Pa·m}$$

分别从教材图 8-22、图 8-24、图 8-25 查得

$$C_{\text{H}_2\text{O}}＝1.05,C_{\text{CO}_2}＝1.0,\Delta\varepsilon＝0.014$$

把以上各值代入教材中式(8-28)得

$$\varepsilon_g = C_{H_2O}\varepsilon_{H_2O}^* + C_{CO_2}\varepsilon_{CO_2}^* - \Delta\varepsilon \approx 0.149$$

例题 8-7 ［MATLAB 程序］

```
%%%%%%%%%%%%%%%%%%%%%%%%%%%%%%%%%%%%%%%%%
%EXAMPLE 8-7
%%%%%%%%%%%%%%%%%%%%%%%%%%%%%%%%%%%%%%%%%
%输入
clc,clear
d=1;P_H2O=0.08*10^5;P_CO2=0.1*10^5;Tg=1300;
epsilon_H2O=0.068;epsilon_CO2=0.092;
C_H2O=1.05;C_CO2=1.0;delta_epsilon=0.014;
%%%%%%%%%%%%%%%%%%%%%%%%%%%%%%%%%%%%%%%%%
%气体发射率
C_H2O
C_CO2
delta_epsilon
epsilon=C_H2O * epsilon_H2O + C_CO2 * epsilon_CO2-
delta_epsilon
```

程序输出结果:

C_H2O=1.0500

C_CO2=1

delta_epsilon=0.0140

epsilon=0.1494

例题 8-8 若例题 8-7 中的壁温 t_w=527 ℃,其他条件不变,试确定烟气对外壳辐射的吸收比。

题解

分析:为计算气体的吸收比,需要根据容器壁温与气体温度的比值去查气体发射率的图线。上题中已经查得的修正系数 C_{H_2O}=1.05、C_{CO_2}=1.0 仍然可以采用。

计算:计算下列参量:

$$p_{H_2O}s\frac{T_w}{T_g} = 0.0584 \times 10^5 \text{ Pa} \cdot \text{m} \times \frac{800 \text{ K}}{1300 \text{ K}} \approx 3.6 \times 10^3 \text{ Pa} \cdot \text{m}$$

$$p_{CO_2}s\frac{T_w}{T_g} = 0.073 \times 10^5 \text{ Pa} \cdot \text{m} \times \frac{800 \text{ K}}{1300 \text{ K}} \approx 4.5 \times 10^3 \text{ Pa} \cdot \text{m}$$

据这些参量和 T_w=800 K 从教材中图 8-21、图 8-23 分别查得

$$\varepsilon_{H_2O}^*=0.088,\varepsilon_{CO_2}^*=0.082$$

于是

$$\alpha_{H_2O}^*=0.088\times\left(\frac{1300\text{ K}}{800\text{ K}}\right)^{0.45}\approx0.109$$

$$\alpha_{CO_2}^*=0.082\times\left(\frac{1300\text{ K}}{800\text{ K}}\right)^{0.65}\approx0.112$$

再据

$$T_w=(273+527)\text{ K}=800\text{ K}$$

$$p_{H_2O}/(p_{H_2O}+p_{CO_2})\approx0.444$$

$$(p_{H_2O}+p_{CO_2})s\approx1.31\times10^4\text{ Pa}\cdot\text{m}$$

在教材中图 8-25 上查得 $\Delta\alpha=0.008$。

于是据教材中式(8-29)，气体吸收比为

$$\alpha_g=1.05\times0.109+1.0\times0.112-0.008\approx0.219$$

例题 8-8　[MATLAB 程序]

```
%%%%%%%%%%%%%%%%%%%%%%%%%%%%%%%%%%%%%%%%%
%EXAMPLE 8-8
%%%%%%%%%%%%%%%%%%%%%%%%%%%%%%%%%%%%%%%%%
%输入
clc,clear
d=1;P_H2O=0.08*10^5;P_CO2=0.1*10^5;Tg=1300;Tw=800;
alpha_H2O=0.109;alpha_CO2=0.112;
C_H2O=1.05;C_CO2=1.0;delta_alpha=0.008;
%%%%%%%%%%%%%%%%%%%%%%%%%%%%%%%%%%%%%%%%%
%气体发射率
C_H2O
C_CO2
delta_alpha
alpha=C_H2O*alpha_H2O+C_CO2*alpha_CO2-delta_alpha
```

程序输出结果：

C_H2O=1.0500

C_CO2=1

delta_alpha=0.0080

alpha=0.2185

例题 8-9 一个火床炉的炉墙内表面温度为 500 K,其光谱发射率可近似地表示为 $\lambda \leqslant 1.5\ \mu m$ 时,$\varepsilon(\lambda)$ 为 0.1;$\lambda = 1.5 \sim 10\ \mu m$ 时,$\varepsilon(\lambda) = 0.5$;$\lambda > 10\ \mu m$ 时,$\varepsilon(\lambda) = 0.8$。炉墙内壁接受来自燃烧着的煤层的辐射,煤层温度为 2000 K。设煤层的辐射可以作为黑体辐射,炉墙为漫射表面,试计算其发射率及对煤层辐射的吸收比。

题解

分析:炉墙的发射率可以按定义由以下分段积分来获得:

$$\varepsilon = \varepsilon_{\lambda_1} \frac{\int_0^{\lambda_1} E_{b\lambda}\,d\lambda}{E_b} + \varepsilon_{\lambda_2} \frac{\int_{\lambda_1}^{\lambda_2} E_{b\lambda}\,d\lambda}{E_b} + \varepsilon_{\lambda_3} \frac{\int_{\lambda_2}^{\infty} E_{b\lambda}\,d\lambda}{E_b} = \varepsilon_{\lambda_1} F_{b(0-\lambda_1)} + \varepsilon_{\lambda_2} F_{b(\lambda_1-\lambda_2)} + \varepsilon_{\lambda_3} F_{b(\lambda_2-\infty)}$$

按定义,炉墙的吸收率为

$$\alpha = \frac{\int_0^{\infty} \alpha_\lambda(\lambda, T_1) E_{b\lambda}(T_2)\,d\lambda}{\int_2^{\infty} E_{b\lambda}(T_2)\,d\lambda}$$

由于炉墙为漫射体,所以有 $\varepsilon(\lambda, T) = \alpha(\lambda, T)$,由此可得

$$\alpha = \varepsilon_{\lambda_1} F_{b(0-\lambda_1)} + \varepsilon_{\lambda_2} F_{b(\lambda_1-\lambda_2)} + \varepsilon_{\lambda_3} F_{b(\lambda_2-\infty)}$$

计算:对于炉墙的发射率,有

$$\lambda_1 T_1 = 1.5\ \mu m \times 500\ K = 750\ \mu m \cdot K, F_{b(0-\lambda_1)} = 0.000$$

$$\lambda_2 T_1 = 10\ \mu m \times 500\ K = 5000\ \mu m \cdot K, F_{b(0-\lambda_2)} = 0.634$$

所以

$$\varepsilon(T_1) = 0.1 \times 0.000 + 0.5 \times 0.634 + 0.8 \times (1 - 0.634) \approx 0.61$$

炉墙吸收的是 2000 K 时的辐射,应按 2000 K 计算 λT,即

$$\lambda_1 T_2 = 1.5\ \mu m \times 2000\ K = 3000\ \mu m \cdot K, F_{b(0-\lambda_1)} = 0.274$$

$$\lambda_2 T_1 = 10\ \mu m \times 2000\ K = 20000\ \mu m \cdot K, F_{b(0-\lambda_2)} = 0.986$$

$$\alpha(T_1, T_2) = 0.1 \times 0.274 + 0.5 \times (0.986 - 0.274) + 0.8 \times (1 - 0.986) \approx 0.395$$

讨论:由计算得 $\varepsilon(T_1) = 0.61$,而 $\alpha(T_1, T_2) = 0.395$,$\alpha \neq \varepsilon$。这主要是由于在所研究的波长范围内,$\alpha(\lambda)$ 不是常数所致。

例题 8-9 [MATLAB 程序]

```
%%%%%%%%%%%%%%%%%%%%%%%%%%%%%%%%%%%%%%%
%EXAMPLE 8-9
%%%%%%%%%%%%%%%%%%%%%%%%%%%%%%%%%%%%%%%
%输入
clc,clear
```

epsilon_1＝0.1;epsilon_2＝0.5;epsilon_3＝0.8;

%%

%对于炉墙的发射率

lambda＝[1.5 10];T＝500;

lambda.＊T;F_1＝0;F_2＝0.634;

epsilon＝epsilon_1＊F_1＋epsilon_2＊F_2＋epsilon_3＊(1-F_2)

%吸收辐射

T＝2000;

lambda.＊T;F_1＝0.273;F_2＝0.986;

alpha＝epsilon_1＊F_1＋epsilon_2＊(F_2-F_1)＋epsilon_3＊(1-F_2)

程序输出结果：

epsilon＝0.6098

alpha＝0.3950

例题 8-10　人造卫星表面对太阳辐射吸收率的允许值的估计。

如图 8-6 所示，一个研究卫星绕地球的近极点的轨道运行，使得卫星可以总是受到太阳的直接辐射。为了姿态控制，卫星绕与轨道相一致的轴旋转。卫星呈球形，外径 1 m，其内的各种电子器件的散热量为 1250 W。卫星的外壳需要维持在 265～305 K 的温度。已知壳体的发射率为 0.75，其温度均匀。试估算能允许的卫星表面对太阳能辐射的吸收率。

题解

分析：卫星与太阳间的辐射作用是卫星最主要的传热过程，因此可假设不考虑卫星与地球间的辐射换热；宇宙空间按 0 K 的物体处理，则卫星表面得到的是太阳的辐射和内部电子器件的散热量，传递到宇宙空间的是其自身辐射，根据热平衡有

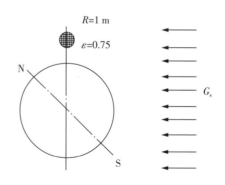

图 8-6　例题 8-10 示图

$$\alpha_s G_s A + \Phi_e = \varepsilon \sigma T^4 A$$

其中 α_s 是卫星表面的吸收率，A 为卫星接收太阳辐射的面积，Φ_e 是电子器件的功率。

于是有

$$\alpha_s = \frac{4\pi R^2 \varepsilon \sigma T^4 - \Phi_e}{\pi R^2 G_s}$$

计算：卫星需要维持外表面温度在 265 K 到 305 K 之间。因此最小与最大的吸收率分别为

$$\alpha_{s,\min} = \frac{4\pi \times 1 \text{ m}^2 \times 0.75 \times 5.67 \times 10^{-8} \text{ W}/(\text{m}^2 \cdot \text{K}^4) \times (265 \text{ K})^4 - 1250 \text{ W}}{\pi \times 1 \text{ m}^2 \times 1367 \text{ W}/\text{m}^2} \approx 0.323$$

$$\alpha_{s,\max} = \frac{4\pi \times 1 \text{ m}^2 \times 0.75 \times 5.67 \times 10^{-8} \text{ W}/(\text{m}^2 \times \text{K}^4) \times (305 \text{ K})^4 - 1250 \text{ W}}{\pi \times 1 \text{ m}^2 \times 1367 \text{ W}/\text{m}^2} \approx 0.786$$

讨论：为使卫星表面对太阳辐射的吸收率达到所需的值，可对表面材料敷设专门的涂层。在太空飞行的物体，辐射是其散热的唯一方式，所以航天事业是促进辐射传热研究发展的主要动力之一。

例题 8-10　[MATLAB 程序]

```
%%%%%%%%%%%%%%%%%%%%%%%%%%%%%%%%%%%%%
%EXAMPLE 8-10
%%%%%%%%%%%%%%%%%%%%%%%%%%%%%%%%%%%%%
%输入
clc,clear
T=[265,305];
R=1;epsilon=0.75;delta=5.67*10^-8;phi=1250;G
=1367;
%%%%%%%%%%%%%%%%%%%%%%%%%%%%%%%%%%%%%
alpha=(4*pi*R^2*epsilon*delta.*T.^4-phi)/(pi*R^2*G)
```

　　程序输出结果：
　　alpha=0.3226　　0.7857

　　计算得到 265～305 K 范围内的吸收率分布如图 8-7，随着温度的升高，吸收率增加；发射率越大，吸收率越大。

```
%%%%%%%%%%%%%%%%%%%%%%%%%%%%%%%%%%%%%
%EXAMPLE 8-10 拓展
%%%%%%%%%%%%%%%%%%%%%%%%%%%%%%%%%%%%%
%输入
clc,clear
T=[265,270,275,280,285,290,295,300,305];
R=1;epsilon_1=0.65;epsilon_2=0.75;epsilon_3=0.85;delta=5.67*10^-8;phi=
1250;G=1367;
%%%%%%%%%%%%%%%%%%%%%%%%%%%%%%%%%%%%%
alpha_1=(4*pi*R^2*epsilon_1*delta.*T.^4-phi)/(pi*R^2*G);
alpha_2=(4*pi*R^2*epsilon_2*delta.*T.^4-phi)/(pi*R^2*G);
alpha_3=(4*pi*R^2*epsilon_3*delta.*T.^4-phi)/(pi*R^2*G);
figure
T=[265,270,275,280,285,290,295,300,305];
```

plot(T,alpha_3,'−o',T,alpha_2,'−x',T,alpha_1,'−s')
text(270,0.9,\fontname{Times New Roman}卫星外壳需要维持的温度范围265~305 K','fontweight','bold')
legend('\fontname{Times New Roman}\epsilon_3＝0.85 吸收率随温度变化','location','SouthEast','\fontname{Times New Roman}\epsilon_2＝0.75 吸收率随温度变化','location','SouthEast','\fontname{Times New Roman}\epsilon_1＝0.65 吸收率随温度变化','location','SouthEast')
xlabel('\fontname{Times New Roman}温度/K')
ylabel('\fontname{Times New Roman}吸收率')

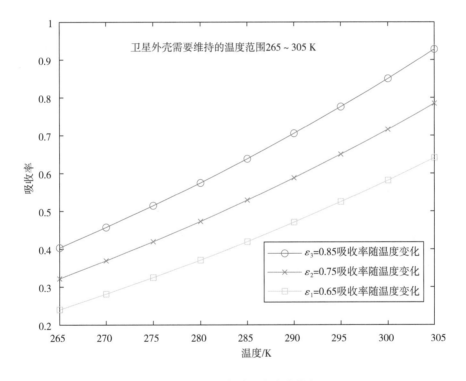

图 8−7 吸收率随温度变化情况

例题 8−11 测定吸收比与发射率的实验。

图 8−8 给出了一种测定表面发射率与吸收比的装置示意图。一个直径为 30 mm 的圆柱形试样受水冷却，被置于一个大的腔体的右上角。壳体内壁面为漫灰体，发射率为 0.8。该试样的光谱反射率如图 8−9 所示。试验中测得稳定工况下试样表面温度为 $T_s＝300$ K，腔体内表面温度为 $T_f＝1000$ K，其中充满 1000 K 的空气。冷却水带走的热量为24.4 W。试计算该条件下试样的吸收比与发射率，以及试样表面与空气间的对流传热系数。试样是不透明的漫射体。

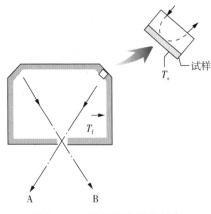

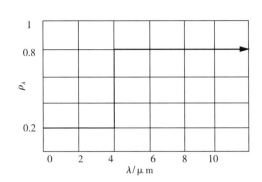

图 8-8 一种测定表面发射率、
吸收比的装置示意图

图 8-9 光谱反射率

题解

分析:热平衡时,试样从大腔体得到的辐射能,从空气对流得到的能量,减去其自身辐射应等于被冷却水带走的热量。故有

$$\Phi_{\text{cool}} = A[\alpha G(T_{\text{f}}) + \Phi_{\text{conv}} - \varepsilon E_{\text{b}}(T_{\text{s}})] = A[\alpha G(T_{\text{f}}) + h_{\text{conv}}(T_{\text{f}} - T_{\text{s}}) - \varepsilon E_{\text{b}}(T_{\text{s}})]$$

为计算 h_{conv} 需要先求出发射率和吸收比。腔体的体积很大,它对试样的投入辐射就是 1000 K 下的黑体辐射。因为试样不透明,所以光谱吸收率 $\alpha(\lambda) = 1 - \rho(\lambda)$。据此可按定义计算试样的吸收率等。

计算:试样的吸收率为

$$\alpha = \int_0^\infty \alpha(\lambda) G_\lambda \, d\lambda / G = \int_0^\infty [1 - \rho(\lambda)] E_{\text{b}\lambda}(1000 \text{ K}) \, d\lambda / E_{\text{b}}(1000 \text{ K})$$

$$\alpha = [1 - \rho(\lambda_1)] F_{\text{b}(0-\lambda_1)} + [1 - \rho(\lambda_2)] F_{\text{b}(\lambda_1 - \lambda_2)}$$

$$= [1 - \rho(\lambda_1)] F_{\text{b}(0-\lambda_1)} + [1 - \rho(\lambda_2)](1 - F_{\text{b}(0-\lambda_1)})$$

据教材中表 8-1,$\lambda_1 T_{\text{f}} = 4 \times 1000 \ \mu\text{m} \cdot \text{K} = 4000 \ \mu\text{m} \cdot \text{K}$,$F_{\text{b}(0-\lambda_1)} = 0.4813$。故有

$$\alpha = (1 - 0.2) \times 0.4813 + (1 - 0.8) \times (1 - 0.4813) \approx 0.4888$$

按发射率的定义,有

$$\varepsilon = \frac{E(T_{\text{s}})}{E_{\text{b}}(T_{\text{s}})} = \int_0^\infty \varepsilon(\lambda) E_{\text{b}\lambda}(300 \text{ K}) \, d\lambda / E_{\text{b}}(300 \text{ K})$$

$$= [1 - \rho(\lambda_1)] F_{\text{b}(0-\lambda_1)} + [1 - \rho(\lambda_2)](1 - F_{\text{b}(0-\lambda_1)})$$

据教材中表 8-1,$\lambda_1 T_{\text{s}} = 4 \times 300 \ \mu\text{m} \cdot \text{K} = 1200 \ \mu\text{m} \cdot \text{K}$,$F_{\text{b}(0-\lambda_1)} = 0.002$,

$$\varepsilon = (1 - 0.2) \times 0.002 + (1 - 0.8) \times (1 - 0.002) \approx 0.2$$

根据发射率和吸收比之值可以得出对流传热的表面传热系数之值为

$$h_{conv} = \frac{1}{T_f - T_s}\left[\frac{\Phi_{cool}}{A} - \alpha G(T_f) + \varepsilon E_b(T_s)\right]$$

$$= \frac{1}{(1000-300)\,K} \times \left[\frac{24.4\ W}{3.14/4 \times 0.03 \times 0.03\ m^2} - 0.4888 \times 5.67 \times 10^{-8}\ W/(m^2 \cdot K^4)\right.$$

$$\left.\times (1000\ K)^4 + 0.2 \times 5.67 \times 10^{-8}\ W/(m^2 \cdot K^4) \times (300\ K)^4\right]$$

$$\approx 9.854\ W/(m^2 \cdot K)$$

讨论:那么 $\rho(\lambda)$ 又是怎样测定的呢? 如图 8-8 所示,如果在大腔体的底面中间开一个极小的孔,可以分别测出从腔体左右两个顶面上发出的总的辐射能。由于试样本身温度较低,可以认为试样向外发射的主要是反射的能量,对波长 λ 反射能量正比于 $\rho(\lambda)G_\lambda$,从图中的 A 方向用测定定向辐射强度的仪器可以测定这份能量,而从 B 方向则可测定正比于 $E_\lambda(T_f)$ 的能量,因为 $G_\lambda(T_f) = E_{b\lambda}(T_f)$,所以两者之比即为 $\rho(\lambda)$。

例题 8-11　[MATLAB 程序]

```
%%%%%%%%%%%%%%%%%%%%%%%%%%%%%%%%%%%%%%%%%
%EXAMPLE 8-11
%%%%%%%%%%%%%%%%%%%%%%%%%%%%%%%%%%%%%%%%%
%输入
clc,clear
epsilon_1=0.2;epsilon_2=0.8;d=0.03;
T_f=1000; T_s=300;lambda=4;
lambda. * T_f;F_1=0.4813;
alpha=(1-epsilon_1) * F_1+(1-epsilon_2) * (1-F_1)
%%%%%%%%%%%%%%%%%%%%%%%%%%%%%%%%%%%%%%%%%
lambda. * T_s;F_1=0.002;
epsilon=(1-epsilon_1) * F_1+(1-epsilon_2) * (1-F_1)
%%%%%%%%%%%%%%%%%%%%%%%%%%%%%%%%%%%%%%%%%
A=pi * d^2/4;G=(5.67 * 10^-8) * T_f^4;E=(5.67 * 10^-8) * T_s^4;phi=24.4;
h_conv=(1/(T_f-T_s)) * (phi/A-alpha * G+epsilon * E)
```

程序输出结果:

alpha=0.48878

epsilon=0.2012

h_conv=9.8536

图 8-10 给出了不同圆柱直径和不同冷却功率变化下表面传热系数的变化情况,可见随圆柱直径的增大,表面传热系数变小;随冷却功率变大,表面传热系数变大。需要指出的是,圆柱直径不能太大,冷却功率不能太小。

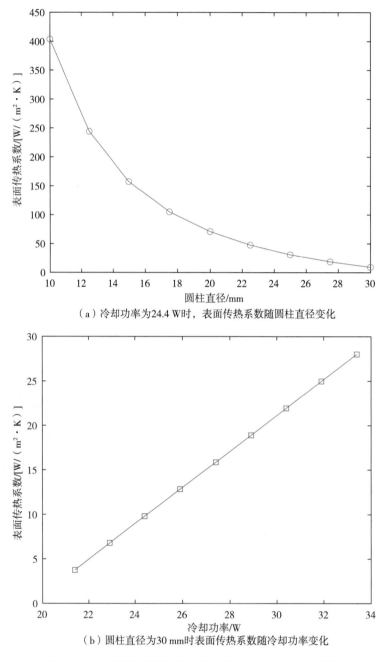

（a）冷却功率为24.4 W时，表面传热系数随圆柱直径变化

（b）圆柱直径为30 mm时表面传热系数随冷却功率变化

图 8 - 10　表面传热系数随圆柱直径和冷却功率变化情况

％％％％％％％％％％％％％％％％％％％％％％％％％％％％％％％％％％％％％

％EXAMPLE 8 - 11 拓展

％％％％％％％％％％％％％％％％％％％％％％％％％％％％％％％％％％％％％

％输入

```
clc,clear
epsilon_1=0.2;epsilon_2=0.8;
T_f=1000;T_s=300;lambda=4;
lambda.*T_f;F_1=0.4813;
alpha=(1-epsilon_1)*F_1+(1-epsilon_2)*(1-F_1);
%%%%%%%%%%%%%%%%%%%%%%%%%%%%%%%%%%%%%%%%
lambda.*T_s;F_1=0.002;phi0=24.4;
epsilon=(1-epsilon_1)*F_1+(1-epsilon_2)*(1-F_1);
%%%%%%%%%%%%%%%%%%%%%%%%%%%%%%%%%%%%%%%%
G=(5.67*10^-8)*T_f^4;
E=(5.67*10^-8)*T_s^4;
for  i=1:9
d=0.01+0.0025*(i-1);
A=pi*d^2/4;
h_conv(1,i)=(1/(T_f-T_s))*(phi0/A-alpha*G+epsilon*E);
end
for  i=1:9
phi=21.4+1.5*(i-1);
d0=0.03
A=pi*d0^2/4;
h_conv(2,i)=(1/(T_f-T_s))*(phi/A-alpha*G+epsilon*E);
end


figure
%画图
d=[0.01:0.0025:0.03]
plot(d*1000,h_conv(1,:),'-o')
text(11,420,'\fontname{Times New Roman} (a)')
text(22,300,'\fontname{Times New Roman} 冷却功率为24.4 W')
legend('\fontname{Times New Roman} 表面传热系数随圆柱直径变化','location','NorthEast')
xlabel('\fontname{Times New Roman} 圆柱直径/mm')
ylabel('\fontname{Times New Roman} 表面传热系数/W/(m^2 . K)')


figure
%画图
phi=[21.4:1.5:33.4]
plot(phi,h_conv(2,:),'-s')
```

text(21,28,'\fontname{Times New Roman}（b）')

text(28,10,'\fontname{Times New Roman} 圆柱直径为 30 mm');

legend('\fontname{Times New Roman} 表面传热系数随冷却功率变化','location','SouthEast')

xlabel('\fontname{Times New Roman} 冷却功率/W')

ylabel('\fontname{Times New Roman} 表面传热系数/W/(m^2 . K)')

第九章　辐射传热的计算

一、基本知识

1. 角系数:表面 1 发出的辐射能落到表面 2 的百分数称为表面 1 对表面 2 的角系数,记为 $X_{1,2}$。运用角系数时假定:①漫射表面;②所研究表面的不同地点上向外发射的辐射热流密度是均匀的。

2. 角系数的计算方法:

(1)直接积分法:按角系数的基本定义通过求解多重积分而获得角系数的方法。

(2)代数分析法:代数分析法是通过求解代数方程的形式获得角系数的方法。

3. 投入辐射:单位时间内投入到单位表面积上的总辐射能称为该表面的投入辐射,记为 G。

4. 有效辐射:有效辐射是指单位时间内离开表面单位面积的总辐射能,记为 J。有效辐射 J 不仅包括自身辐射 E,还包括投入辐射中被反射的部分 ρG,其中 ρ 为反射比。

5. 多表面系统的辐射传热问题:

(1)表面辐射热阻:$\dfrac{1-\varepsilon}{\varepsilon A}$,取决于表面辐射特性。

(2)空间辐射热阻:$\dfrac{1}{A_1 X_{1,2}}$,取决于表面的空间结构。

6. 网络法:把辐射热阻比拟成等效的电阻而通过等效的网络图来求解辐射传热的方法。

(1)基本过程:

① 分析封闭系统由几个表面组成并确定各个表面的性质。

② 画等效网络图。源热势 E_b 与有效辐射 J 之间以表面热阻 $\dfrac{1-\varepsilon}{\varepsilon A}$ 相连;而各表面的节点热势间以空间热阻 $\dfrac{1}{A_1 X_{1,2}}$ 相连。

③ 依据基尔霍夫定律列出节点方程式,并算出节点电势。

④ 求出净辐射换热量。

(2)两个特例:

① 有一个表面为黑体,此时其表面热阻 $\dfrac{1-\varepsilon_i}{\varepsilon_i A_i}=0$,从而 $J_i=E_{bi}$。

② 有一个表面绝热,即净辐射传热量 q 为 0。与表面为黑体不同,表面有效辐射 J 为节点而非源热势,因而是一个浮动值。

7. 重辐射面：辐射传热系统中，表面温度未定而净辐射传热量为零的表面称为重辐射面。

8. 气体辐射特点：①不同气体的辐射和吸收的本领不同；②气体辐射对波长具有选择性；③气体的辐射和吸收是在整个容器中进行的，与气体在容器中的分子数目及容器的形状和容积等有关。

9. 贝尔定律：表明光谱辐射强度在吸收性气体中传播是按指数规律衰减。

10. 平均射线程长：采用当量半球半径作为平均射线程长，半球中的气体具有与所研究的情况相同的温度、压力和成分时，该半球内气体对球型的辐射力等于所研究情况下气体对指定地区的辐射力。

11. 控制物体表面间辐射传热的方法：①控制表面热阻；②控制表面的空间热阻。

12. 遮热板：指插入两个辐射传热表面之间用以削弱辐射传热的薄板。

二、基本公式

1. 角系数的性质：

（1）相对性：$A_1 X_{1,2} = A_2 X_{2,1}$；

（2）完整性：对于封闭表面，$\sum_{i=0}^{n} X_{1,i} = 1$，当表面为非凹表面时 $X_{1,1} = 0$；

（3）可加性：假设表面2由两个表面 $2a$ 和 $2b$ 组成，存在 $X_{1,2} = X_{1,2a} + X_{1,2b}$，反之不同，

$$X_{2,1} = \frac{A_{2a}}{A_2} X_{2a,1} + \frac{A_{2b}}{A_2} X_{2b,1} 。$$

2. 直接积分法计算角系数：$X_{1,2} = \dfrac{1}{A_1} \displaystyle\int_{A_1} \int_{A_2} \dfrac{\cos\theta_1 \cos\theta_2 \, \mathrm{d}A_2 \, \mathrm{d}A_1}{\pi r^2}$。

θ_1, θ_2 分别为两个单位表面之间的连线与法线方向的夹角。

3. 代数分析法计算角系数：

（1）三个非内凹表面组成的封闭系数：

$$X_{ab,ac} = \frac{l_{ab} + l_{ac} - l_{bc}}{2l_{ab}}$$

（2）两个互不相邻的非内凹表面：

$$X_{ab,cd} = \frac{(bc + ad) - (ac + bd)}{2ab}$$

4. 两黑体表面封闭系统的辐射换热：

如图 9-1 所示，黑体表面 1、2 间的净辐射传热量计算公式为

$$\Phi_{1,2} = A_1 X_{1,2} (E_{b1} - E_{b2})$$

5. 有效辐射：

$$J_1 = E_1 + \rho_1 G_1 = \varepsilon_1 E_{b1} + (1 - \alpha) G_1$$

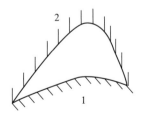

图 9-1　黑体表面
1、2 间的净辐射传热

6. 有效辐射 J 与表面净辐射换热量 q 之间的关系：

$$J = \frac{E}{\alpha} - \frac{1-\alpha}{\alpha} q = E_b - \left(\frac{1}{\varepsilon} - 1\right) q$$

7. 两个漫灰表面组成的封闭腔的辐射传热：

(1) 计算式：

$$\Phi_{1,2} = \frac{A_1(E_{b1} - E_{b2})}{\left(\dfrac{1}{\varepsilon_1} - 1\right) + \dfrac{1}{X_{1,2}} + \dfrac{A_1}{A_2}\left(\dfrac{1}{\varepsilon_2} - 1\right)} = \varepsilon_s A_1 X_{1,2}(E_{b1} - E_{b2})$$

其中

$$\varepsilon_s = \frac{1}{1 + X_{1,2}\left(\dfrac{1}{\varepsilon_1} - 1\right) + X_{2,1}\left(\dfrac{1}{\varepsilon_2} - 1\right)}$$

(2) 有以下 3 种情况：

① 表面 1 为平面或凸表面，此时 $X_{1,2} = 1$。

② 表面积 A_1 和 A_2 相差很小时，$A_1/A_2 \rightarrow 1$。

③ 表面积 A_2 比 A_1 大得多时，$A_1/A_2 \rightarrow 0$。

8. 节点方程式：如图 9-2 所示。

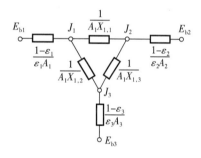

$$J_1 : \frac{E_{b1} - J_1}{\dfrac{1-\varepsilon_1}{\varepsilon_1 A_1}} + \frac{J_2 - J_1}{\dfrac{A_1}{A_1 X_{1,2}}} + \frac{J_3 - J_1}{\dfrac{A_1}{A_1 X_{1,3}}} = 0$$

$$J_2 : \frac{E_{b2} - J_2}{\dfrac{1-\varepsilon_2}{\varepsilon_2 A_2}} + \frac{J_1 - J_2}{\dfrac{1}{A_1 X_{1,2}}} + \frac{J_3 - J_2}{\dfrac{1}{A_2 X_{2,3}}} = 0$$

$$J_3 : \frac{E_{b3} - J_3}{\dfrac{1-\varepsilon_3}{\varepsilon_3 A_3}} + \frac{J_1 - J_3}{\dfrac{1}{A_2 X_{1,3}}} + \frac{J_2 - J_3}{\dfrac{1}{A_2 X_{2,3}}} = 0$$

图 9-2　等效网络图

9. 净辐射换热量：

$$\Phi_i = \frac{E_{bi} - J_i}{\dfrac{1-\varepsilon_i}{\varepsilon_i A_i}}$$

10. 表面 i 和 j 之间的辐射换热量：

$$\Phi_{i,j} = \frac{J_i - J_j}{\dfrac{1}{A_i X_{i,j}}}$$

11. 贝尔定律：

$$I_{\lambda,s} = I_{\lambda,0} \exp(-k_\lambda s)$$

式中，k_λ 为光谱减弱系数，取决于气体种类、密度和波长。

12. 任意几何形状气体对整个包壁辐射的平均射线程长：

$$s = 3.6\,V/A$$

式中，V 为气体容积，单位为 m^3；A 为包壁面积，单位为 m^2。

13. 遮热板辐射传热量：

$$q_{1,2} = \frac{1}{2}\varepsilon_s(E_{b1} - E_{b2})$$

式中，$\varepsilon_s = \dfrac{1}{\dfrac{1}{\varepsilon} + \dfrac{1}{\varepsilon} - 1}$，与未加金属薄板时的辐射传热相比，其辐射传热量减少了一半。

三、MATLAB 在本章例题中的应用

例题 9 - 1　试确定图 9-3 所示的表面 1 对表面 2 的角系数 $X_{1,2}$。

题解

分析：由图 9-3 可见，表面 2 对表面 A，表面 2 对表面 $(1+A)$ 都是相互垂直的矩形，因此角系数 $X_{2,A}$ 与 $X_{2,(1+A)}$ 都可利用教材中的图 9-8 确定。

由角系数的可加性，有

$$X_{2,(1+A)} = X_{2,1} + X_{2,A}$$

因此有

$$X_{2,1} = X_{2,(1+A)} - X_{2,A}$$

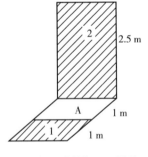

图 9 - 3　例题 9 - 1 图示

根据角系数的相对性可得到

$$X_{2,1} = \frac{A_2 X_{2,1}}{A_1} = \frac{A_2[X_{2,(1+A)} - X_{2,A}]}{A_1}$$

计算：由教材中图 9-8 得

$$X_{2,A} = 0.10,\ X_{2,(1+A)} = 0.15$$

所以

$$X_{1,2} = \frac{A_2 X_{2,1}}{A_1} = \frac{A_2[X_{2,(1+A)} - X_{2,A}]}{A_1}$$

$$= \frac{2.5 \times (0.15 - 0.10)}{1} = 0.125$$

讨论：利用这样的分析方法可以得出不少几何结构的角系数,习题中将有更多这样的例子。采用代数分析法时最终得到的答案往往是一个比较小的数。因而计算时要注意有效数字的位数问题。

例题 9 - 1 ［MATLAB 程序］

```
%%%%%%%%%%%%%%%%%%%%%%%%%%%%%%%%%%%%%%
%EXAMPLE 9 - 1
%%%%%%%%%%%%%%%%%%%%%%%%%%%%%%%%%%%%%%
%输入
clc,clear
X_2=0.1;X_2A=0.15;
A_2=2.5;A_1=1;
%%%%%%%%%%%%%%%%%%%%%%%%%%%%%%%%
%%%%%%%%
X_21=X_2A-X_2;
X_12=A_2*X_21/A_1
```

　　程序输出结果：
　　X_12=0.125

例题 9 - 2　液氧储存容器为双壁镀银的夹层结构(图 9 - 4),外壁内表面温度 $t_{w1}=20\ ℃$,内壁外表面温度 $t_{w2}=-183\ ℃$,镀银壁的发射率 $\varepsilon=0.02$,试计算由于辐射传热每单位面积容器壁的散热量。

题解

分析：因为容器夹层的间隙很小,可认为属于无限大平行表面间的辐射传热问题。容器壁单位面积的辐射散热量可用教材中式(9 - 16)计算。

计算：

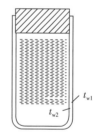

$$T_{w1}=t_{w1}+273\ K=(20+273)K=293\ K$$

$$T_{w2}=t_{w2}+273\ K=(-183+273)K=90\ K$$

图 9 - 4　液氧储存容器示意图

$$q_{1,2}=\frac{C_0\left[\left(\frac{T_{w1}}{100}\right)^4-\left(\frac{T_{w2}}{100}\right)^4\right]}{\frac{1}{\varepsilon_1}+\frac{1}{\varepsilon_2}-1}$$

$$=\frac{5.67\ W/(m^2\cdot K^4)\times(2.93^4-0.9^4)\ K^4}{\frac{1}{0.02}+\frac{1}{0.02}-1}\approx4.18\ W/m^2$$

讨论：采用镀银壁对降低辐射散热量作用极大。作为比较，设 $\varepsilon_1 = \varepsilon_2 = 0.8$，则求得 $q_{1,2} = 276$ W/m²，即散热量增加了 66 倍。

如果不采用抽真空的夹层，而是采用在容器外敷设保温材料的方法来绝热，取保温材料的导热系数为 0.05 W/(m·K)（这已经是相当好的保温材料了），则按一维平板导热问题来估算，所需的保温材料壁厚 δ 应满足下式：

$$4.18 \text{ W/m}^2 = 0.05 \text{ W/(m·K)} \times \frac{[20-(-183)]\text{K}}{\delta}$$

$$\delta \approx 2.43 \text{ m}$$

由此可见，抽真空的低发射率夹层保温的有效性。

例题 9-2 ［MATLAB 程序］

```
%%%%%%%%%%%%%%%%%%%%%%%%%%%%%%%%%%%%%%
%EXAMPLE 9-2
%%%%%%%%%%%%%%%%%%%%%%%%%%%%%%%%%%%%%%
%输入
clc,clear
epsilon_1=0.02;epsilon_2=0.02;t_w1=20;t_w2=-183;
%%%%%%%%%%%%%%%%%%%%%%%%%%%%%%%%%%%%%%
C_o=5.67;T_w1=273+t_w1;T_w2=273+t_w2;
q_12=C_o*((T_w1/100)^4-(T_w2/100)^4)/(1/epsilon_1+1/epsilon_2-1)
%%%%%%%%%%%%%%%%%%%%%%%%%%%%%%%%%%%%%%
%若不镀银
epsilon_3=0.8;epsilon_4=0.8;
q_34=C_o*((T_w1/100)^4-(T_w2/100)^4)/(1/epsilon_3+1/epsilon_4-1)
%不镀银与镀银散热量之比
Ratio=q_34/ q_12
%%%%%%%%%%%%%%%%%%%%%%%%%%%%%%%%%%%%%%
%若不抽真空,保温材料厚度
lamta_1=0.05; lamta_2=0.0259;
delta_1=lamta_1*( T_w1-T_w2)/q_12      %保温材料
delta_2=lamta_2*( T_w1-T_w2)/q_12      %空气夹层
```

程序运行结果：

q_12=4.1835

q_34=276.11

Ratio=66

delta_1=2.4262

delta_2=1.2568

例题 9-3　一根直径 $d=50$ mm、长度 $l=8$ m 的钢管，被置于横断面为 0.2 m×0.2 m 的砖槽道内。若钢管温度和发射率分别为 $t_1=250$ ℃，$\varepsilon_1=0.79$，砖槽壁面温度和发射率分别为 $t_2=27$ ℃，$\varepsilon_1=0.93$，试计算该钢管的辐射热损失。

题解

分析：这是一个三维问题，但是因为 $l/d \gg 1$，可以近似地按二维问题处理，而直接应用教材中式(9-15)计算钢管的辐射散热损失。

计算：

$$\Phi = \frac{A_1 C_0 \left[\left(\dfrac{T_1}{100}\right)^4 - \left(\dfrac{T_2}{100}\right)^4 \right]}{\dfrac{1}{\varepsilon_1} + \dfrac{A_1}{A_2}\left(\dfrac{1}{\varepsilon_2} - 1\right)}$$

$$= \frac{3.14 \times 0.05 \text{ m} \times 8 \text{ m} \times 5.67 \text{ W/(m}^2 \cdot \text{K}^4) \times (5.23^4 - 3.00^4)\text{K}^4}{\dfrac{1}{0.79} + \dfrac{3.14 \times 0.05}{4 \times 0.2} \times \left(\dfrac{1}{0.93} - 1\right)}$$

$$\approx 3.710 \text{ kW}$$

讨论：这一问题也可近似地采用 $A_1/A_2 \approx 0$ 的模型。此时有

$$\Phi = \varepsilon_1 A_1 C_0 \left[\left(\frac{T_1}{100}\right)^4 - \left(\frac{T_2}{100}\right)^4 \right]$$

$$= 0.79 \times 3.14 \times 0.05 \text{ m} \times 8 \text{ m} \times 5.67 \text{ W/(m}^2 \cdot \text{K}^4) \times (5.23^4 - 3.00^4)\text{K}^4$$

$$\approx 3.754 \text{ kW}$$

与上述结果只相差 1%。

例题 9-3　[MATLAB 程序]

```
%%%%%%%%%%%%%%%%%%%%%%%%%%%%%%%%%%%%%%%%%%
%EXAMPLE 9-3
%%%%%%%%%%%%%%%%%%%%%%%%%%%%%%%%%%%%%%%%%%
%输入
clc,clear
T_1=523;T_2=300;epsilon_1=0.79;epsilon_2=0.93;C_o=5.67;
d=0.05;l=8;a=0.2;
%%%%%%%%%%%%%%%%%%%%%%%%%%%%%%%%%%
%%%%%%%%
A_1=pi*d*l;A_2=4*a*l;
phi=A_1*C_o*((T_1/100)^4-(T_2/100)^4)/(1/epsilon_1
+A_1*(1/epsilon_2-1)/A_2)
```

```
% A_1/A_2=0
phi_12＝A_1 * epsilon_1 * C_o * ((T_1/100)^4－(T_2/100)^4)
%%%%%%%%%%%%%%%%%%%%%%%%%%%%%%%%%%%%%%
Ratio＝(phi_12－phi)/phi
```

程序输出结果：

phi＝3712.1

phi_12＝3755.5

Ratio＝0.011675

例题 9-4 一个直径 $d=0.75$ m 的圆筒形埋地式加热炉采用电加热方法加热，如图 9-5 所示。在操作过程中需要将炉子顶盖移去一段时间，设此时筒身温度为 500 K，筒底为 650 K。环境温度为 300 K。试计算顶盖移去期间单位时间内的热损失。设筒身及底面均可作为黑体。

题解

分析：从加热炉的侧壁与底面通过顶开口散失到厂房中的辐射热量几乎全部被厂房中的物体吸收，返回到加热炉内的比例几乎为零，因此可以把顶盖开口处当作一个假想的黑体表面，其温度则等于环境温度，这样就形成了由 3 个等温表面组成的黑体封闭腔。加热炉散失到厂房中的辐射能即为

$$\Phi=\Phi_{2,3}+\Phi_{1,3}=A_2 X_{2,3}(E_{b2}-E_{b3})+A_1 X_{1,3}(E_{b1}-E_{b3})$$

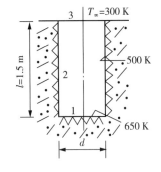

图 9-5 例题 9-4 的图示

计算：据教材中角系数图 9-9，$r_2/l=0.375/1.5=0.25$，$l/r_1=1.5/0.375=4$，得

$$X_{1,3}=0.06, X_{1,2}=1-0.06=0.94$$

据相对性得

$$X_{2,1}=\frac{A_1}{A_2}X_{1,2}=\frac{3.14\times0.75^2/4}{3.14\times0.75\times1.5}\times0.94\approx0.118$$

再据相对性得 $X_{2,1}=X_{2,3}$，故最后得

$$\Phi=3.14\times0.75 \text{ m}\times1.5 \text{ m}\times0.118\times5.67 \text{ W/(m}^2\cdot\text{K}^4)\times(5^4-3^4)\text{K}^4+$$

$$\frac{3.14}{4}\times0.75^2 \text{ m}^2\times0.06\times5.67 \text{ W/(m}^2\cdot\text{K}^4)\times(6.5^4-3^4)\text{K}^4$$

$$\approx1286 \text{ W}+256 \text{ W}=1542 \text{ W}$$

讨论：在上述计算中，利用教材 9.1 节中的式(c)计算两个黑体表面间的辐射传热，该两个表面并未形成封闭系统。这里要特别指出，只有对于黑体表面，不形成封闭腔的两表面之间的辐射传热计算才具有确定的结果；而对于灰体表面，这样的计算不能得出

确定的结果,其数值将随环境条件的不同而改变。鉴于这一原因,本书不讨论不构成封闭腔的任意量表面间的辐射传热,而把注意力集中到工程计算最感兴趣的问题——一个表面通过辐射传热所传递的净辐射传热量。对于这种计算,必须采用封闭腔的模型。

例题 9-4　[MATLAB 程序]

```
%%%%%%%%%%%%%%%%%%%%%%%%%%%%%%%%%%%%%%%%
%EXAMPLE 9-4
%%%%%%%%%%%%%%%%%%%%%%%%%%%%%%%%%%%%%%%%
%输入
clc,clear
T_1=650;T_2=500;T_3=300;
d=0.75;l=1.5;a=0.2;C_o=5.67;
%%%%%%%%%%%%%%%%%%%%%%%%%%%%%%%%%%%%%%%%
A_1=pi*d^2/4;A_2=pi*d*l;
X_13=0.06;X_12=1-X_13;
X_21=A_1/A_2*X_12;%与题中差别在于X_21未四舍五入
X_21=roundn(X_21,-3);　% 保留三位有效数字
X_23=X_21;
E_b1=C_o*(T_1/100)^4;E_b2=C_o*(T_2/100)^4;E_b3=C_o*(T_3/100)^4;
phi_23=A_2*X_23*(E_b2-E_b3);
phi_23=round(phi_23)　%取整
phi_13=A_1*X_13*(E_b1-E_b3);
phi_13=round(phi_13)　%取整
phi=phi_23+phi_13
```

程序输出结果:

phi_23=　1286
phi_13=　256
phi=　　1542

例题 9-5　两块尺寸为 1 m×2 m、间距为 1 m 的平行平板置于室温 $t_3=27$ ℃的大厂房内。平板背面不参与换热。已知两块板的温度和发射率分别为 $t_1=827$ ℃、$t_2=327$ ℃和 $\varepsilon_1=0.2$、$\varepsilon_2=0.5$,试计算每块板的净辐射热量及厂房壁所得到的辐射热量。

题解

分析:本题是 3 个灰表面间的辐射换热问题。因厂房墙壁表面积 A_3 很大,其表面热阻 $\dfrac{1-\varepsilon_3}{\varepsilon_3 A_3}$ 可取为零,$J_3=E_{b3}$ 是已知量,而其等效网络图如图 9-6 所示。

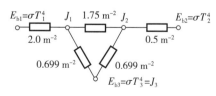

图 9-6　例 9-5 的网络图

计算:根据给定的几何特性 $X/D=2$、$Y/D=1$，由教材中图 9-7 查出：

$$X_{1,2}=X_{2,1}=0.285$$

而

$$X_{1,3}=X_{2,3}=1-X_{1,2}=1-0.285=0.715$$

计算网络中的各热阻值：

$$\frac{1-\varepsilon_1}{\varepsilon_1 A_1}=\frac{1-0.2}{0.2\times2}=2.0 \ \text{m}^{-2}$$

$$\frac{1-\varepsilon_2}{\varepsilon_2 A_2}=\frac{1-0.5}{0.5\times2}=0.5 \ \text{m}^{-2}$$

$$\frac{1}{A_1 X_{1,2}}=\frac{1}{2\times0.285}\approx1.75 \ \text{m}^{-2}$$

$$\frac{1}{A_1 X_{1,3}}=\frac{1}{2\times0.715}\approx0.699 \ \text{m}^{-2}$$

$$\frac{1}{A_2 X_{2,3}}=\frac{1}{2\times0.715}\approx0.699 \ \text{m}^{-2}$$

以上各热阻的数值都已标出在图 9-6 上。对节点 J_1、J_2 应用直流电路的基尔霍夫定律，得

$$J_1:\frac{E_{b1}-J_1}{2}+\frac{J_2-J_1}{1.75}+\frac{E_{b3}-J_1}{0.699}=0$$

$$J_2:\frac{J_1-J_2}{1.75}+\frac{E_{b3}-J_2}{0.699}+\frac{E_{b2}-J_2}{0.5}=0$$

而

$$E_{b1}=C_0\left(\frac{T_1}{100}\right)^4=5.67 \ \text{W/(m}^2\cdot\text{K}^4)\times\left(\frac{1100}{100}\text{K}\right)^4\approx83.01\times10^3 \ \text{W/m}^2=83.01 \ \text{kW/m}^2$$

$$E_{b2}=C_0\left(\frac{T_2}{100}\right)^4=5.67 \ \text{W/(m}^2\cdot\text{K}^4)\times\left(\frac{600}{100}\text{K}\right)^4\approx7.348\times10^3 \ \text{W/m}^2=7.348 \ \text{kW/m}^2$$

$$E_{b3}=C_0\left(\frac{T_3}{100}\right)^4=5.67 \ \text{W/(m}^2\cdot\text{K}^4)\times\left(\frac{300}{100}\text{K}\right)^4\approx459 \ \text{W/m}^2=0.459 \ \text{kW/m}^2$$

将 E_{b1}、E_{b2}、E_{b3} 的值代入方程，联立求解得

$$J_1=18.33 \ \text{kW/m}^2,J_2=6.437 \ \text{kW/m}^2$$

于是板 1 的辐射换热为

$$\Phi_1=\frac{E_{b1}-J_1}{\dfrac{1-\varepsilon_1}{\varepsilon_1 A_1}}=\frac{83.01\times10^3 \ \text{W}-18.33\times10^3 \ \text{W}}{2}=32.34\times10^3 \ \text{W}=32.34 \ \text{kW}$$

板 2 的辐射换热为

$$\Phi_2 = \frac{E_{b2}-J_2}{\dfrac{1-\varepsilon_2}{\varepsilon_2 A_2}} = \frac{7.348\times10^3\ \text{W} - 6.437\times10^3\ \text{W}}{0.5} = 1.822\times10^3\ \text{W} = 1.822\ \text{kW}$$

厂房墙壁的辐射换热量为

$$\Phi_3 = \frac{E_{b3}-J_3}{0.699} + \frac{E_{b3}-J_2}{0.699} = -\left(\frac{E_{b1}-J_1}{2} + \frac{E_{b2}-J_2}{0.5}\right) = -(\Phi_1 + \Phi_2)$$

$$= -(32.34\times10^3 + 1.822\times10^3)\,\text{W}$$

$$\approx -34.16\times10^3\ \text{W} = -34.16\ \text{kW}$$

讨论:表面 1、2 的净辐射传热量中的 Φ_1 及 Φ_2 均为正值,说明两个表面都向环境放出了热量。按能量守恒定律,这份能量必为墙壁所吸收。上述结果中的负号就表示这一物理意义。本题为简化分析,设平板 1、2 的背面不参与辐射传热。如果设平板 1、2 的背面分别为表面 4、5,其温度及发射率分别与其正面的一样,试画出这时的等效网络图,并分析表面热阻 $R_{4,5}$、$R_{4,1}$、$R_{4,2}$、$R_{5,1}$、$R_{5,2}$ 的值。

例题 9-5 〔MATLAB 程序〕

```
%%%%%%%%%%%%%%%%%%%%%%%%%%%%%%%%%%%%%%
%EXAMPLE 9-5
%%%%%%%%%%%%%%%%%%%%%%%%%%%%%%%%%%%%%%
%输入
clc,clear
syms J_1 J_2
T_1=1100;T_2=600;T_3=300;C_o=5.67;
E_b1=C_o*(T_1/100)^4;
E_b2=C_o*(T_2/100)^4;
E_b3=C_o*(T_3/100)^4;
%%%%%%%%%%%%%%%%%%%%%%%%%%%%%%%%%%%%%%
X_21=0.285;X_12=X_21;
X_23=1-X_12;X_13=X_23;
epsilon_1=0.2;A_1=2;epsilon_2=0.5;A_2=2;
%网络中的各热阻值
R_1=(1-epsilon_1)/(epsilon_1*A_1);
R_2=(1-epsilon_2)/(epsilon_2*A_2);
R_3=1/(X_12*A_1);
R_4=1/(X_13*A_1);
R_5=1/(X_23*A_2);
%对节点J_1,J_2应用直流电路的基尔霍夫定律
```

$[J\_1\ J\_2]=$solve$((E\_b1-J\_1)/R\_1+(J\_2-J\_1)/R\_3+(E\_b3-J\_1)/R\_4,\ldots$
$(J\_1-J\_2)/R\_3+(E\_b3-J\_2)/R\_4+(E\_b2-J\_2)/R\_2,'J\_1','J\_2');$
%化简 J_1,J_2
$J(:,1)=J\_1;J(:,2)=J\_2;J=$vpa$(J,7)$
%板 1 的辐射传热量
phi$(:,1)=(E\_b1-J(:,1))/((1-$epsilon$\_1)/($epsilon$\_1*A\_1));$
%板 2 的辐射传热量
phi$(:,2)=(E\_b2-J(:,2))/((1-$epsilon$\_2)/($epsilon$\_2*A\_2));$
%板 3 的辐射传热量
phi$(:,3)=-($phi$(:,1)+$phi$(:,2));$
%化简 phi_1,phi_2,phi_3
phi$=$vpa$($phi$,7)$

程序输出结果：
$J=[\ 18336.49,6451.299\ ]$
phi$=[\ 32338.99,1794.042,-34133.03\ ]$

例题 9-6 假定例题 9-5 中大房间的墙壁为重辐射表面，在其他条件不变时，试计算温度较高表面的净辐射散热量。

题解

分析:本题与例题 9-5 的区别在于把房间墙壁看成是绝热表面，于是房间墙壁不能把热量传向外界，其辐射网络见教材图 9-23(c)。因其他条件不变，上例中各热阻值及 E_{b1} 和 E_{b2} 的值在本例中仍然有效。

计算:

$$R_1=\frac{1-\varepsilon_1}{\varepsilon_1 A_1}=2\ \mathrm{m}^{-2},R_2=\frac{1-\varepsilon_2}{\varepsilon_2 A_2}=0.5\ \mathrm{m}^{-2},R_{1,2}=\frac{1}{A_1 X_{1,2}}=1.75\ \mathrm{m}^{-2}$$

$$R_{1,3}=\frac{1}{A_1 X_{1,3}}=0.699\ \mathrm{m}^{-2},R_{2,3}=R_{1,3}=0.699\ \mathrm{m}^{-2}\approx0.7\ \mathrm{m}^{-2}$$

$$E_{b1}=83.01\ \mathrm{kW/m^2},E_{b2}=7.348\ \mathrm{kW/m^2}$$

串、并联电路部分的等效电阻为

$$\frac{1}{R_{eq}}=\frac{1}{R_{1,2}}+\frac{1}{R_{1,3}+R_{2,3}}=\frac{1}{1.75\ \mathrm{m}^{-2}}+\frac{1}{0.7\ \mathrm{m}^{-2}+0.7\ \mathrm{m}^{-2}}\approx1.29\ \mathrm{m}^2$$

所以

$$R_{eq}=\frac{1}{1.29\ \mathrm{m}^2}\approx0.78\ \mathrm{m}^{-2}$$

在 E_{b1} 和 E_{b2} 之间的总热阻为

$$\sum R = R_1 + R_{eq} + R_2 = (2+0.78+0.5)\,m^{-2} = 3.28\,m^{-2}$$

温度较高的表面的净辐射散热量为

$$\Phi_{1,2} = \frac{E_{b1} - E_{b2}}{\sum R} = \frac{(83.01 \times 10^3 - 7.348 \times 10^3)\,kW/m^2}{3.28\,m^{-2}} \approx 23.06 \times 10^3\,W = 23.06\,kW$$

　　讨论：表面 3 改为重辐射面后，辐射传热情况发生了重要变化：首先高温表面 1 的净换热量减少了约 29%；其次表面 2 在上例中也是一个净放热的表面，而这里则称为一个净吸收的表面。所以，在进行多表面系统辐射传热的计算时，是否确认其中某个表面为重辐射面必须谨慎。从数学、物理建模的角度看，这相当于要正确地给出热边界条件。

例题 9-6　［MATLAB 程序］

```
%%%%%%%%%%%%%%%%%%%%%%%%%%%%%%%%%%%%%%
%EXAMPLE 9-6
%%%%%%%%%%%%%%%%%%%%%%%%%%%%%%%%%%%%%%
%输入
clc,clear
T_1=1100;T_2=600;T_3=300;C_o=5.67;
E_b1=C_o*(T_1/100)^4;E_b2=C_o*(T_2/100)^4;E_b3=C_o*(T_3/100)^4;
%%%%%%%%%%%%%%%%%%%%%%%%%%%%%%%%%%%%%%
X_21=0.285;X_12=X_21;
X_23=1-X_12;X_13=X_23;
epsilon_1=0.2;A_1=2;epsilon_2=0.5;A_2=2;
%网络中的各热阻值
R_1=(1-epsilon_1)/(epsilon_1*A_1);
R_2=(1-epsilon_2)/(epsilon_2*A_2);
R_12=1/(X_12*A_1);
R_13=1/(X_13*A_1);
R_23=1/(X_23*A_2);
%串并联电路部分的等效电阻
R_eq=1/(1/R_12+1/(R_23+R_13));
%在 E_b1 和 E_b2 之间的总阻值
Delta=R_1+R_2+R_eq;
%温度较高的表面的辐射散热量
phi=(E_b1-E_b2)/Delta
```

　　程序输出结果：

　　phi=23082

例题 9 - 7　有一个辐射采暖间,加热设施布置于顶棚,房间尺寸为 4 m×5 m×3 m,如图 9-7 所示。根据实测已知:顶棚表面温度 $t_1 = 25$ ℃,$\varepsilon_1 = 0.9$;边墙 2 内表面温度 $t_2 = 10$ ℃,$\varepsilon_2 = 0.8$;其余三面边墙的内表面温度及发射率相同,将它们作为整体看待,统称为 A_3,$t_3 = 13$ ℃,$\varepsilon_3 = 0.8$;底面的表面温度 $t_4 = 11$ ℃,$\varepsilon_4 = 0.6$。试求:(1)顶棚的总辐射传热量;(2)其他 3 个表面的净辐射传热量。

题解

分析:本题可看作 4 个灰体表面组成的封闭腔的辐射传热问题,其辐射传热网络如图 9-8 所示。为了说明网络法所列出的节点方程与应用计算机求解的有效辐射方程式即教材中式(9-20)之间的关系,先按基尔霍夫定律写出 4 个节点的电流方程:

$$\frac{E_{b1} - J_1}{\frac{1 - \varepsilon_1}{\varepsilon_1 A_1}} + \frac{J_2 - J_1}{\frac{1}{A_1 X_{1,2}}} + \frac{J_3 - J_1}{\frac{1}{A_1 X_{1,3}}} + \frac{J_4 - J_1}{\frac{1}{A_1 X_{1,4}}} = 0$$

$$\frac{E_{b2} - J_2}{\frac{1 - \varepsilon_2}{\varepsilon_2 A_2}} + \frac{J_1 - J_2}{\frac{1}{A_2 X_{2,1}}} + \frac{J_3 - J_2}{\frac{1}{A_2 X_{2,3}}} + \frac{J_4 - J_2}{\frac{1}{A_2 X_{2,4}}} = 0$$

$$\frac{E_{b3} - J_3}{\frac{1 - \varepsilon_3}{\varepsilon_3 A_3}} + \frac{J_1 - J_3}{\frac{1}{A_3 X_{3,1}}} + \frac{J_2 - J_3}{\frac{1}{A_3 X_{3,2}}} + \frac{J_4 - J_3}{\frac{1}{A_3 X_{3,4}}} = 0$$

$$\frac{E_{b4} - J_4}{\frac{1 - \varepsilon_4}{\varepsilon_4 A_4}} + \frac{J_1 - J_4}{\frac{1}{A_4 X_{4,1}}} + \frac{J_2 - J_4}{\frac{1}{A_4 X_{4,2}}} + \frac{J_3 - J_4}{\frac{1}{A_4 X_{4,3}}} = 0$$

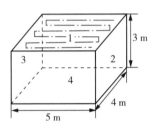

图 9-7　例题 9-7 附图

把它们改写成为关于 $J_1 \sim J_4$ 代数方程后,有

$$-\left(\frac{1}{1 - \varepsilon_1}\right)J_1 + X_{1,2}J_2 + X_{1,3}J_3 + X_{1,4}J_4 = \frac{\varepsilon_1 E_{b1}}{\varepsilon_1 - 1}$$

$$X_{2,1}J_1 - \left(\frac{1}{1 - \varepsilon_2}\right)J_2 + X_{2,3}J_3 + X_{2,4}J_4 = \frac{\varepsilon_2 E_{b2}}{\varepsilon_2 - 1}$$

$$X_{3,1}J_1 + X_{3,2}J_2 - \left(\frac{1}{1 - \varepsilon_3}\right)J_3 + X_{3,4}J_4 = \frac{\varepsilon_3 E_{b3}}{\varepsilon_3 - 1}$$

$$X_{4,1}J_1 + X_{4,2}J_2 + X_{4,3}J_3 - \left(\frac{1}{1 - \varepsilon_4}\right)J_4 = \frac{\varepsilon_4 E_{b4}}{\varepsilon_4 - 1}$$

显然,以上 4 个式子可统一写成

$$J_i = \varepsilon_i \sigma T_i^4 + (1 - \varepsilon_i) \sum_{j=1}^{4} J_j X_{i,j}$$

这就是教材中式(9-20)应用于 $N = 4$ 的情形。

计算:各对表面间的角系数可按给定条件求出,其值为

$$X_{1,2}=0.15, X_{1,3}=0.54, X_{1,4}=0.31$$

$$X_{2,1}=0.25, X_{2,3}=0.50, X_{2,4}=0.25$$

$$X_{3,1}=0.27, X_{3,2}=0.14, X_{3,3}=0.32, X_{3,4}=0.27$$

$$X_{4,1}=0.31, X_{4,2}=0.15, X_{4,3}=0.54$$

$$X_{1,1}=X_{2,2}=X_{4,4}=0$$

数值求解的结果如下：

(1)顶棚的总辐射传热量 $\Phi_1=1204.5$ W；

(2)其余 3 个表面的总辐射传热量为 $\Phi_2=-395.5$ W，$\Phi_3=-450.5$ W，$\Phi_4=-358.5$ W。

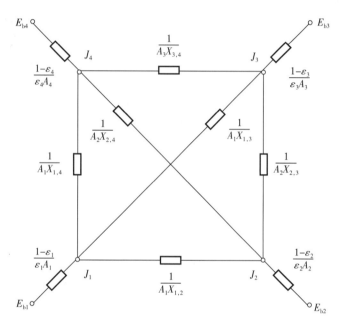

图 9-8　4 个灰体表面间的辐射传热等效网络图

讨论：由本例可见，无论是采用网络法还是采用由教材中式(9-20)所规定的有效辐射显函数形式的表达式，最终都要求解一组关于有效辐射的代数方程组。而网络法的主要作用是给出了列出有效辐射代数方程的一种简便方法。

例题 9-7　[MATLAB 程序]

```
%%%%%%%%%%%%%%%%%%%%%%%%%%%%%%%%%%%%%%%%
%EXAMPLE 9-7
%%%%%%%%%%%%%%%%%%%%%%%%%%%%%%%%%%%%%%%%
%输入
clear,clc
Ti=[298 283 286 284];%四个面的温度
```

```
epsilon=[0.9 0.8 0.8 0.6];%四个面的发射率
A=[20 15 39 20];%四个面的面积
E=5.67*(Ti./100).^4;%四个面的辐射力
c=-(1./(1-epsilon));
X=[0 0.15 0.54 0.31;0.25 0 0.5 0.25;0.27 0.14 0.32 0.27;0.31 0.15 0.54 0];%初
始系数矩阵
%%%%%%%%%%%%%%%%%%%%%%%%%%%%%%%%%%%%%%%%%%
b=zeros(1,length(Ti));
for i=1:length(Ti)    %该循环用于计算值向量
    b(i)=E(i)*(epsilon(i)/(epsilon(i)-1));
end

for i=1:length(c) %该循环用于计算最终系数矩阵
    X(i,i)=c(i)+X(i,i);
end
b=b';
J=X\b;%利用矩阵求逆法直接解该线性方程组
Q=zeros(1,length(Ti));%四个面的辐射传热量
for i=1:length(Ti)
    Q(i)=(E(i)-J(i))*(epsilon(i)*A(i))/(1-epsilon(i));%第三个面差别稍大
end
Q
```

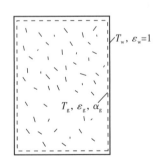

程序输出结果：

Q=1204.1　　　 −395.7　　　 −520.6　　　 −358.6

例题 9-8 把一个燃烧室简化成直径为 1 m、高 2 m 的封闭空间，其平均温度 $T_w=$ 800 K，燃气的平均温度 $T_g=1300$ K，$\varepsilon_g=0.149$，$\alpha_g=0.219$，$\varepsilon_w=1$。试确定燃气与燃烧室外壳间的辐射传热量。

题解

分析：气体与燃烧室之间的辐射传热简化成了两平行平壁组成的封闭系统，其中外壁为黑体，内壁为辐射气体，如图 9-9 所示，可以采用教材中式(9-21)计算单位面积的换热量。

计算：

$$\Phi = Aq$$

$$= \pi dl C_0 \left[\varepsilon_g \left(\frac{T_g}{100} \right)^4 - \alpha_g \left(\frac{T_w}{100} \right)^4 \right]$$

图 9-9　气体与包壳间
辐射传热模型

$$=3.14 \times 1 \text{ m} \times 2 \text{ m} \times 5.67 \text{ W/(m}^2 \cdot \text{K}^4) \times$$

$$\left[0.149 \times \left(\frac{1300 \text{ K}}{100} \right)^4 - 0.219 \times \left(\frac{800 \text{ K}}{100} \right)^4 \right]$$

$$\approx 119.6 \times 10^3 \text{ W}$$

$$= 119.6 \text{ kW}$$

讨论：教材中式(9-21)的导出采用了两平行平壁间辐射传热的简化模型，而且其中外壁假定为黑体。如果外壁按灰体处理，就要考虑外壁的多次反射与吸收，计算过程要复杂得多。

例题 9-8　[MATLAB 程序]

```
%%%%%%%%%%%%%%%%%%%%%%%%%%%%%%%%%%%%%%%%
%EXAMPLE 9-8
%%%%%%%%%%%%%%%%%%%%%%%%%%%%%%%%%%%%%%
%输入
clc,clear
format short e
d=1;l=2;C_o=5.67;epsilon_g=0.149;T_g=1300;alpha_g=0.219;T_w=800;
%%%%%%%%%%%%%%%%%%%%%%%%%%%%%%%%%%%%%%
A=pi*d*l;
q=C_o*(epsilon_g*(T_g/100)^4-alpha_g*(T_w/100)^4);
phi=A*q
```

程序输出结果：
phi=1.1965e+05

例题 9-9　两块大平板 1、2 的温度分别为 $T_1 = 1200$ K，$T_2 = 800$ K；其发射率分别为 $\varepsilon_1 = 0.8$，$\varepsilon_2 = 0.7$。其间充满了发射率为 $\varepsilon_g = 0.4$ 的气体，可作为灰体处理。试确定由于辐射性气体的存在对平板间辐射传热的影响。

题解

分析：气体作为灰体处理，就可以采用网络法求解，气体层存在于两板间增加了两板间辐射传热的阻力，会减小两板间的传热量，网络图如 9-10 所示。

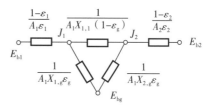

图 9-10　两表面加辐射气层系统的辐射传热网络图

计算：根据已知条件，$X_{1,2} = 1$。对于单位面积，图 9-10 中的各项热阻如下：

$$R_1 = \frac{1-\varepsilon_1}{\varepsilon_1} = \frac{1-0.8}{0.8} = 0.25$$

$$R_2 = \frac{1-\varepsilon_2}{\varepsilon_2} = \frac{1-0.7}{0.7} \approx 0.429$$

$$R_{1,g} = \frac{1}{\varepsilon_g} = \frac{1}{0.4} = 2.5$$

$$R_{2,g} = \frac{1}{\varepsilon_g} = \frac{1}{0.4} = 2.5$$

$$R_{1,2} = \frac{1}{1-\varepsilon_g} = \frac{1}{1-0.4} \approx 1.667$$

$$E_{b1} = 5.67 \text{ W/(m}^2 \cdot \text{K}^4) \times \left(\frac{1200 \text{ K}}{100}\right)^4 \approx 117.6 \text{ kW/m}^2$$

$$E_{b2} = 5.67 \text{ W/(m}^2 \cdot \text{K}^4) \times \left(\frac{800 \text{ K}}{100}\right)^4 \approx 23.2 \text{ kW/m}^2$$

空间等效热阻为

$$R = \frac{1}{1/1.667 + 1/(2.5+2.5)} \approx 1.25$$

两平板单位之间的辐射传热量为

$$q_{(1,2)g} = \frac{E_{b1} - E_{b2}}{\sum R} = \frac{(117.6-23.2) \text{ W/m}^2}{0.25 + 1.25 + 0.429} \approx 48.9 \text{kW/m}^2$$

没有气体层时两平板单位面积之间的辐射传热量为

$$q_{1,2} = \frac{E_{b1} - E_{b2}}{1/\varepsilon_1 + 1/\varepsilon_2 - 1} = \frac{(117.6-23.2) \text{W/m}^2}{1/0.8 + 1/0.7 - 1} \approx 9.2 \text{ kW/m}^2$$

讨论：气体层的存在使换热量减小了 11%，由于它是半透明的，因此换热量减小有限。

例题 9-9 [MATLAB 程序]

```
%%%%%%%%%%%%%%%%%%%%%%%%%%%%%%%%%%%%%%%%
%EXAMPLE 9-9
%%%%%%%%%%%%%%%%%%%%%%%%%%%%%%%%%%%%%%%%
%输入
clc,clear
format short e
epsilon_1=0.8; epsilon_2=0.7; epsilon_g=0.4;C_o=5.67; T_1=1200; T_2=800;
%%%%%%%%%%%%%%%%%%%%%%%%%%%%%%%%%%%%%%%%
```

R1＝(1－epsilon_1)/ epsilon_1
R2＝(1－epsilon_2)/ epsilon_2
R1g＝1/ epsilon_g
R2g＝1/ epsilon_g
R12＝1/ (1－epsilon_g)
Eb1＝C_o ＊(T_1/100)^4
Eb2＝C_o ＊(T_2/100)^4
R＝1/(1/ R12＋1/(R1g＋ R2g))
q_12g＝(Eb1－Eb2)/(R1＋R＋ R2)
q_12＝(Eb1－Eb2)/(1/epsilon_1＋1/ epsilon_2－1)
Ratio＝(q_12－q_12g)/ q_12

程序输出结果:
R1＝2.5000e－001
R2＝4.2857e－001
R1g＝2.5000e＋000
R2g＝2.5000e＋000
R12＝1.6667e＋000
Eb1＝1.1757e＋005
Eb2＝2.3224e＋004
R＝1.2500e＋000
q_12g＝4.8922e＋004
q_12＝5.6208e＋004
Ratio＝0.12963

例题 9－10 炉膛水冷壁管角系数的确定。

用代数分析法确定教材中图 9－45 所示的锅炉炉膛内火焰对水冷壁的辐射角系数。

解答过程略。

例题 9－11 太阳能集热器的热计算。

有一个平板型太阳能集热器如图 9－11 所示。已知:包括散射辐射在内的投入太阳能辐射为 750 W/m²;透明覆盖采用厚 δ＝0.9 mm 的普通玻璃,吸热面采用铜材,其上镀有 $8×10^{-6}$ mg/m² 的光谱选择性涂层黑镍,实验测得吸热面的平均温度为 90 ℃,覆盖玻璃内表面的平均温度 t_{tr}＝50 ℃,吸热面与覆盖玻璃间的距离为 4 cm。玻璃对太阳能的穿透比取为 τ＝0.90(参见教材中图 8－30),吸热面对太阳能的吸收比 α_s＝0.93 (参见教材中表 9－4)。吸热面自身发射率 ε_p＝0.09(参见教材中表 9－4),覆盖玻璃发射率 ε_{tr}＝0.94(参见教材中表 8－2)。试确定该太阳能集热器单位面积的有效吸热量以及集热器的效率。

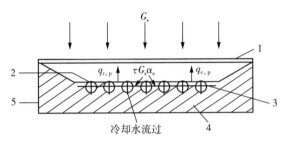

图 9-11 平板型太阳能集热器

1—透明覆盖；2—吸热面；3—金属管；4—绝热材料；5—箱体

题解

分析：这是一个复杂的热量传递过程：太阳的投入辐射 G_s 到达覆盖玻璃上时，一部分穿透玻璃(取决于玻璃穿透比 τ)穿透部分抵达吸热面上时，其中的 α_s 部分被吸收，其余则反射并透过覆盖玻璃抵达外界；由于吸热面的温度高于覆盖玻璃的温度，因此这两块平行板之间有辐射传热，设单位面积的辐射传热量为 $q_{r,p}$；同时吸热面与空腔中的空气之间还有对流传热，设换热量为 $q_{r,c}$。因此对集热器吸热面而言，单位面积上净得到的热流密度 q_{cl}，可表示为

$$q_{cl} = \tau G_s \alpha_s - q_{r,p} - q_{c,p}$$

其中吸热面与覆盖玻璃内表面间的辐射传热可以应用教材中式(9-16)计算，即

$$q_{r,p} = \frac{C_0 \left[\left(\frac{T_p}{100}\right)^4 - \left(\frac{T_{tr}}{100}\right)^4 \right]}{\frac{1}{\varepsilon_p} + \frac{1}{\varepsilon_{tr}} - 1}$$

上式中的 $q_{c,p}$ 可按平行夹层的有限空间自然对流关联式即教材中式(6-39)计算。所谓集热器的效率就是下列比值：

$$\eta = \frac{q_{cl}}{G_s}$$

计算：先计算自然对流散热量。定性温度 $t_m = \frac{t_{tr} + t_p}{2} = \frac{(50+90) \ ℃}{2} = 70 \ ℃$。空气的有关物性为

$$\lambda = 2.96 \times 10^{-2} \ \text{W/(m·K)}, \nu = 20.02 \times 10^{-6} \ \text{m}^2/\text{s}, Pr = 0.694$$

$$Gr \, Pr = \frac{g \alpha \Delta t \delta^3}{\nu^2} Pr = \frac{9.8 \ \text{m/s}^2 \times \frac{1}{343 \ \text{K}} \times (90-50) \ \text{K} \times (0.04 \ \text{m})^3}{(20.02 \times 10^{-6} \ \text{m}^2/\text{s})^2} \times 0.694 \approx 126649$$

据教材中式(6-19a)有

$$Nu = 0.212 \times (GrPr)^{1/4} = 0.212 \times 126649^{1/4} \approx 4.0$$

$$h = \frac{Nu\lambda}{\delta} = \frac{4.0 \times 0.0296 \ \text{W/(m·K)}}{0.04 \ \text{m}} = 2.96 \ \text{W/(m}^2 \cdot \text{K)}$$

$$q_{c,p} = h \Delta t = 2.96 \ \text{W}/(\text{m} \cdot \text{K}) \times (90-50)\text{K} \approx 118 \ \text{W/m}^2$$

再计算辐射散热量。

$$q_{r,p} = \frac{5.67 \ \text{W}/(\text{m}^2 \cdot \text{K}^4) \times \left[\left(\frac{363}{100}\right)^4 - \left(\frac{323}{100}\right)^4\right]\text{K}^4}{\frac{1}{0.09} + \frac{1}{0.94} - 1} \approx 32.87 \ \text{W/m}^2$$

所以集热器的有效热流密度为

$$q_{cl} = 0.90 \times 750 \ \text{W/m}^2 \times 0.93 - 118.0 \ \text{W/m}^2 - 32.87 \ \text{W/m}^2 = 476.88 \ \text{W/m}^2$$

$$\eta = \frac{476.88 \ \text{W/m}^2}{750 \ \text{W/m}^2} \approx 63.5\%$$

讨论：这一集热器的效率是不算低的。究其原因，除了采用选择性涂层外吸热板上覆盖一层玻璃也是重要因素，这不仅利用了温室效应，而且减少了表面的对流散热损失。从上述计算可见，自然对流散热损失是一项主要的损失。要进一步提高效率，可以在吸热表面与玻璃盖板之间堆放一些对太阳光透明的材料，例如玻璃管，以抑制夹层中的自然对流。

例题 9-11 ［MATLAB 程序］

```
%%%%%%%%%%%%%%%%%%%%%%%%%%%%%%%%%%%%%%%
%EXAMPLE 9-11
%%%%%%%%%%%%%%%%%%%%%%%%%%%%%%%%%%%%%%%
%输入
clc,clear
C_o=5.67;epsilon_p=0.09;epsilon_tr=0.94;g=9.8;
t_tr=50;t_p=90;tao=0.9;Gs=750;alpha_s=0.93;delta=0.04;
lambda=2.96*10^-2;v=20.02*10^-6;Pr=0.694;
%%%%%%%%%%%%%%%%%%%%%%%%%%%%%%%%%%%%%%%
T_p=t_p+273;
T_tr=t_tr+273;
t_m=(t_tr+t_p)/2;
t=t_p-t_tr;
alpha=1/(t_m+273);
Gr=g*alpha*t*delta^3/v^2;
Nu=0.212*(Gr*Pr)^(1/4);
h=Nu*lambda/delta;
q_cp=h*t   %对流换热量
q_rpe=C_o*((T_p/100)^4-(T_tr/100)^4);   %辐射散热量
q_rp= q_rpe /(1/epsilon_p+1/epsilon_tr-1)   %辐射散热量,与题中结果不一致
```

q_cl＝tao＊Gs＊alpha_s－q_rp－q_cp　　　　　　％有效热流密度

eta＝q_cl/Gs

fprintf('集热器效率可提高到:%2.0f%%',eta＊100)

程序输出结果:

q_cp＝118.38

q_rp＝32.871

q_cl＝476.50

eta＝0.63533

集热器效率可提高到:64%

例题 9 - 12 槽式太阳能集热器传热过程的定性分析。

解答过程略。

例题 9 - 13 空间辐射制冷器工作原理分析。

当航天器在太空中飞行时,航天器内部电子仪器和设备的发热量必须通过航天器外壳与太空间的辐射传热散发出去,这时可以完全不考虑星星对航天器的反射,并且可以认为宇宙是一个 0 K 的黑体,完全吸收了航天器的热辐射。当电子器件本身的发热值很小时,例如几十毫瓦的级别,可以采用所谓的辐射制冷器来冷却器件。图 9 - 12 所示为一个辐射制冷器的截面图,其中探测器就是发热的元件(被冷却对象)。试分析辐射制冷器的冷却原理。

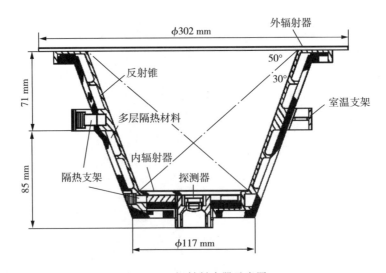

图 9 - 12　辐射制冷器示意图

题解

分析:现考虑将发热元件简单地暴露于宇宙空间中的情形。假设它没有得到来自其他方面的热量,则达到热平衡时,器件向宇宙空间的辐射散热等于其发热量,即有

$$\varepsilon\sigma T^4 = \frac{\dot{\Phi}_{is}}{A}$$

式中，A 为器件的散热面积；$\dot{\Phi}_{is}$ 为内热源功率。对一个功率为 50 mW 的元件，如果其散热表面的直径为 95 mm，发射率为 0.9，则此时的平衡温度为

$$T = \left(\frac{\dot{\Phi}_{is}}{A\varepsilon\sigma}\right)^{1/4} = \left[\frac{50\times10^{-3}\ \mathrm{W}}{3.14\times(0.095\ \mathrm{m})^2\times0.9\times5.67\times10^{-8}\ \mathrm{W/(m^2\cdot K^4)}}\right]^{1/4} \approx 77\ \mathrm{K}$$

所以低热耗的电子元件可以暴露于宇宙空间中通过直接辐射而达到被冷却的目的，这就是辐射制冷器的最基本的工作原理。

要进一步提高辐射制冷器的效率，需要采取多种完善措施。对图 9-12 所示的结构来分析。该制冷器采用了以下 3 个措施来改进性能：

(1)采用锥形屏蔽罩(即遮热罩)来遮挡从航天器其他部位发出的热辐射，又基本不会阻挡电子元件向宇宙空间辐射的散热。当然，锥角的大小与该元件在航天器上的位置有关，需要通过具体的计算来确定。

(2)在屏蔽罩的锥角开口处，增加了一个外辐射器。这是一个中间透空的圆环，其作用是将通过制冷器的骨架、连接构件从航天器来的杂散热量向太空发射出去。

(3)为进一步减少从航天器本身传递过来的热量，辐射制冷器的外壳敷设了多层抽真空的隔热保温材料。

图 9-12 是专门为 100 K 以下排散 10 mW 热量的器件设计的辐射制冷器，内辐射器的直径为 10 cm，辐射表面 $\alpha_s=0.08$、$\varepsilon=0.8$，屏蔽罩 $\alpha_s=0.1$、$\varepsilon=0.02$，总重约为 1.6 kg。

例题 9-13　[MATLAB 程序]

```
%%%%%%%%%%%%%%%%%%%%%%%%%%%%%%%%%%%%%%%%
%EXAMPLE 9-13
%%%%%%%%%%%%%%%%%%%%%%%%%%%%%%%%%%%%%%%%
%输入
clc,clear
r=0.095;phi=50*10^-3;epsilon=0.9;delta=5.67*10
^-8;
```

```
%%%%%%%%%%%%%%%%%%%%%%%%%%%%%%%%%%%%%
%%%%%%%%
A=pi*r^2;      %题目中直径和半径有误
T=(phi/(A*epsilon*delta))^(1/4)
```

程序输出结果：

T=76.672

图 9-13 给出了不同散热表面半径下平衡温度的变化情况，可见半径越小，平衡温度越低。

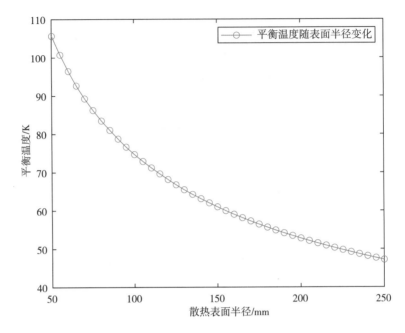

图 9 - 13 不同散热表面半径下平衡温度变化情况

```
%%%%%%%%%%%%%%%%%%%%%%%%%%%%%%%%%%%%%%
%EXAMPLE 9-13 拓展
%%%%%%%%%%%%%%%%%%%%%%%%%%%%%%%%%%%%%%
%输入
clc,clear
phi=50 * 10^−3;epsilon=0.9;delta=5.67 * 10^−8;
%%%%%%%%%%%%%%%%%%%%%%%%%%%%%%%%%%%%%%
for i=1:41
r=0.05+0.005 * (i−1);
A=pi * r^2;
 T(i)=(phi/(A * epsilon * delta))^(1/4);
end

figure
r=[0.05:0.005:0.25];
plot(r * 1000,T(:),'−o')
legend('\fontname{Times New Roman}平衡温度随散热表面半径变化','location','NorthEast')
xlabel('\fontname{Times New Roman} 散热表面半径/mm')
ylabel('\fontname{Times New Roman} 平衡温度/K')
```

第十章　传热过程分析与换热器的热计算

一、基本知识

1. 传热过程中传递的热量:

$$\Phi = kA(t_{f1} - t_{f2})$$

其中传热系数 k 及冷热流体平均温差的计算是关键。

2. 临界热绝缘直径:

$$d_o = \frac{2\lambda}{h_o}$$

其中 d_o 称为临界热绝缘直径,通常记为 d_{cr}。当圆柱外径小于 d_{cr},则随着 d_o 的增加散热量将增大;若圆柱外径大于 d_{cr},则散热量随 d_o 的增加而减小。

3. 换热器:用来使热量从热流体传递到冷流体,以满足规定的工艺要求的装置。按换热器操作过程可将其分为混合式、蓄热式以及间壁式,在三类换热器中以间壁式换热器应用最广;按表面的紧凑程度区分为紧凑式与非紧凑式。

4. 间壁式换热器的主要形式:套管式换热器、管壳式换热器、交叉流换热器、板式换热器、螺旋板式换热器。

5. 对数平均温差:由于换热器中冷、热流体的温度沿换热面是不断变化的,因而冷、热流体的局部换热温差也是沿程变化的。因此,在利用 $\Phi = kA\Delta t$ 计算换热量时,要用整个换热面积上的平均温差 Δt_m。

6. 间壁式换热器的热设计。

(1)换热器计算的基本公式:

① 传热方程 $\Phi = kA\Delta t$;

② 热平衡方程式 $\Phi = qm_1 c_1 (t_1' - t_1'') = qm_2 c_2 (t_2'' - t_2')$。

(2)换热器的两种热设计方法:平均温差法与传热单元数法。

(3)间壁式换热器的设计计算:设计一个新的换热器以确定换热器所需的换热面积。该计算通常给定 $qm_1 c_1$、$qm_2 c_2$ 和进出口温度中的 3 个温度,最终求得 k 及 A。

计算步骤:

① 初步布置换热面,计算出相应的传热系数;

② 根据条件算出进、出口温度中待定的温度;

③ 计算平均对数温差;

④ 求出所需换热面积 A,核算换热面两侧流体的流动阻力;

⑤ 若流动阻力过大,则改变方案重算。

(4)间壁式换热器的校核计算:对已有的或已选定了换热面积的换热器,在非设计工况条件下核算它能否胜任规定的换热任务。该计算通常给定 A、qm_1c_1、qm_2c_2 和两个进口温度 t_1'、t_2',最终求得 k。

计算步骤:

① 先假设一个流体的出口温度,按热平衡方程求出另一个流体的出口温度;

② 求出对数平均温差;

③ 根据换热器的结构,算出传热系数 k 的值;

④ 根据传热方程式求出传热量 Φ_{ht};

⑤ 根据热平衡方程式求出传热量 Φ_{hb};

⑥ 比较④和⑤中算出的传热量,若两者不同,则①中的温度假设不合理,重新假设计算直到两者接近,一般认为两者之差小于 5% 即可。

7. 换热器效能:表示换热器的实际换热效果与最大可能的换热效果之比。式中分母为流体在换热器中可能发生的最大温差值,而分子则为冷流体或热流体中的实际温度差值中的大者。

8. 传热单元数:表示换热器设计中的一个无量纲参数,在一定意义上可以看成是换热器 kA 值大小的一种度量。

9. 换热器的污垢热阻:换热器运行一段时间后,表面上所积的水垢、污泥、油污、烟灰之类的覆盖物,这些垢层都表现为附加的热阻,使传热系数减小,换热器性能下降。通常利用垢层所表现出来的一个当量的热阻值来考虑。这种热阻称为污垢热阻,记为 R_f。

10. 无源强化技术:①表面涂层;②粗糙表面;③扩展表面;④增加内外螺纹;⑤扰流元件;⑥添加物;⑦冲击传热。

11. 有源强化技术:①对换热介质做机械搅拌;②使换热面发生振动;③使换热流体做振荡流动;④将电磁场作用于流体;⑤将异种或同种流体喷入换热介质或从换热表面抽走。

12. 威尔逊图解法:利用图解分离传热过程分热阻的方法。

13. 保温隔热技术:①采用导热系数很小的绝热材料;②采用抽真空的方法减小对流换热的同时,采用遮热罩等措施增加辐射热阻。

14. 保温效率:$\eta = \dfrac{\Phi_0 - \Phi_x}{\Phi_0}$,式中 Φ_0 表示为包裹保温材料时的裸管散热量;Φ_x 表示包保温材料后的散热量;η 是判断热力管道等保温性能优劣的指标,一般大于 90%。

二、基本公式

1. 平壁的传热过程计算:传热系数表达式为 $k = \dfrac{1}{\dfrac{1}{h_1} + \dfrac{\delta}{\lambda} + \dfrac{1}{h_2}}$。

2. 圆筒壁的传热过程计算。

以管外侧面积为基准的传热系数计算式:

$$k = \cfrac{1}{\cfrac{1}{h_i}\cfrac{d_o}{d_i} + \cfrac{d_o}{2\lambda}\ln\cfrac{d_o}{d_i} + \cfrac{1}{h_o}}$$

3. 肋壁的传热过程计算

以肋侧表面积为基准的肋壁传热系数为

$$k_f = \cfrac{1}{\cfrac{1}{h_i}\cfrac{A_o}{A_i} + \cfrac{\delta}{\lambda}\cfrac{A_o}{A_i} + \cfrac{1}{h_o\eta_o}}$$

4. 与未加肋的平壁传热系数式比较，可以写出以光侧表面面积 A_i 为基准的肋壁传热系数的表达式：

$$k_f' = \cfrac{1}{\cfrac{1}{h_i} + \cfrac{\delta}{\lambda} + \cfrac{A_i}{h_o\eta_o A_o}} = \cfrac{1}{\cfrac{1}{h_i} + \cfrac{\delta}{\lambda} + \cfrac{1}{h_o\eta_o\beta}}$$

式中，$\beta = \dfrac{A_o}{A_i}$ 称为肋化系数，即加肋后的总表面积与内侧未加肋时的表面积之比。

5. 临界热绝缘直径

$$d_o = \frac{2\lambda}{h_o}$$

6. 对数平均温差：

$$\Delta t_m = \cfrac{\Delta t_{\max} - \Delta t_{\min}}{\ln\cfrac{\Delta t_{\max}}{\Delta t_{\min}}}$$

7. 换热器效能：

$$\varepsilon = \frac{(t' - t'')_{\max}}{t_1' - t_2'}$$

8. 传热单元数：

$$NTU = \frac{kA}{(q_m c)_{\min}}$$

9. 传热单元数法计算效能。

(1)顺流计算式：

$$\varepsilon = \cfrac{1 - \exp\left\{(-NTU)\left[1 + \cfrac{(q_m c)_{\min}}{(q_m c)_{\max}}\right]\right\}}{1 + \cfrac{(q_m c)_{\min}}{(q_m c)_{\max}}}$$

（2）逆流计算式：

$$\varepsilon = \frac{1-\exp\left\{(-NTU)\left[1-\dfrac{(q_mc)_{\min}}{(q_mc)_{\max}}\right]\right\}}{1-\dfrac{(q_mc)_{\min}}{(q_mc)_{\max}}\exp\left\{(-NTU)\left[1-\dfrac{(q_mc)_{\min}}{(q_mc)_{\max}}\right]\right\}}$$

10. 换热器的污垢热阻：

$$R_f = \frac{1}{k} - \frac{1}{k_0}$$

式中，k_0 为洁净换热面的传热系数；k 为有污垢的换热面的传热系数。

11. 有污垢热阻时传热系数的表达式：

$$k = \frac{1}{\left(\dfrac{1}{h_o}+R_o\right)\dfrac{1}{\eta_o}+R_w+R_i\left(\dfrac{A_o}{A_i}\right)+\dfrac{1}{h_i}\left(\dfrac{A_o}{A_i}\right)}$$

式中，h_i、h_o——管子内、外侧的表面传热系数；

R_i、R_o——管子内、外侧的污垢热阻（面积热阻）；

R_w——管壁导热热阻；

η_o——肋面总效率（若外表面未肋化，则 $\eta_o=1$）。

12. 保温效率：

$$\eta = \frac{\Phi_0 - \Phi_x}{\Phi_0}$$

三、MATLAB 在本章例题中的应用

例题 10-1　蒸汽管道的外径为 80 mm，壁厚 3 mm，外侧包有厚 40 mm 的水泥珍珠岩保温层，其导热系数 $\{\bar{\lambda}_2\}_{W/(m \cdot K)} = 0.0651 + 0.000105 \{\bar{t}\}_℃$（$\bar{t}$ 为保温层的平均温度）。管内蒸汽温度 $t_{fi} = 150 ℃$，环境温度 $t_\infty = 20 ℃$，保温层外表面对环境的复合表面传热系数 $h_o = 7.6 \ W/(m^2 \cdot K)$，管内蒸汽的表面传热系数 $h_i = 116 \ W/(m^2 \cdot K)$，钢管壁的 $\lambda = 46.2 \ W/(m \cdot K)$。求每米管长的热损失。

题解

分析：这道题的难点是水泥珍珠岩的导热系数 $\bar{\lambda}_2$ 与其两个表面的温度有关，这两个温度预先并不知道，而是求解的结果。为了进行计算需要预先假定。保温层的内表面温度可以看成与管内的蒸汽温度相同，因为管内对流热阻和管壁的导热热阻都很小（从下面的数值对比中可以清楚地看到这一点）。保温层外表面的温度可以先假设为 30 ℃，以后再修正。经过数次迭代计算，就可以得到满足一定要求的结果。这种"要求解什么需假设什么"的问题就是一种典型的非线性问题。对于非线性问题，迭代法是一种行之有效的求解方法。

计算：保温层外径为

$$d_o = 80 \times 10^{-3} \text{ m} + 40 \times 10^{-3} \text{ m} \times 2 = 0.16 \text{ m}$$

每米管长的热损失为

$$\Phi = k\pi d_o l(t_{fi} - t_\infty) = k\pi \times 0.16 \text{ m} \times 1 \text{ m} \times (150 - 20) \text{ K} \approx 65.3 \text{ km}^2 \cdot \text{K}$$

管道内径为

$$d_i = 80 \times 10^{-3} \text{ m} - 3 \times 10^{-3} \text{ m} \times 2 = 0.074 \text{ m}$$

由教材中式(10-4)得

$$k = 1 \bigg/ \bigg[\frac{1}{116 \text{ W/(m}^2 \cdot \text{K})} \times \frac{0.16 \text{ m}}{0.074 \text{ m}} + \frac{0.16 \text{ m}}{2 \times 46.2 \text{ W/(m} \cdot \text{K})} \times \ln\frac{0.08 \text{ m}}{0.074 \text{ m}} +$$

$$\frac{0.16 \text{ m}}{2\bar{\lambda}_2}\ln\frac{0.16 \text{ m}}{0.08 \text{ m}} + \frac{1}{7.6 \text{ W/(m}^2 \cdot \text{K})} \bigg]$$

保温层的平均温度为

$$\bar{t} = \frac{1}{2} \times (150 \text{ ℃} + 30 \text{ ℃}) = 90 \text{ ℃}$$

于是

$$\bar{\lambda}_2 = (0.0651 + 0.000105 \times 90) \text{ W/(m} \cdot \text{K}) \approx 0.0746 \text{ W/(m} \cdot \text{K})$$

代入上式得

$$k = \frac{1}{0.0186 + 0.0000675 + 0.743 + 0.132} \text{ W/(m}^2 \cdot \text{K}) \approx 1.119 \text{ W/(m}^2 \cdot \text{K})$$

从分母中 4 项热阻的对比来看,管内对流热阻和管壁的导热热阻均很小,特别是管壁热阻,完全可以忽略不计。这说明,将保温层内表面的温度取作 150 ℃是完全允许的。于是,每米管长的热损失为

$$\Phi = 65.3 \text{ m}^2 \cdot \text{K} \times 1.119 \text{ W/(m}^2 \cdot \text{K}) \approx 73.1 \text{ W}$$

这还不是最后的答案,因为保温层的外表面温度 30 ℃是带有假设性的,需要加以校核。外表面温度可按下式计算:

$$t_{wo} = \frac{\Phi}{\pi d_o h_o} + 20 \text{ ℃} = \frac{73.1 \text{ W}}{\pi \times 0.16 \text{ m} \times 7.6 \text{ W/(m}^2 \cdot \text{K})} + 20 \text{ ℃} \approx 39.1 \text{ ℃}$$

再依次作为保温层外表面温度,重新计算:

$$\bar{\lambda}_2 = \bigg(0.0651 + 0.000105 \times \frac{150 + 39.1}{2} \bigg) \text{ W/(m} \cdot \text{K}) \approx 0.0750 \text{ W/(m} \cdot \text{K})$$

$$k = 1.124 \text{ W/(m}^2 \cdot \text{K}), \Phi = 73.4 \text{ W}$$

讨论:(1)对于输送水或压力较高的水蒸气的保温管道,管内介质的对流传热阻力一般比保温层的热阻要小得多,因而常可取管壁温度高于管内介质的平均温度,这种做法对于工程传热问题的简捷分析特别有用。

（2）由于导热系数是温度的函数，计算过程必是迭代性的。本例两次相邻计算中保温材料导热系数的相对偏差已小于 1%，作为工程计算可以认为迭代也已收敛。

例题 10-1 ［MATLAB 程序］

```
%%%%%%%%%%%%%%%%%%%%%%%%%%%%%%%%%%%%%
%EXAMPLE 10-1
%%%%%%%%%%%%%%%%%%%%%%%%%%%%%%%%%%%%%
%输入
clc,clear
t_fi=150;t_inf=20;h_i=116;lambda=46.2;h_o=7.6;t_o=30;l=1;
d_o=80*10^-3+40*10^-3*2;d_i=80*(10^-3)-3*(10^-3)*2;
%%%%%%%%%%%%%%%%%%%%%%%%%%%%%%%%%%%
tao=(t_fi+t_o)/2;
lambda_2=0.0651+0.000105*tao;
k=1/(d_o/(h_i*d_i)+d_o*log(d_o/d_i)/(2*lambda)+d_o*log(d_o/0.08)/(2*
lambda_2)+1/h_o);
%每米管长的热损失
phi=k*pi*d_o*l*(t_fi-t_inf);
%校正
t_wo=phi/(pi*d_o*h_o)+20;
lambda_2=0.0651+0.000105*(t_fi+t_wo)/2
k=1/(d_o/(h_i*d_i)+d_o*log(d_o/d_i)/(2*lambda)+d_
o*log(d_o/0.08)/(2*lambda_2)+1/h_o)
phi=k*pi*d_o*l*(t_fi-t_inf)
```

程序输出结果：

lambda_2=0.0750

k=1.1228

phi=73.3691

例题 10-2 铝电线外径为 5.1 mm，外包导热系数 $\lambda=0.15$ W/(m·K)的聚氯乙烯作为绝缘层。环境温度为 40 ℃，铝线表面温度限制在 70 ℃ 以下。绝缘层表面与环境间的复合表面传热系数为 10 W/(m²·K)。求绝缘层厚度 δ 不同时每米电线的散热量。

题解

分析：像教材中式(10-2)这样确定所传递热量的计算式可以进一步拓宽应用：只要分子上的温差与分母中的热阻对应即可。对于本题，给定了电线表面温度的数值，相当于教材图 10-2 中的 t_{wi}，环境温度相当于图中的 t_{fo}，因此每米长电线的散热量为

$$\frac{\Phi}{l} = \frac{\pi(t_{wi} - t_{fo})}{\frac{1}{2\lambda}\ln\frac{d_o}{d_i} + \frac{1}{h_o d_o}}$$

计算：将已知条件代入上式,得

$$\frac{\Phi}{l} = \frac{\pi \times (70-40)\ \text{K}}{\frac{1}{2 \times 0.15\ \text{W/(m·K)}} \times \ln\frac{d_o}{0.0051\ \text{m}} + \frac{1}{10\ \text{W/(m}^2 \cdot \text{K)} d_o}}$$

$\frac{\Phi}{l}$是绝缘层外径(即绝缘层厚度)的函数。取 d_o 为 $10 \sim 70$ mm,计算结果如图 $10-1$ 所示。图中横坐标为绝缘层外径 d_o,纵坐标分别为表征绝缘层导热热阻的 $\frac{1}{2\lambda}\ln(d_o/d_i)$ (曲线 2)、表征绝缘层外侧热阻的 $\frac{1}{h_o d_o}$ 和散热量 $\frac{\Phi}{l}$。

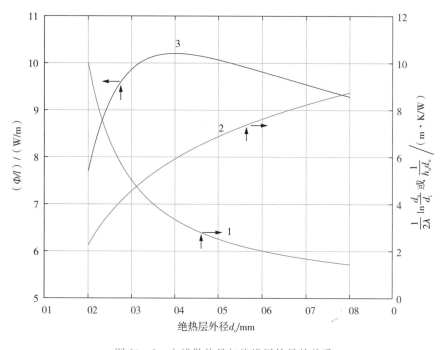

图 $10-1$　电线散热量与绝缘层外径的关系

讨论：从图 $10-1$ 中可以看出,$d_o = 30$ mm 时散热达到最大值,而当绝缘层外径小于 30 mm 时,增加绝缘层厚度非但不会削弱传热,反而会增加散热。对电线来说,处于这种情况下是有利的,因为可以增加电流的通过能力。本题所述电线的实际产品所采用的绝缘层厚度约为 1 mm,处于对散热有利的范围内。

例题 $10-2$　[MATLAB 程序]

```
%%%%%%%%%%%%%%%%%%%%%%%%%%%%%%%%%%%%%%%%%%%%%
%EXAMPLE 10-2
```

```
%%%%%%%%%%%%%%%%%%%%%%%%%%%%%%%%%%%%%%
%输入
clc,clear
t_wi=70;t_fo=40;lambda=0.15;d_i=0.0051;h_o=10;
d_o=0.01:0.001:0.07;
y3=pi*(t_wi-t_fo)./(log(d_o/d_i)./(2.*lambda)+1./(h_o.*d_o));
y2=log(d_o/d_i)./(2*lambda);y1=1./(h_o*d_o);
figure
[AX,H1,H2]=plotyy(d_o,y3,[d_o',d_o'],[y2',y1']);
set(H1,'LineStyle','—','color','b');
set(H2,'LineStyle','—','color','r');


%Y轴颜色,标签
set(AX(1),'YColor','k');
HH1=get(AX(1),'Ylabel');
set(HH1,'String','$ (\phi/l)/(W/m) $','Interpreter','latex');
HH2=get(AX(2),'Ylabel');
set(HH2,'String','$ \left. \frac{1}{2\lambda}\ln\frac{d_o}{d_i}~or~\frac{1}{h_od
_o}\right/({m}\cdot{K}\verb|/|{W}) $','Interpreter','latex'); %第二个 Y 轴标签的
的颜色
set(AX(1),'ylim',[5 11],'ytick',[5 6 7 8 9 10 11]);
set(AX(2),'ylim',[0 12],'ytick',[0 2 4 6 8 10 12]);


%X轴标签
xticklabel={' 0','10','20','30','40','50','60','70','80'};
HH3=get(AX(1),'xlabel');
set(HH3,'String','\fontname{Times New Roman}绝热层外径  d_o/mm');
set(AX(1),'xlim',[0 0.08],'xtick',[0 0.01 0.02 0.03 0.04 0.05 0.06 0.07 0.08],'
xticklabel',xticklabel);
set(AX(2),'xlim',[0 0.08],'xtick',[0 0.01 0.02 0.03 0.04 0.05 0.06 0.07 0.08],'
xticklabel',xticklabel);


%网格
grid on
%set(gca,'ycolor','k','Gridalpha',1);


%标注和箭头
annotation('arrow',[0.48 0.48],[0.24 0.30]);annotation('arrow',[0.48 0.53],[0.30
```

0.30]);

annotation('arrow',[0.58 0.58],[0.55 0.61]);annotation('arrow',[0.58 0.63],[0.61 0.61]);

annotation('arrow',[0.30 0.30],[0.67 0.73]);annotation('arrow',[0.30 0.25],[0.73 0.73]);

text(0.042,6.5,'\fontname{Times New Roman}1','fontsize',16);

text(0.040,8.7,'\fontname{Times New Roman}2','fontsize',16);

text(0.03,10.5,'\fontname{Times New Roman}3','fontsize',16)

例题 10-3　对一台冷油器进行传热试验得到下列参数:进口油温 $t_1'=49.9\ ℃$,进口水温 $t_2'=21.4\ ℃$。出口油温 $t_1''=44.6\ ℃$,出口水温 $t_2''=24\ ℃$;水的质量流量 $q_m=21.5×10^3\ kg/h$;传热面积 $A=2.85\ m^2$。冷、热流体的流动方向相反。试计算该工况下冷油器的平均温差。

题解

分析:以下计算中认为推导平均温差的假设均成立。

据题意,油和水的温度的沿程变化如图 10-2 中的实线所示。此时有

$$\Delta t_{max}=49.9\ ℃-24\ ℃=25.9\ ℃$$

$$\Delta t_{min}=44.6\ ℃-21.4\ ℃=23.2\ ℃$$

$$\frac{\Delta t_{max}}{\Delta t_{min}}=\frac{25.9\ ℃}{23.2\ ℃}≈1.116<2$$

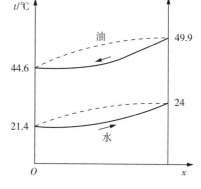

图 10-2　例题 10-3 图示和分析

所以可以采用算术平均温差。

计算:

$$\Delta t_m=\frac{\Delta t_{max}+\Delta t_{min}}{2}=\frac{25.9\ ℃+23.2\ ℃}{2}$$

$$≈24.6\ ℃$$

讨论:图 10-2 中用实线示出了本题冷、热流体的温度变化曲线。试问,本题中的温度曲线可否画成如图中虚线所示?为什么教材中图 10-26 的逆流温度分布曲线画成了向上凸的形式?

例题 10-3　[MATLAB 程序]

```
%%%%%%%%%%%%%%%%%%%%%%%%%%%%%%%%%%%%%%%
%EXAMPLE 10-3
%%%%%%%%%%%%%%%%%%%%%%%%%%%%%%%%%%%%%%%
```

```
%输入
clc,clear
t_1=49.9;t__2=24;t__1=44.6;t_2=21.4;
%%%%%%%%%%%%%%%%%%%%%%%%%%%%%%%%%%%%%%%%
Delta_max=t_1−t__2;
Delta_min=t__1−t_2;
Delta_max/Delta_min        %判断与 2 的大小
Delta_t=(Delta_min+Delta_max)/2
```

程序输出结果：

ans=1.1164

Delta_t=24.55

例题 10 - 4　在一个螺旋式换热器中，热水流量为 2000 kg/h，冷水流量为 3000 kg/h；热水进口温度 $t_1'=80$ ℃，冷水进口温度 $t_2'=10$ ℃。如果要求将冷水加热到 $t_2''=30$ ℃，试求顺流和逆流时的平均温差。

题解

分析：首先应根据热平衡关系算出热流体的出口温度，然后按照顺流与逆流的方式布置，计算相应的平均温度。

计算：$q_{m1}c_1(t_1'-t_1'')=q_{m2}c_2(t_2''-t_2')$。

在本题给定温度范围内，水的比热容 $c_1=c_2=4200$ J/(kg·K)。代入上式得

$$(2000/3600) \text{ kg/s} \times (80 \text{ ℃} - t_1'') = (3000/3600) \text{ kg/s} \times (30 \text{ ℃} - 10 \text{ ℃})$$

得

$$t_1'' = 50 \text{ ℃}$$

（1）顺流时，$\Delta t_{max} = 80 \text{ ℃} - 10 \text{ ℃} = 70 \text{ ℃}$，$\Delta t_{min} = 50 \text{ ℃} - 30 \text{ ℃} = 20 \text{ ℃}$，代入教材中（10 - 11）得

$$\Delta t_m = \frac{70 \text{ ℃} - 20 \text{ ℃}}{\ln \dfrac{70 \text{ ℃}}{20 \text{ ℃}}} \approx 39.9 \text{ ℃}$$

（2）逆流时，$\Delta t_{max} = 80 \text{ ℃} - 30 \text{ ℃} = 50 \text{ ℃}$，$\Delta t_{min} = 50 \text{ ℃} - 10 \text{ ℃} = 40 \text{ ℃}$，代入教材中式（10 - 11）得

$$\Delta t_m = \frac{50 \text{ ℃} - 40 \text{ ℃}}{\ln \dfrac{50 \text{ ℃}}{40 \text{ ℃}}} \approx 44.8 \text{ ℃}$$

讨论：逆流布置时的 Δt_m 比顺利时大 12.3%。也就是说，在同样的传热量和同样的传热系数下，只要将顺流系统改成逆流系统，就可以减少 12.3% 的换热面积。

例题 10 – 4　[MATLAB 程序]

```
%%%%%%%%%%%%%%%%%%%%%%%%%%%%%%%%%%%%%%%%
%EXAMPLE 10 – 4
%%%%%%%%%%%%%%%%%%%%%%%%%%%%%%%%%%%%%%%%
%输入
clc,clear
q_m1=2000/3600;q_m2=3000/3600;t_1=80;t__2=30;t_2=10;
t__1=t_1-q_m2*(t__2-t_2)/q_m1
%%%%%%%%%%%%%%%%%%%%%%%%%%%%%%%%%%%%%%%%
%顺流的时候
Delta_max=t_1-t_2;Delta_min=t__1-t__2;
Delta_t=(Delta_max-Delta_min)/log(Delta_max/Delta_
min)
%逆流的时候
Delta_max=t_1-t__2;Delta_min=t__1-t_2;
Delta__t=(Delta_max-Delta_min)/log(Delta_max/Delta_min)
%%%%%%%%%%%%%%%%%%%%%%%%%%%%%%%%%%%%%%%%
Ratio=(Delta__t-Delta_t)/Delta_t    %逆流比顺流大
```

程序输出结果：

Delta_t=39.9118

Delta__t=44.8142

Ratio=0.12283

例题 10 – 5　上例中，如改用 1 – 2 型壳管式换热器，冷水走壳程，热水走管程，求平均温差。

题解

分析：这里把参数 P、R 计算中的下标 1、2 分别看成是壳侧与管侧。

计算：

$$P=\frac{t_2''-t_1'}{t_1'-t_2'}=\frac{50\ ℃-80\ ℃}{10\ ℃-80\ ℃}≈0.428$$

$$R=\frac{t_1'-t_1''}{t_2''-t_2'}=\frac{10\ ℃-30\ ℃}{50\ ℃-80\ ℃}≈0.667$$

由教材中图 10 – 28 查得 $\Psi=0.95$。

上例中已求得逆流时平均温差为 44.88 ℃。于是，1 – 2 型壳管式换热器中平均温差为

$$\Delta t_m=0.95×44.8\ ℃≈42.6\ ℃$$

讨论：如果让冷水走管程，热水走壳程，则有

$$P=\frac{t_2''-t_2'}{t_1'-t_2'}=\frac{30\ ℃-10\ ℃}{80\ ℃-10\ ℃}\approx0.286$$

$$R=\frac{t_1'-t_1''}{t_2''-t_2'}=\frac{80\ ℃-50\ ℃}{30\ ℃-10\ ℃}=1.50$$

由教材中图 10-28 仍得 $\Psi=0.95$，且还可以发现，这里的 P 值即为上述计算中的 PR，而此处的 R 则为上述计算中的 $1/R$。可见在 P、R 的定义式即教材中式（10-13）中，下标 1、2 仅是指两种流体，对于壳管式换热器没有必要一定要把下标 1、2 与壳侧、管侧（或热流体，冷流体）对应起来，对交叉换热器也没有必要一定要把下标 1、2 与流体的冷、热（或混合、不混合）联系起来。本书前面对下标 1、2 的说明仅是为便于教学而已。

例题 10-5 ［MATLAB 程序］

```
%%%%%%%%%%%%%%%%%%%%%%%%%%%%%%%%%%%%%%%%
%EXAMPLE 10-5
%%%%%%%%%%%%%%%%%%%%%%%%%%%%%%%%%%%%%%%%
%输入
clc,clear
t_1=80;t__2=30;t__1=50;t_2=10;
%由图 10—23 查的
Psi=0.95;
%%%%%%%%%%%%%%%%%%%%%%%%%%%%%%%%%%%%%%%%
p=(t__2-t_2)/(t_1-t_2);r=(t_1-t__1)/(t__2-t_2);
%逆流的时候
Delta_max=t_1-t__2;Delta_min=t__1-t_2;
Delta_t=(Delta_max-Delta_min)/log(Delta_max/Delta_min)    %逆流时的平均温度
Delta_tm=Psi*Delta_t
```

程序输出结果：

Delta_t=44.8142

Delta_tm=42.5735

例题 10-6 流量为 39 m^3/h 的 30 号透平油，在冷油器中从 $t_1'=56.9$ ℃冷却到 $t_1''=45$ ℃。冷油器采用 1-2 型壳管式结构，管子为铜管，外径为 15 mm，壁厚 1 mm。每小时 47.7 t 的河水作为冷却水在管侧流过，进口温度为 $t_2'=33$ ℃。油安排在壳侧。油侧的表面传热系数 $h_o=450$ W/(m^2·K)，水侧的表面传热系数为 $h_i=5850$ W/(m^2·K)。已知 30 号透平油在运行温度下的物性为 $\rho_1=879$ kg/m^3，$c_1=1.95$ kJ/(kg·K)。试求所需传热面积。

题解

分析：本题是一个设计计算，换热量可以从油侧得出，根据热平衡关系，计算出水的出口温度，进而得出对数平均温差。在计算传热系数时，要明确是以哪一侧面积为依据，如果以外侧为依据，利用教材中式(10-26)，内侧的污垢热阻也要考虑到面积比的影响。

计算：油侧的体积流量为

$$q_{V1} = \frac{39 \ \text{m}^3}{3600 \ \text{s}} \approx 1.083 \times 10^{-2} \ \text{m}^3/\text{s}$$

油侧的热流量为

$$\Phi = q_{V_1} c_1 (t_1' - t_1'') = q_{m1} \rho_1 c_1 (t_1' - t_1'')$$

$$= 1.083 \times 10^{-2} \ \text{m}^3/\text{s} \times 879 \ \text{kg/m}^3 \times 1.95 \ \text{kJ/(kg} \cdot \text{K)} \times (56.9 - 45) \ \text{K}$$

$$\approx 2.21 \times 10^5 \ \text{W}$$

水侧的质量流量为

$$q_{m2} = \frac{47.7 \times 10^3 \ \text{kg}}{3600 \ \text{s}} = 13.25 \ \text{kg/s}$$

冷却水的温升

$$t_2'' - t_2' = \frac{\Phi}{q_{m2} c_2} = \frac{2.21 \times 10^5 \ \text{W}}{13.25 \ \text{kg/s} \times 4.19 \times 10^3 \ \text{J/(kg} \cdot \text{K)}} \approx 4 \ \text{K}$$

于是冷却水的出口温度为

$$t_2'' = 33 \ ℃ + 4 \ ℃ = 37 \ ℃$$

参量 P 和 R 为

$$P = \frac{t_2'' - t_2'}{t_1' - t_2'} = \frac{37 \ ℃ - 33 \ ℃}{56.9 \ ℃ - 33 \ ℃} \approx 0.17$$

$$R = \frac{t_1' - t_1''}{t_2'' - t_2'} = \frac{56.9 \ ℃ - 45 \ ℃}{37 \ ℃ - 33 \ ℃} \approx 3$$

查教材中图 10-28 得 $\Psi = 0.97$。对数平均温差为

$$\Delta t_m = 0.97 \times \frac{(56.9 \ ℃ - 37 \ ℃) - (45 \ ℃ - 33 \ ℃)}{\ln \dfrac{56.9 \ ℃ - 37 \ ℃}{45 \ ℃ - 33 \ ℃}} \approx 15.1 \ ℃$$

按教材中附录 18a 分别取管内、外侧污垢热阻为 0.0005 m² · K/W 和 0.0002 m² · K/W，于是传热系数（略去管壁导热阻力）为

$$k = \frac{1}{\dfrac{1}{h_o} + r_o + \left(r_i + \dfrac{1}{h_i} \right) \dfrac{A_o}{A_i}}$$

$$=1 \Big/ \Big[\frac{1}{450 \ \text{W}/(\text{m}^2 \cdot \text{K})} + 0.0002 \ \text{m}^2 \cdot \text{K}/\text{W} +$$

$$\Big(\frac{1}{5850 \ \text{W}/(\text{m}^2 \cdot \text{K})} + 0.0005 \ \text{m}^2 \cdot \text{K}/\text{W} \Big) \times \frac{15}{13} \Big]$$

$$\approx 313 \ \text{W}/(\text{m}^2 \cdot \text{K})$$

冷油器的计算面积为

$$A = \frac{\Phi}{k \Delta t_{\text{m}}} = \frac{2.21 \times 10^5 \ \text{W}}{313 \ \text{W}/(\text{m}^2 \cdot \text{K}) \times 15.1 \ \text{℃}} \approx 46.8 \ \text{m}^2$$

实际设计面积可留 10% 的裕度,取为 $46.8 \times 1.1 \ \text{m}^2 \approx 51.5 \ \text{m}^2$。

讨论:虽然在热计算中已计及了污垢热阻(占总热阻的 1/4 以上),但在决定实际换热量面积时又加了 10% 的冗余面积,以照顾到某些未计及的因素(例如获得传热系数时可能的误差等)。

例题 10-6 [MATLAB 程序]

```
%%%%%%%%%%%%%%%%%%%%%%%%%%%%%%%%%%%%%%%%%%
%EXAMPLE 10-6
%%%%%%%%%%%%%%%%%%%%%%%%%%%%%%%%%%%%%%%%%%
%输入
clc,clear
q_1=39;q_2=47.7*10^3;t=3600;rho_1=879;c_1=1950;c_2=4.19*10^3;
t_1=56.9;t_2=33;t__1=45;
h_o=450;r_o=0.0002;r_i=0.0005;h_i=5850;A_i=13;A_o=15;
q_v1=q_1/t;q_m2=q_2/t;          %油侧的体积流量和水侧的质量流量
phi=q_v1*rho_1*c_1*(t_1-t__1);          %油测的热流量
t__2=phi/(q_m2*c_2)+t_2;          %冷却水的温升
p=(t__2-t_2)/(t_1-t_2);r=(t_1-t__1)/(t__2-t_2);
%由图10—23查的
Psi=0.97;
Delta_max=t_1-t__2;Delta_min=t__1-t_2;
Delta_tm=Psi*(Delta_max-Delta_min)/log(Delta_max/
Delta_min);
k=1/(1/h_o+r_o+(r_i+1/h_i)*A_o/A_i);
A=phi/(k*Delta_tm)   %计算面积
A_r=A*1.10          %实际面积考虑裕度
```

程序输出结果:

A=46.596

A_r=51.256

例题 10-7 上例中，如冷油器的进口温度变为 58.7 ℃，而水的流量、进口温度以及油的流量均不变，求出口油温和出口水温。

题解

分析：换热器运行中经常会发生运行条件的变化，称为变工况，进口温度的变化是一种可能的变工况。油和水的温度如升高很多，则需考虑物性变化对 k 的影响。现在变化甚少，可以认为传热系数仍为 313 W/(m² · K)。此题应采用 ε-NTU 法计算。

计算：

$$q_{m1}c_1 = 1.083 \times 10^{-2} \text{ m}^3/\text{s} \times 879 \text{ kg/m}^3 \times 1.95 \times 10^3 \text{ J/(kg · K)} \approx 1.856 \times 10^4 \text{ W/K}$$

$$q_{m2}c_2 = 13.25 \text{ kg/s} \times 4.19 \times 10^3 \text{ J/(kg · K)} \approx 5.552 \times 10^4 \text{ W/K}$$

$$\frac{(q_m c)_{\min}}{(q_m c)_{\max}} = \frac{1.856 \times 10^4 \text{ W/K}}{5.552 \times 10^4 \text{ W/K}} \approx 0.334$$

$$\text{NTU} = \frac{kA}{(q_m c)_{\min}} = \frac{313 \times 51.5 \text{ W/K}}{1.856 \times 10^4 \text{ W/K}} \approx 0.87$$

查教材中图 10-38 得 $\varepsilon = 0.54$。热流量可按教材中式(10-18)算出：

$$\Phi = \varepsilon (q_m c)_{\min} (t'_1 - t'_2)$$

$$= 0.54 \times 1.856 \times 10^4 \text{ W/K} \times (58.7 - 33) \text{ K}$$

$$= 2.58 \times 10^5 \text{ W}$$

由热平衡式可求得油和水的出口温度：

$$t''_1 = t'_1 - \frac{\Phi}{q_{m1}c_1} = \left(58.7 \text{ ℃} - \frac{2.58 \times 10^5 \text{ W}}{1.856 \times 10^4 \text{ W/℃}} \right) \approx 44.8 \text{ ℃}$$

$$t''_2 = t'_2 + \frac{\Phi}{q_{m2}c_2} = \left(33 \text{ ℃} + \frac{2.58 \times 10^5 \text{ W}}{5.552 \times 10^4 \text{ W/℃}} \right) \approx 37.6 \text{ ℃}$$

讨论：这一题目是采用传热单元数法优于平均温度法的典型。如果采用后者，需先假定 t''_1（或 t''_2），然后从传热方程及热平衡方程计算出的热量是否相符来判断所假设之值是否正确。还应指出，由于 t'_1 的变化很小（约为热流体温降的 15%），因而两种计算的热量必须符合得较好才能得出合理的结果。

例题 10-7 ［MATLAB 程序]

```
%%%%%%%%%%%%%%%%%%%%%%%%%%%%%%%%%%%%%%%%%%
%EXAMPLE 10-7
%%%%%%%%%%%%%%%%%%%%%%%%%%%%%%%%%%%%%%%%%%
%输入
clc,clear
q_1=39;q_2=47.7*10^3;t=3600;rho_1=879;c_1=1950;c_2=4.19*10^3;
```

t_1=58.7;t_2=33;t__1=45;
h_o=450;r_o=0.0002;r_i=0.0005;h_i=5850;A_i=13;A_o=15;A=51.5;
%%
q_v1=q_1/t;q_m2=q_2/t;
q_m1=q_v1*rho_1;q_m1*c_1;q_m2*c_2;
k=1/(1/h_o+r_o+(r_i+1/h_i)*A_o/A_i);
NTC=k*A/min(q_m1*c_1,q_m1*c_1);
epsilon=0.54;
phi=epsilon*min(q_m1*c_1,q_m1*c_1)*(t_1−t_2);
            %热流量
t__1=t_1−phi/(q_m1*c_1)
t__2=t_2+phi/(q_m2*c_2)   %油和水的出口温度

程序输出结果:

t__1=44.8220

t__2=37.6418

例题 10-8 有一台空气冷却器,空气在管外垂直流过管束,$h_o = 90$ W/(m² · ℃);冷却水在管内流动,$h_i = 6000$ W/(m² · ℃);换热管为外径 16 mm、厚 1.5 mm 的黄铜管。求:(1)空气冷却器的传热系数;(2)如果 h_o 增加 1 倍,传热系数如何变化? (3)如果 h_i 增加 1 倍,传热系数如何变化?

题解

分析:黄铜的导热系数由教材末的附录查取,为 111 W/(m · K)。空气在管外流动,应是主要热阻所在,所以以外表面积作为计算面积。

计算:(1)由教材中式(10-4)得

$$k = \cfrac{1}{\cfrac{1}{6000 \text{ W/(m}^2 \cdot \text{K)}} \times \cfrac{16 \text{ mm}}{13 \text{ mm}} + \cfrac{0.016 \text{ m}}{2 \times 111 \text{ W/(m} \cdot \text{K)}} \ln\left(\cfrac{16}{13}\right) + \cfrac{1}{90 \text{ W/(m}^2 \cdot \text{K)}}}$$

$$= \frac{1}{0.000205 + 0.0000149 + 0.0111} \text{ W/(m}^2 \cdot \text{K)}$$

$$\approx 88.3 \text{ W/(m}^2 \cdot \text{K)}$$

(2)由以上计算可见,管壁热阻要比管内热阻小两个以上的数量级,可以略去不计,于是有

$$k = \cfrac{1}{\cfrac{1}{6000 \text{ W/(m}^2 \cdot \text{K)}} \times \cfrac{16 \text{ mm}}{13 \text{ mm}} + \cfrac{1}{90 \times 2 \text{ W/(m}^2 \cdot \text{K)}}}$$

$$= \frac{1}{0.000205 + 0.005556} \text{ W/(m}^2 \cdot \text{K)}$$

$$\approx 173.6 \ \mathrm{W/(m^2 \cdot K)}$$

传热系数增加了 96%。

（3）

$$k = \frac{1}{\dfrac{1}{12000} \times \dfrac{16}{13} + \dfrac{1}{90}} \ \mathrm{W/(m^2 \cdot K)} \approx 89.3 \ \mathrm{W/(m^2 \cdot K)}$$

传热系数的增加不到 1%。

讨论： 本例的计算表明，要强化一个传染过程，必须首先比较各个环节的热阻，找出分热阻最大的环节，并采用强化传热技术减小其热阻值，才能收到显著效果。

例题 10 - 8 ［MATLAB 程序］

```
%%%%%%%%%%%%%%%%%%%%%%%%%%%%%%%%%%%%%%%%%
%EXAMPLE 10 - 8
%%%%%%%%%%%%%%%%%%%%%%%%%%%%%%%%%%%%%%%%%
%输入
clc,clear
d_o=16 * 10^-3;h_i=6000;d_i=13 * 10^-3;lambda=111;h_o=90;
%%%%%%%%%%%%%%%%%%%%%%%%%%%%%%%%%%%%%%%%%
k_1=1/(d_o/(h_i*d_i)+d_o*log(d_o/d_i)/(2*lambda)+1/h_o)
k_2=1/(d_o/(h_i*d_i)+1/(2*h_o))     %ho 增加一倍
Ratio_1=(k_2-k_1)/ k_1              %传热系数增加比例
k_3=1/(1/(2*h_i)*(d_o/d_i)+1/h_o)   %hi 增加一倍
Ratio_2=(k_3-k_1)/ k_1              %传热系数增加比例
fprintf('Ratio_1> Ratio_2,因此减小较大热阻项强化传热效果更明显！')
```

程序输出结果：

k_1=88.2519

k_2=173.59

Ratio_1=96.699

k_3=89.1768

Ratio_2=0. 01

Ratio_1> Ratio_2,因此减小较大热阻项强化传热效果更明显！

例题 10 - 9 蒸汽再热器内肋片管作用分析。

解答过程略。

例题 10 - 10 增压内燃机用空气冷器热设计。

解答过程略。

主要参考文献

[1] 陶文铨. 传热学[M]. 5 版. 北京：高等教育出版社, 2019.

[2] 杨小琼. 传热学计算机辅助教学[M]. 西安：西安交通大学出版社, 1992.

[3] [美]Stormy Attaway. MATLAB 编程与工程应用[M]. 2 版. 鱼滨, 赵元哲, 王国华, 等, 译. 北京：电子工业出版社, 2013.

[4] 楚化强, 高辉辉, 顾明言, 等. Matlab 在传热学课程教学中的应用研究. 安徽工业大学学报(社会科学版), 2017, 34(1)：73 - 75.

[5] 高正阳, 刘彦丰, 孙芳, 等.《传热学》课程思政内容与模式设计. 中国电力教育, 2020, (10)：53 - 55.

附录-1　传热彩图素材[*]

安徽工业大学是一所以冶金专业为特色的院校,编者所属的能源与动力工程专业最初服务于冶金行业。冶金行业是国家重要的基础产业,其生产过程中涉及大量的传热过程,因此这里编者给出了冶金行业与传热相关的主要设备或工艺。

附图 1-1　带式烧结机

附图 1-2　焦炉

* 部分图片由张璐博士提供,在此表示感谢!

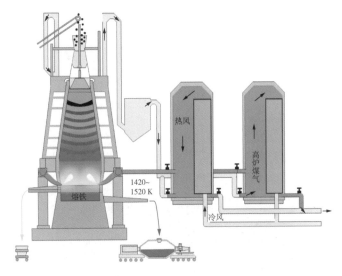

附图 1-3　炼铁工艺流程图

附图 1-4　高炉排渣

附图 1-5　转炉

附图 1-6　钢包

附图 1-7　连铸机

附图 1-8　加热炉

附图 1 - 9　板坯

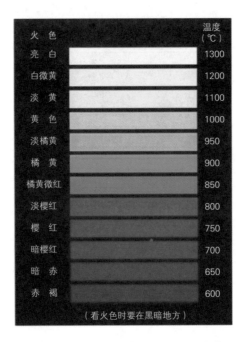

附图 1 - 10　钢铁颜色与温度对应关系

附录-2 课程思政素材

将思想政治教育融入课程教学和改革的各环节、各方面，实现立德树人润物无声，就是我们所倡导的"课程思政"。传热学是研究有温差存在时热量传递规律的自然科学，作为能源、动力、暖通、化工电子、机械等专业的基础课程，兼具理论深度与应用实践的特性，如何在传热学专业知识传授中实现价值观的同频共振，构建传热学"课程思政"育人格局，达到专业学习与立德树人互促共进，是教育工作者们研究的重点内容之一。笔者针对"传热学"课程的基本结构进行了思政要素的分析具体内容见附表2-1。

附表 2-1 "传热学"课程教学中穿插的课程思政内容

章　节	思政穿插
第一章　绪论	① 尊师重教（教师节） ② 铭记历史——"九·一八事变"爱国教育 ③ 法定节假日——中秋节，家国情怀 ④ 传热学在各科学领域中的广泛应用——"舌尖上的传热学" ⑤ 传热学历史人物——普通个人与历史人物的关系，爱国主义，世界是一个相互联系的整体，合作共赢 ⑥ 传热学问题分析方法与中医"四诊"的"望闻问切"——弘扬国医国粹，激发民族自豪感 ⑦ 热阻分析法——抓住主要矛盾和矛盾的主要方面，方法论 ⑧ 微纳尺度芯片更新迭代后的散热问题——生产力的发展，认识世界，改造世界 ⑨ 习近平总书记每日金句
第二章　稳态热传导的规律及计算	① 法定节假日——国庆节，祖国自豪感，爱国教育 ② 习近平总书记系列讲话 ③ 传热学历史人物——傅里叶，立德树人 ④ 非典、新冠肺炎疫情中常规测温与红外成像技术——致敬人民英雄、医务工作者，爱国主义与中国青年的使命担当，科技改变生活 ⑤ 三维非稳态问题的一般形式与简化形式——具体问题具体分析，共性寓于个性之中
第三章　非稳态热传导的计算	① 非稳态导热过程温度变化尺度的广泛性——构成物质世界的多样性 ② 集中参数法及其适用范围——方法论，抓关键，看主流，把握好两点论与重点论的统一，真理的相对性，具体问题具体分析 ③ 习近平总书记系列讲话

（续表）

章　节	思政穿插
第四章　热传导问题的数值解法	① 求解代数方程的迭代法与解的收敛性——真理的相对性 ② 导热微分方程的精确描写与热平衡法建立节点温度离散方程的近似解——实践与客体的关系，量变质变规律
第五章　对流传热的理论分析与实验研究基础	① 数量级分析方法——重点论，把握复杂事物的主要矛盾，把握每一个矛盾的主要方面 ② 传热学历史人物——普朗特，立德树人，人生与奋斗 ③ 比拟理论——联系的普遍性，多样性和条件性 ④ 特征数方程——共性统摄个性，个性体现共性，认识规律就必须充分发挥主观能动性
第六章　单相流传热的实验关联式	① 传热学历史人物——努塞尔，立德树人，人生与奋斗 ② 同类物理现象相似的充要条件——真理的绝对性和相对性 ③ 同一关联式的系数和指数在不同工况下的取值以及不同关联式有不同的适用范围——实践与真理的关系，真理的相对性
第七章　相变对流传热的计算	① 不凝气体对膜状凝结的影响——细节决定成败 ② 沸腾换热曲线中的临界热流密度和莱登佛罗斯特点——"度"，临界点，适"度"原则
第八章　热辐射基本定律和物体的辐射特性	① 传热学历史人物——斯忒藩、玻尔兹曼、普朗克、维恩、兰贝特，合作精神，立德树人，人生与奋斗 ② 经典物理的连续性概念与能量子假说——认识是一个不断升华的过程，实践与认识的关系 ③ 实际物体对辐射能的吸收具有选择性——人的个性及人对自我的认知，共性寓于个性之中 ④ 温室效应、新型制冷剂——矛盾与事物发展的关系，人与自然的关系，节能环保理念 ⑤ 选择性吸收与节能玻璃涂层——客观规律性和主观能动性
第九章　辐射传热的计算	① 法定节假日——元旦节，中国特色社会主义新征程 ② 习近平总书记系列讲话 ③ 辐射传热——和谐共生的世界 ④ 角系数的"相对性""完整性""可加性"——人的个性，自我认知 ⑤ 基尔霍夫定律——得与失的辩证思维
第十章　传热过程分析与换热器的热计算	① 肋片的安装方向——抓重点，把握事物的主要矛盾以及矛盾的主要方面 ② 加装肋片与敷设保温层，临界热绝缘直径——具体问题具体分析的辩证思维，"度"，适"度"原则 ③ 各种换热器的紧凑性与人体的"肺"——正确认识自我，价值观 ④ 强化传热中高效、经济、可靠的相互制约——两点论，既要看主要矛盾，又要看次要矛盾；既要看同一矛盾的主要方面，又要看次要方面

附录-3 《传热学(第五版)》简答题*

1. 什么是热传导？(P5)

物体各部分之间不发生相对位移时,依靠分子、原子及自由电子等微观粒子的热运动而产生的热能传递称为热传导,简称导热。

2. 什么是热对流和对流换热？(P7)

热对流是指由于流体的宏观运动而引起的流体各部分之间发生相对位移,冷、热流体相互掺混所导致的热量传递的过程。

对流换热是指流体流过一个物体表面时流体与物体表面间的热量传递过程。

3. 什么是热辐射？(P9)

物体通过电磁波来传递能量的方式称为辐射。物体会因各种原因发出辐射能,其中因热的原因而发出辐射能的现象称为热辐射。

4. 热传导和热对流都是依靠微观粒子的运动引起的,机理上的根本区别是什么？(P7)

热对流仅能发生在流体中,而且由于流体中的分子同时在进行着不规则的热运动,因而热对流必然伴随有热传导现象。

5. 热对流与对流换热的根本区别是什么？(P7)

热对流是由于流体的宏观运动而引起的流体各部分之间发生相对位移,冷、热流体相互掺混所导致的热量传递的过程。热对流仅能发生在流体中,而且由于流体中的分子同时在进行着不规则的热运动,因而热对流必然伴随有热传导现象。工程上特别感兴趣的是流体流过一个物体表面时流体与物体表面间的热量传递过程,并称之为对流传热,以区别于一般意义上的热对流。

6. 导热系数 λ 与传热系数 k 之间的区别？(P6、P13)

导热系数 λ 的单位为 $W/(m \cdot K)$;传热系数 k 单位为 $W/(m^2 \cdot K)$。

导热系数 λ 是表征材料导热性能优劣的参数,是一种热物性参数;传热系数 k 是表征传热过程强烈程度的标尺,传热系数的大小不仅取决于参与传热过程的两种流体的种类,还与过程本身有关。

---

* 这里的页码对应《传热学(第五版)》(陶文铨编著,高等教育出版社,2019 年版)中的页码。

7. 导热问题中经常涉及的边界条件有几类？它们分别是什么？（P38）

导热问题中常涉及的边界条件有三类，分别如下：

（1）第一类边界条件：规定了边界上的温度值，对于非稳态导热，这类边界条件要求给出的关系式：$\tau > 0$ 时，$t_w = f_1(\tau)$。

（2）第二类边界条件：规定了边界上的热流密度值。对于非稳态导热，这类边界条件要求给出的关系式：$\tau > 0$ 时，$-\lambda \left(\dfrac{\partial t}{\partial n}\right)_w = f_2(\tau)$。

（3）第三类边界条件：规定了边界上物体与周围流体间的表面传热系数 h 及周围物体的温度 t_f。关系式为 $-\lambda \left(\dfrac{\partial t}{\partial n}\right)_w = h(t_w - t_f)$。

8. 试说明得出导热微分方程所依据的基本定律。（P34）

得出导热微分方程所依据的基本定律是能量守恒定律和傅里叶定律。

9. 非稳态导热的正规状况阶段的实用计算方法分别为哪几种？（P110）

非稳态导热的正规状况阶段的实用计算方法有两种，分别为图线法和近似拟合公式法。

10. 影响对流换热的因素有哪些？（P184）

影响对流换热的因素如下：

（1）流体流动的起因（如强迫对流或自然对流）；

（2）流体有无相变（如沸腾或冷凝）；

（3）流体的流动状态（如层流或湍流）；

（4）流体表面的几何因素（如换热壁表面的形状、大小，换热表面与流体运动方向的相对位置以及换热表面的粗糙状态）；

（5）流体的物理性质（如流体的密度 ρ、动力黏度 η、导热系数 λ 以及比定压热容 c_p 等）。

11. 对流换热过程的单值性条件都有哪些？（P207）

对流换热过程的单值性条件如下：

（1）初始条件；（2）边界条件；（3）几何条件；（4）物理条件。

12. 管内湍流换热实验关联式实际应用上使用最广的是 Dittus - Boelter 公式：$Nu_f = 0.023 Re_f^{0.8} Pr_f^n$，为什么在对流体进行加热或冷却时，其式中的 n 值分别要取不同的值？（P233）

式中 Pr 数的指数数值在加热与冷却时不同（加热流体时，$n = 0.4$；冷却流体时，$n = 0.3$），是考虑流体物理性质随温度变化而引起的对热量传递过程影响的一种最简单的方式。

13. 什么是过冷沸腾和饱和沸腾？（P304）

过冷沸腾：液体主流的温度低于相应压力下的饱和温度，即处于过冷状态，而壁面上开始产生气泡,称之为过冷沸腾。

饱和沸腾:液体主流温度达到饱和温度,并且壁面温度高于饱和温度所发生的沸腾,称之为饱和沸腾。

14. 黑体辐射涉及哪几个基本定律?它们分别表述黑体辐射的什么特性?(P342-P345)

黑体辐射涉及三个基本定律,分别如下:

(1)斯忒潘-玻尔兹曼定律:定量地表述了单位黑体表面在一定温度下向外界辐射能量的多少;

(2)普朗克定律:解释了黑体辐射能按波长分布的规律;

(3)兰贝特定律:给出了黑体辐射能按空间方向的分布规律。

15. 什么叫投入辐射和有效辐射?(P397)

投入辐射:单位时间内投入到单位表面积上的总辐射能,记为 G。

有效辐射:单位时间内离开表面单位面积的总辐射能,记为 J。

16. 什么是换热器的效能?(P470)

换热器效能 ε 定义为

$$\varepsilon = \frac{(t'-t'')_{\max}}{t'_1 - t'_2}$$

式中:

分子为冷流体或者热流体在换热器中的实际温差中的较大者;

分母为流体在换热器中可能发生的最大温差值;

效能 ε 表示换热器的实际换热效果与最大可能的换热效果之比。

17. 傅里叶定律的文字表达为什么?傅里叶定律除了描述导热的基本规律以外,工程上还有什么作用?(P29、P31)

傅里叶定律的文字表达:在导热过程中,单位时间内通过给定截面的导热量,正比于垂直于该截面方向上的温度变化率和截面面积,而热量传递的方向则与温度升高的方向相反。

工程计算采用的各种物质的导热系数的数值都是由实验测定的。测定导热系数的方法有稳态法和非稳态法两大类,傅里叶导热定律是稳态法测定的基础。

18. 什么叫时间常数?热电偶的时间常数取决于哪些参数?(P102)

采用集中参数法分析时,物体中过余温度随时间成指数曲线关系变化,关系式中的 $hA/(\rho cV)$ 具有与 $1/\tau$ 相同的量纲,$\rho cV/(hA)$ 称为时间常数,记作 τ_c。当时间 $\tau = \tau_c$ 时,物体的过余温度已经降低到初始过余温度值的 36.8%。在用热电偶测定流体温度的场合,热电偶的时间常数是说明热电偶对流体温度变动响应快慢的指标。

热电偶的时间常数取决于几何参数 V/A;物理性质 ρ、c;换热条件 h。

19. 推导导热微分方程的步骤和用热平衡法建立节点温度离散方程的过程十分相似,为什么前者得到的是精确描写,而后者得到的却是近似解?(P152)

因为建立导热微分方程所讨论的是一个微元体,而用热平衡法建立节点温度离散方程所研究的对象为有限大小的元体。

20. 对流换热问题的研究方法包括哪些?(P185)

研究对流传热的方法,即获得表面传热系数 h 的表达式的方法大致有以下四种:(1)分析法;(2)实验法;(3)比拟法;(4)数值法。

21. 对流换热问题涉及的边界条件有哪几类?(P187、P188)

对流换热问题涉及的边界条件有两类。

第一类边界条件:已知壁面温度,分析求解的目的是求壁面法向温度变化率 $\left.\dfrac{\partial t}{\partial y}\right|_{y=0}$;

第二类边界条件:已知壁面换热的热流密度,相应地 $\left.\dfrac{\partial t}{\partial y}\right|_{y=0}$ 已知,分析求解的目的是确定壁温 t_w。

22. 冷凝换热过程的主要热阻取决于什么热阻?容器沸腾中,气泡存在的条件是什么?(P291、P318—319)

凝结液构成了蒸汽与壁面间的主要热阻。

气泡存在的条件是汽化核心和一定的过热度。

23. 传热学中所述的最基本的传热方式及传热机理分别是什么?(P5、P7、P9)

传热学中最基本的传热方式为热传导、热对流和热辐射。

热传导:指物体各部分之间不发生相对位移时,依靠分子、原子及自由电子等微观粒子的热运动而产生的热能传递过程。

热对流:热对流是由于流体的宏观运动而引起的流体各部分之间发生相对位移,冷、热流体相互掺混所导致的热量传递过程。

热辐射:物体通过电磁波来传递热量的方式称为辐射。物体会因各种原因发出辐射能,其中因热的原因而发出辐射能的现象称为热辐射。

24. 写出黑体辐射的四次方定律基本表达式及其中各物理量的定义?(P342)

黑体辐射的四次方定律基本表达式为

$$E_b = \sigma T^4 = C_0 \left(\frac{T}{100}\right)^4$$

式中,E_b 为黑体辐射力,单位为 W/m^2;σ 为黑体辐射常数,其值为 $5.67 \times 10^{-8}\ W/(m \cdot K^4)$;$C_0$ 称为黑体辐射系数,其值为 $5.67\ W/(m \cdot K^4)$;T 为辐射物体的热力学温度;下角标 b 表示黑体。

25. 写出傅里叶定律的基本表达式及其中的各物理意义?(P29)

傅里叶定律的基本表达式为

$$\Phi = -\lambda A \frac{\partial t}{\partial x}$$

式中,$\frac{\partial t}{\partial x}$表示为温度变化率;$A$表示垂直于热传导方向的横截面积,单位为 m^2;λ表示导热系数,是常物性参数,单位为 $\text{W}/(\text{m} \cdot \text{K})$;负号表示导热方向与温度升高的方向相反;$\Phi$ 为单位时间内通过某一给定面积的热量,单位为 W。

26. 试说明 Bi 数的物理意义。$Bi \to 0$ 及 $Bi \to \infty$ 各代表什么样的换热条件?(P103、P99)

Bi 数的物理意义是固体内部单位导热面积上的导热热阻与单位表面积上的换热热阻(即外部热值)之比,$Bi = (l/\lambda)/(1/h) = hl/\lambda$。

当 $Bi \to 0$ 时,平板内部的导热热阻 δ/λ 几乎可以忽略,因而任一时刻平板中各点的温度接近均匀,并随着时间的推移整体下降,逐渐趋于 t_∞。

当 $Bi \to \infty$ 时,表面对流换热热阻 $1/h$ 几乎可以忽略,因而过程一开始平板的表面温度就被冷却到 t_∞;随着时间的推移,平板内部各点的温度逐渐下降而趋近于 t_∞。

27. 显式差分方程和隐式差分方程在求解时的差别是什么?(P160、P161)

显式差分格式中,一旦 i 时层上各节点的温度已知,可立即算出 $i+1$ 时层上各内点的温度,而不必求解联立方程。显式格式的优点是计算工作量小,缺点是对时间步长及空间步长有一定限制,否则会出现不合理的振荡的解。

而隐式差分格式中已知 i 时层的值 $t_n^{(i)}$,不能直接算出 $t_n^{(i+1)}$ 之值,而必须求解 $i+1$ 时层的一个联立方程组才能得出 $i+1$ 时层各节点的温度。隐式格式的缺点是计算工作量大,但它对步长没有限制,不会出现解的振荡现象。

28. 为什么说对流换热系数主要取决于边界层的热阻?(P187)

在对流换热过程中,流体的主流区和固体表面之间的换热量必然等于穿过流体边界层的导热量。贴壁处这一极薄的流体层相对于壁面是不流动的,而穿过不流动的流体层的热量传递方式只能是导热,所以说流换热系数主要取决于边界层的热阻。

29. 判断两个同类物理现象相似的条件是什么?(P207)

两个同类物理现象相似的充要条件:

一是同名的已定特征数相等(已定特征数是由所研究问题的已知量组成的特征数,如 Re 数、Pr 数等;而 Nu 数为待定特征数,因为其中的表面传热系数是需要求解的未知量)。

二是单值性条件相似(单值性条件是指使所研究的问题能被唯一地确定下来的条件,包括初始条件、边界条件、几何条件和物理条件)。

30. 发射率和反射率有何不同?(P351、P340)

实际物体的辐射力 E 总是小于同温度下黑体的辐射力 E_b,两者的比值称为实际物体的发射率(习惯上称为黑度),记为 ε。

在外界投射到物体表面的总能量中,被物体反射的那部分能量所占的份额称为该物体对投入辐射的反射比(习惯上称为反射率),记为 ρ。

31. 角系数的定义及性质分别是什么?(P388－P390)

角系数的定义:表面 1 发出的辐射能中落到表面 2 的百分数称为表面 1 对表面 2 的角系数,记为 $X_{1,2}$;

角系数的性质有相对性、完整性和可加性。

相对性是在两物体处于热平衡时,净辐射换热量为零的条件下得出的,表达式为 $A_1X_{1,2}=A_2X_{2,1}$;

完整性是指由几个表面组成的封闭系统,任一表面所发射出的辐射能必全部落到封闭系统的各个表面上,表达式为 $X_{1,1}+X_{1,2}+X_{1,3}+\cdots+X_{1,n}=\sum\limits_{i=1}^{n}X_{1,i}=1$;

可加性是指从表面 1 发出而落到表面 2 上的总能量等于落到表面 2 上各部分的辐射能之和,表达式为 $X_{1,2}=\sum\limits_{i=1}^{N}X_{1,2i}$。

32. 写出牛顿冷却公式的基本表达式及其中各物理量的定义。(P7)

流体被加热时:

$$q=h(t_w-t_f)$$

流体被冷却时:

$$q=h(t_f-t_w)$$

式中,t_w 及 t_f 分别为壁面温度和流体温度,单位是℃;h 为表面传热系数,单位是 $W/(m^2 \cdot K)$。

33. 何为温度场、等温面、等温线?(P28、P29)

温度场:各个时刻物体中各点温度所组成的集合,又称为温度分布。
等温面:温度场中同一瞬间相同温度各点连成的面。
等温线:在任何一个二维的截面上等温面的体现。

34. Bi 数、Fo 数的定义及物理意义是什么?(P103)

Bi 数的物理意义是固体内部单位导热面积上的导热热阻与单位表面积上的换热热阻(即外部热值)之比,即 $Bi=(l/\lambda)/(1/h)$;Bi 数越小意味着内热阻越小或外热阻越大。

Fo 数是指两个时间间隔相除所得的无量纲时间,即 $Fo=\tau/(l_c^2/a)$。分子 τ 是从边界上开始发生热扰动的时刻起到所计算的时刻为止的时间间隔,分母 l_c^2/a 可以视为使边界上发生的有限大小的热扰动穿过一定厚度的固体层扩散到 l_c^2 面积上所需的时间。因此,Fo 数可以看成是表征非稳态过程进行深度的无量纲时间。

35. 显式差分方程的稳定性判据是什么？（P162、P163）

在时间步长和空间步长的选取上应当满足：

对于内节点：$Fo_\Delta = \dfrac{a\Delta\tau}{\Delta x^2} \leqslant \dfrac{1}{2}$；

对于对流边界节点：$Fo_\Delta \leqslant \dfrac{1}{2(1+Bi_\Delta)}$。

36. 对管内流和管外流，Re 准则数中的特征长度的取法是不一样的，说明其物理原因。

由于管内流和管外流换热面不同，管内流的换热面为管壁内表面，因此取管内径为特征长度；而管外流的换热面为管壁外表面，因此取管外径为特征长度。

37. 什么叫膜状凝结和珠状凝结？（P290）

蒸汽与低于饱和温度的壁面接触时有两种不同的凝结形式。如果凝结液体能很好地润湿壁面，它就在壁面上铺展成膜，称为膜状凝结。当凝结液体不能很好地润湿壁面时，凝结液体在壁面上形成一个个小液珠，称为珠状凝结。

38. 物体的发射率、吸收率、反射率、穿透率是怎样定义的？（P351、P339）

实际物体的辐射力 E 总是小于同温度下黑体的辐射力 E_b，两者的比值称为实际物体的发射率（习惯上称为黑度），记为 ε，$\varepsilon = \dfrac{E}{E_b}$。

当热辐射的能量投射到物体表面上时，和可见光一样，也发生吸收、反射和穿透现象。在外界投射到物体表面的总能量 Q 中，一部分 Q_a 被物体吸收，另一部分 Q_ρ 被物体反射，其余部分 Q_τ 穿透过物体，其中三部分能量的份额 Q_a/Q、Q_ρ/Q、Q_τ/Q 分别称为该物体对投入辐射的吸收率、反射率和穿透率，记为 α、ρ、τ。

39. 气体辐射具有哪些特点？（P357）

气体辐射的特点如下：
(1)气体辐射对波长有选择性；
(2)气体的辐射和吸收是在整个容积中进行的。

40. 导热系数、表面传热系数及传热系数的单位各是什么？哪些是物性参数，哪些与过程有关？（P6、P8、P13）

导热系数 λ 的单位为 $W/(m \cdot K)$；表面传热系数 h 的单位为 $W/(m^2 \cdot K)$；传热系数 k 的单位为 $W/(m^2 \cdot K)$。

导热系数 λ 是表征材料导热性能优劣的参数，是一种热物性参数；表面传热系数 h 不仅取决于流体的物性（λ、η、ρ、c_p 等）以及换热表面的形状、大小与布置，还与流速有密切关系；传热系数 k 取决于参与传热过程的两种流体的种类，还与过程本身有关（如流速的大小、有无相变等）。

41. 写出普朗克定律基本表达式及其中各物理量的定义。（P343）

普朗克定律的基本表达式：

$$E_{b\lambda} = \frac{c_1 \lambda^{-5}}{e^{c_2/(\lambda T)} - 1}$$

式中：$E_{b\lambda}$——黑体光谱辐射力，单位为 W/m^3；

λ——波长，单位为 m；

T——黑体热力学温度，单位为 K；

e——自然对数的底；

c_1——第一辐射常量，取 3.7419×10^{-16} W·m^2；

c_2——第二辐射常量，取 1.4388×10^{-2} m·K。

42. 什么是非稳态导热的非正规状况阶段和正规状况阶段？（P97）

非稳态导热中，物体中温度分布可以区分为两种类型：在初始阶段物体中的温度分布主要受初始温度分布的影响，也就是说这一阶段中的温度分布主要受初始温度分布的控制，称为非正规状况阶段。

当过程进行到一定深度时，物体初始温度分布的影响逐渐消失，此后不同时刻的温度分布主要受热边界条件的影响，这个阶段的非稳态导热称为正规状况阶段。

43. Bi 数的定义是什么？Bi 数越小，能说明什么问题？（P103）

Bi 数是固体内部单位导热面积上的导热热阻与单位表面积上的换热热阻（即外部热值）之比，即 $Bi = (l/\lambda)/(1/h)$。

Bi 数越小，意味着内热阻越小或外热阻越大，这时采用集中参数法分析的结果就越接近实际情况。

44. 当 $Fo > 0.2$ 以后，$\dfrac{\theta(x,\tau)}{\theta_m(x,\tau)} = \cos\left(\mu_1 \dfrac{x}{\delta}\right)$ 反映了非稳态导热过程中的一种很重要的物理现象，问这是一种什么物理想象？（P108）

当 $Fo > 0.2$ 以后，虽然平板中任意一点的过余温度 $\theta(x,\tau)$ 及平板中心的过余温度 $\theta_m(x,\tau)$ 各自均与时间 τ 有关，但其比值则与 τ 无关，只取决于特征值 μ_1，即取决于边界条件，表明初始条件的影响已经消失，非稳态导热过程为正规状况阶段。

45. 如果要确定流体与一根长通道表面之间的平均表面传热系数，在应用牛顿冷却公式时要注意平均温差的确定方法，具体方法是什么？（P232）

对于均匀热流的情形，如果其充分发展段足够长，则可取充分发展段的温差 $t_w - t_f$ 作为 Δt_m；

对于均匀壁温的情形，截面上的局部温差在整个换热面上是不断变化的，这时应根据以下的热平衡式确定平均对流传热温差：

$$h_m A \Delta t_m = q_m c_p (t_f'' - t_f')$$

Δt_m 按对数平均温差计算，即 $\Delta t_m = \dfrac{(t_f'' - t_f')}{\ln \dfrac{t_w - t_f'}{t_w - t_f''}}$。

46. 就流动现象而言,外掠单管的流动与管道内的流动有什么不同?(P240)

流体外掠单管时的流动属外部流动,换热壁面上的流动边界层和热边界层能自由发展,不会受到邻近通道壁面存在的限制;而管道内的流动属内部流动,其流动边界层和热边界层不能自由发展。

47. 什么是辐射力?(P342)

辐射力指单位时间内单位表面积向其上的半球空间的所有方向辐射出去的全部波长范围内的能量。

48. 当研究物体表面对太阳能的吸收时,一般不能把物体作为灰体来处理,为什么?(P369)

因为太阳辐射中可见光占了近一半,而大多数物体对可见光波的吸收表现出强烈的选择性。

49. 什么叫换热器?(P450)

换热器是指用来使热量从热流体传递到冷流体,以满足规定的工艺要求的装置。

50. 写出第三类边界条件的定义以及相关表达式。(P38)

第三类边界条件:规定了边界上物体与周围流体间的表面传热系数 h 及周围物体的温度 t_f。以物体被冷却的场合为例,第三类边界条件可以表示为 $-\lambda \left(\dfrac{\partial t}{\partial n} \right)_w = h(t_w - t_f)$。

51. 什么叫时间常数,它有何物理意义?(P102)

采用集总参数法分析时,当时间 τ 等于 $\dfrac{\rho c V}{hA}$ 时,物体的过余温度已经降低到初始过余温度的 36.8%,称 $\dfrac{\rho c V}{hA}$ 为时间常数,记为 τ_c。

从物理意义上来说,热电偶对流体温度变化反应的快慢取决于自身的热容量 $\rho c V$ 及表面换热条件 hA。热容量越大,温度变化越慢;表面换热条件越好(hA 越大),单位时间内传递的热量越多,则越能使热电偶的温度迅速接近被测流体的温度。$\rho c V$ 与 hA 的比值反映了这两种影响的综合结果,即时间常数的数值越小,表示测温元件越能迅速地反映流体的温度变动。

52. Fo 数的定义是什么?Fo 数越大意味着什么?(P103)

Fo 数的物理意义可以理解为两个时间间隔相除所得的无量纲时间,即 $Fo = \tau/(l_c^2/a)$。分子 τ 是从边界上开始发生热扰动的时刻起到所计算的时刻为止的时间间隔,分母 l_c^2/a 可以视为使边界上发生的有限大小的热扰动穿过一定厚度的固体层扩散到 l_c^2 面积上所需的时间。因此。Fo 数可以看成是表征非稳态过程进行深度的无量纲时间。

Fo 数越大,热扰动就越深入地传播到物体内部,因而物体内各点的温度越接近周围介质的温度。

53. 将傅里叶定律应用于贴壁流体层，可得 $q=-\lambda \dfrac{\partial t}{\partial x}\big|_{y=0}$，请问此时，$\dfrac{\partial t}{\partial x}\big|_{y=0}$ 代表着什么？λ 代表什么？（P187）

$\dfrac{\partial t}{\partial x}\big|_{y=0}$ 为贴壁处壁面法线方向上的流体温度变化率；

λ 为流体的导热系数。

54. 对于服从兰贝特定律的辐射，其定向辐射强度 I_b 和辐射力 E_b 之间存在着什么样的数量关系？（P348）

对于服从兰贝特定律的辐射，存在 $E_b=I_b\pi$。

55. 什么叫重辐射面？（P404）

辐射传热系统中，表面温度未定而净的辐射传热量为零的表面称为重辐射面。

56. 换热器的设计计算通常采用哪几种方法？（P468）

换热器的两种设计方法：平均温差法与传热单元数法。

57. 什么是绝对黑体、绝对白体、绝对镜体？（P341）

把吸收比 $\alpha=1$ 的物体称为绝对黑体。

把反射比 $\rho=1$ 的物体叫作镜体（当为漫反射时称作绝对白体）。

把穿透比 $\tau=1$ 的物体叫作透明体。

58. 什么叫热扩散率？（P39）

热扩散率的定义：

$$a=\frac{\lambda}{\rho c}$$

式中，分子 λ 是物体的导热系数，λ 越大，在相同温度梯度下可以传导更多的热量。分母 ρc 是单位体积的物体温度升高 1 ℃所需的热量，ρc 越小，温度上升 1 ℃所吸收的热量越少，可以剩下更多的热量继续向物体内部传递，能使物体内各点的温度更快地随界面温度的升高而升高。

从温度的角度看，a 越大，材料中温度变化传播得越迅速，因此 a 也是材料传播温度变化能力大小的指标，从而 a 有导温系数之称。

59. 什么叫温室效应？（P370）

太阳照耀下被玻璃封闭起来的空间，例如小轿车、培育植物的暖房等，其内的温度明显高于外界温度，就是因为玻璃对太阳辐射具有强烈的选择性吸收的缘故。玻璃对于 $\lambda<3\ \mu m$ 的热辐射有很高的穿透比，而对 $\lambda>3\ \mu m$ 的热辐射的穿透比甚小。于是大部分太阳辐射能穿过玻璃进入有吸热面的腔内，而吸热面发出的常温下的长波辐射却被玻璃阻隔在腔内，从而产生了所谓的温室效应。

60. 写出 Bi 数及 Nu 数的表达式，说明其物理意义及两者的区别。（P103、P217）

Bi 数是固体内部单位导热面积上的导热热阻与单位表面积上的换热热阻(即外部热值)之比,$Bi=(l/\lambda)/(1/h)=hl/\lambda$。

Nu 数表示壁面上流体无量纲温度梯度,$Nu=hl/\lambda$。

从物理量的组成来看,Bi 数的导热系数 λ 为固体的值,Nu 数的 λ 则为流体的值;Bi 数的特征尺寸 l 在固体侧定义,而 Nu 数的特征尺寸 l 在流体侧定义。从物理意义上看,前者反映了导热系统同环境之间的换热性能与其自身导热性能的对比关系,而后者则反映换热系统中流体与壁面的换热性能与流体自身导热性能的对比关系。

61. 何谓临界热绝热缘直径?举一应用实例。(P447)

在圆柱形物体外敷设保温层同时具有减小表面对流传热热阻及增加导热热阻两种相反的作用,当两种作用使得圆柱形物体的散热量达到最大值时的热绝缘层外直径称为临界热绝热缘直径,记为 d_{cr}(散热量为最大值的条件为 $d_o=\dfrac{2\lambda}{h_o}$,则 d_o 称为临界热绝缘直径,记为 d_{cr})。

如果圆柱外径小于 d_{cr},则随着 d_o 的增加散热量将增大;若圆柱外径大于 d_{cr},则散热量随 d_o 的增加而减小。

为确保电缆、输电线路等具有最强的散热能力,必须注意使其橡胶绝缘层外径等于或略小于 d_{cr}。

62. 对流换热问题的完整的数学描述是什么?(P191)

(1)控制方程式

质量守恒方程:

$$\frac{\partial u}{\partial x}+\frac{\partial v}{\partial y}=0$$

动量守恒方程:

$$\rho\left(\frac{\partial u}{\partial \tau}+u\frac{\partial u}{\partial x}+v\frac{\partial u}{\partial y}\right)=F_x-\frac{\partial p}{\partial x}+\eta\left(\frac{\partial^2 u}{\partial x^2}+\frac{\partial^2 u}{\partial y^2}\right)$$

$$\rho\left(\frac{\partial v}{\partial \tau}+u\frac{\partial v}{\partial x}+v\frac{\partial v}{\partial y}\right)=F_y-\frac{\partial p}{\partial y}+\eta\left(\frac{\partial^2 v}{\partial x^2}+\frac{\partial^2 v}{\partial y^2}\right)$$

能量守恒方程:

$$\frac{\partial t}{\partial \tau}+u\frac{\partial t}{\partial x}+v\frac{\partial t}{\partial y}=\frac{\lambda}{\rho c_p}\left(\frac{\partial^2 t}{\partial x^2}+\frac{\partial^2 t}{\partial y^2}\right)$$

(2)定解条件

第一类边界条件:规定边界上流体的温度分布;第二类边界条件:给定边界上加热或冷却流体的热流密度。

63. 是谁开辟了在无量纲数原则关系正确指导下,通过实验研究求解对流换热问题的一种基本方法,有力地促进了对流换热研究的发展?(P16,《传热学》第四版,杨世铭、陶文铨编著)

1909 年和 1915 年努塞尔的两篇论文中,他对强制对流和自然对流的基本微分方程及边界条件进行量纲分析,获得了有关无量纲数之间的原则关系,从而开辟了在无量纲数原则关系正确指导下,通过实验研究求解对流换热问题的一种基本方法,有力地促进了对流换热研究的发展。

64. 用集中参数计算加热时间时,必须满足的条件是什么?(P104)

Bi 数对平板、圆柱与球应该分别小于 0.1、0.05、0.033。

其中:$Bi = hl_c/A$;

平板的特征长度 $l_c = \delta$,平板厚度为 2δ;

圆柱的特征长度 $l_c = V/A = R/2$;

球的特征长度 $l_c = V/A = R/3$。

65. 请说明肋效率的物理意义是什么?(P55)

肋效率 $\eta_f = \dfrac{\text{实际散热量}}{\text{假设整个肋表面处于肋基温度下的散热量}}$,表征肋片散热的有效程度。

66. 在用热电偶测定气流的非稳态温度场时,怎样才能改善热电偶的温度响应特性?(P102)

热电偶的时间常数 $\tau_c = \rho c V/(hA)$,是说明热电偶对流体温度变动响应快慢的指标。

从物理意义上来说,热电偶对流体温度变化反应的快慢取决于自身的热容量 $\rho c V$ 及表面换热条件 hA。热容量越大,温度变化越慢;表面换热条件越好(hA 越大),单位时间内传递的热量越多,则越能使热电偶的温度迅速接近被测流体的温度。$\rho c V$ 与 hA 的比值反映了这两种影响的综合结果,即时间常数的数值越小,表示测温元件越能迅速地反映流体的温度变动。因此可以从这两方面改善热电偶的温度响应特性。

67. 对于一般物体,吸收比等于发射率在什么样的条件下才能成立?(P368)

根据基尔霍夫定律,当物体与黑体投入辐射处于热平衡时,物体的吸收比等于发射率。

68. 是谁发表了"热解析理论",成功地创建了导热理论,奠定了导热理论的基础?(P16,《传热学》第四版,杨世铭、陶文铨编著)

傅里叶于 1822 年发表了他的著名论著《热的解析理论》,成功地完成了创建导热理论的任务。

69. 请写出斯忒藩-玻尔兹曼定律的表达式,并说明其物理意义。(P342)

$$E_b = \sigma T^4 = C_0 \left(\frac{T}{100}\right)^4$$

式中,σ 为黑体辐射常数,其值为 5.67×10^{-8} W/(m·K^4);C_0 称为黑体辐射系数,其值为 5.67 W/(m·K^4);下角标 b 表示黑体。

斯忒藩-玻尔兹曼定律表述了单位黑体表面在一定温度下向外界辐射能量的多少。

70. 在不同光源的照射下,物体呈现不同的颜色,如何解释? (P366)

实际物体的光谱吸收比与波长有关,世上万物呈现不同颜色的主要原因在于选择性的吸收与辐射。当阳光照射到一个物体表面上时,如果该物体几乎全部吸收各种可见光,它就呈黑色;如果几乎全部反射可见光,它就呈白色;如果几乎均匀地吸收各色可见光并均匀地反射各色可见光,它就呈灰色;如果只反射了一种波长的可见光而几乎全部吸收了其他可见光,则它就呈现被反射的这种辐射线的颜色。

71. 换热器的计算依据哪几个方程式? (P468)

传热方程:$\Phi = kA\Delta t_{m}$;

流体的焓差方程:$\Phi = q_{m1}c_1(t_1' - t_1'')$;

冷热流体的热平衡方程:$\Phi = q_{m1}c_1(t_1' - t_1'') = q_{m2}c_2(t_2'' - t_2')$。

72. 换热器的设计计算有哪两种方法? (P468、P469)

平均温差法:直接利用传热方程计算传热量(校核计算)或传热面积(设计计算);

传热单元数法:在热平衡方程以及推导对数平均温差时所依据的四个基本假设的基础上,引入换热器的效能和传热单元数,设计计算或校核计算都利用这两个参数来进行。

附录-4 《传热学(第五版)》实践思考题

1. 炎热的夏天,当打开冰箱时,面部瞬间会感到一丝凉爽。有人说这是因为打开冰箱时,冰箱里的凉气吹到了面部,因此感到凉爽,这样的说法你同意吗? 请解释一下。

2. 北方冬季里,有人发现在同一地点、两个屋面材料相同的房顶上,一个结了霜,另一个没有结霜,请解释一下这种现象。

3. 大雪过后,一旦天气变得晴朗,人们会发现地面上的积雪融化得比较快,而树枝和草坪上的积雪却融化得比较慢,请解释一下原因。

4. 大家都知道,太阳距离地球很远,太阳表面的温度约为 6000 K,这样高的温度,我们是如何测量的呢?

5. 两个容积大小相同的玻璃杯子中,装有温度不同的开水和温水,静止放置时,请问哪个水杯中的水的冷却速度更快? 为什么?

6. 护士在检测病人的体温时,会给病人一支水银温度计,让其放置在腋下或舌根下保持 5 分钟,请解释一下,为什么要求保持 5 分钟? 有什么科学依据?

7. 炎热的夏天,室外气温达到 38 ℃,做完剧烈运动的人经常会大汗淋漓。为了降温,有的人选择打开电风扇,而有的人选择用自来水进行淋浴,请问这两种降温方式在机理上是否相同? 为什么?

8. 我们白天可以看见一个人穿着红色的衣服,但是在没有亮光的漆黑的夜晚,我们还能分辨出衣服是红色的吗? 这是为什么?

9. 一壶常温的水在煤气灶上烧时,很快就烧开,达到 100 ℃,但是如果关掉煤气,这壶烧开的水需要很长时间才能冷却到常温,这是为什么?

10. 向烧得发红的铁块上慢慢地浇上少量的冷水,仔细观察会发现,浇上去的水不能与铁块的表面很好的接触,甚至会发现,有些小水珠还会在铁块表面"跳舞",能解释一下原因吗?

11. 冬天在厨房炒菜时,经常会发现厨房的玻璃窗上出现小水滴,并且天气越冷、做饭时间越长,窗户玻璃上的水滴越多,请解释一下原因。

12. 夏天室外气温达到 38 ℃,运动过后,当我们打开电风扇吹风时仍然能感觉到凉快,但实际上此时的风温已经超过了人的体温,应该感觉到热才对,为什么会感觉到凉爽呢?

13. 有人说夏天穿着白色的衬衫比穿其他颜色的衣服更能防止太阳光的暴晒,这句话对吗? 为什么?

14. 在北方地区,大多建筑物的窗户都采用了中间带有狭小夹缝的双层玻璃,这是为什么?

15. 有人说,夏天穿白颜色的衣服可以防止太阳的辐射,炼钢工人穿着白颜色的衣服同样可以防止钢水的高温辐射,这种说法对吗? 为什么?

16. 北方冬季地面上的积水,在有风和无风这两种情况下,哪个更容易结冰?

17. 杭州"西湖十景"中有一景叫"断桥残雪",为什么会出现这种景观,你能解释一下吗?

18. 马鞍山地区,夏天每当人们打开室内空调制冷时,总会看到有少量的水从空调中流出,这些水是从哪里来的?

19. 开着锅盖烧水的时候,可以看随着水温的不断提高,锅底内面上会有微小气泡不停地溢出,但这些小气泡在上升的过程中却又消失了,按理说气泡在上升的过程中应该逐渐增大才对,为什么会消失呢?

20. 在一个久置且装满啤酒的玻璃杯中,如果人们不小心将饭米粒或菜叶掉进杯中,杯中的啤酒会立刻溢出大量气泡,这是什么原因?

21. 一些明清古建筑物的房顶都是用小块的弧形瓦片叠放而成,而现代农村的房顶有的是用大片的平瓦叠放而成,为什么古建筑中会感觉到冬暖夏凉,而现代的瓦房却达不到这样的效果,你知道为什么吗?

22. 烧饭做菜时,为了防止被炉灶烧得发烫的锅把灼伤手,人们通常会用一块抹布来包裹着锅把,你认为用干燥的抹布和潮湿的抹布哪种防止烫的效果更好?

23. 日常生活中,人们在炒菜时,事先会在炒锅中加入少量的油,等油烧热了才将蔬菜下到锅里。你认为油除了起到防止蔬菜粘锅的作用外,还有什么作用?

24. 有人说,电的良导体通常也是热的良导体。这句话你赞同吗? 为什么?

25. 热的良导体通常也是电的良导体,但是也有例外,你能举出这种例外的物体吗?

26. 日常中鉴别珠宝真假的办法是找一根女性的头发,将头发丝紧紧缠绕在珠宝的表面,然后用打火机打着火后对着缠绕头发丝的地方吹烧一段时间后,如果头发丝被烧断,说明珠宝是假的,如果头发丝没有被烧断,说明珠宝是真的,你能解释一下其中的原因吗?

27. 当我们靠近柴火快要燃尽的炭火时，面部会有明显的炙热感，而当我们打开家里的煤气灶时，尽管把煤气开到最大，面部也不会有明显的炙热感，这是为什么？

28. 冬天里，同样温度的冰和雪，在太阳光的照射下，哪个更容易融化成水？

29. 冬季气温较低时，池塘中会结冰，但是往往是池塘岸边的冰结得较厚，而池塘中间水较深的地方冰很薄，甚至不结冰，这是为什么？

30. 重庆人特别喜欢吃火锅，传统的燃用炭火的火锅结构方面有哪些比较科学的原理运用？